流体力学の基礎
と流体機械

福島　千晴
亀田　孝嗣
上代　良文
宇都宮　浩司
角田　哲也
大坂　英雄

著

共立出版

まえがき

　今日，機械系学科の多くの大学，高専の教育は，専門知識の教授からものづくりに必要な設計，製作技術の修得に至るまで，講義，実験，実習を通して実践的な体制が組まれています．一方，時代の変化に伴い社会あるいは産業界が求める専門職の質は変遷しています．しかし，教育内容は従来の変わらざるものと変えるべきものとが十分に検討され，長いスパンで変化してきました．その間，専門科目の内容，単位数の調整が行われてきましたが，産業界の要望と教育現場との隔たりを埋めるのは難しい状況にあります．

　一般に流体工学分野は流体工学，流体力学，流体機械の3つの専門科目に分類されます．まず，工学便覧などを活用でき，設計技術を身につける流体工学（2単位）が挙げられます．次に数学，物理学を土台として工学に発展する流体力学（2単位）を考えます．さらに，実務に直結した機械システムの制御，操作に至る内容を含む流体機械（2単位）を取り上げます．

　具体的には，流体工学では工学技術の開発に伴う機械システムやエネルギー関連機器の設計，製作が行える能力（専門学力と便覧，資料集を駆使できる能力）を高める教育を施します．流体力学では流れに属するスケールが広く，際限のない流れの現象を取り扱う場合であっても，尺度を適切にとって統一的に流れの基礎方程式でまとめて解析できるようにします．さらに流体機械では，同一の考え方から出発する理論であっても，流体機器の使用用途により異なる取扱いが可能であることを示します．同時に，機械・環境系，航空・化学プラント系，および船舶・輸送系などの幅広い工学分野を同一視して取り扱うことにします．

　本書では，工学系の多くの分野と直結した題材が積極的に選択されていますが，各人がそれを学んで使いこなすためには将来どんな分野でどんな職業を選択するかに依存するものです．本書では読者が開発研究者，設計技術者となる

ことを想定していますから，基礎となる物理・数学や他の科目と並行して学び，自ら課題を見つけ出し，解析できる能力を備えることが必要となってくるでしょう．

　本書は 6 名の著者（大学・高専の教育に従事）で分担執筆し，一つ一つの事象について，各著者が日頃教育上対面する内容，レベル，取り扱う範囲，筋道の立て方などに工夫を凝らしたものであり，さらに分担する意味を考慮した内容とするように心掛けました．とはいえ，先人たちが構築してきた専門分野の範囲を逸脱することなく，また内容の羅列に陥ることもなく，著者らの創意工夫を組み入れたものと考えています．しかしながら，著者らの力量不足による説明の不完全さや解釈の不足など，危惧する事柄が多いのではと心配しており，その折にはご教示の程よろしくお願いいたします．

　なお，本書を執筆するに当たり，徳島大学名誉教授福富純一郎博士から流体機械について貴重なご助言を賜りました．また，本書の出版に当たり，共立出版（株）の編集部の皆様には多大なご支援と大変なお骨折りを賜りましたことを記し，改めて厚くお礼を申し上げます．

　2015 年 9 月

著者一同

目　　次

第1章　流体運動の基礎

1.1 流体力学と数学的準備 ………………………………………………… *1*
　　1.1.1　座標系とベクトル表示 ………………………………………… *1*
　　1.1.2　内積と外積，勾配，発散，回転 ……………………………… *2*
　　1.1.3　ガウスの定理，ストークスの定理 …………………………… *6*
　　1.1.4　テンソル表示 …………………………………………………… *8*
　　1.1.5　複素関数 ………………………………………………………… *10*
1.2 流れの基礎 ……………………………………………………………… *15*
　　1.2.1　定常流と非定常流 ……………………………………………… *15*
　　1.2.2　円柱周りの流れパターンの変化とレイノルズ数 …………… *16*
　　1.2.3　2次元流および3次元流 ……………………………………… *17*
　　1.2.4　流線とはく離，遷移 …………………………………………… *18*
　　1.2.5　内部流と外部流 ………………………………………………… *19*
1.3 流体運動の記述と加速度 ……………………………………………… *19*
　　1.3.1　流体の性質 ……………………………………………………… *19*
　　1.3.2　運動の表示 ……………………………………………………… *22*
　　1.3.3　加速度 …………………………………………………………… *23*
1.4 運動方程式と連続の式 ………………………………………………… *24*
　　1.4.1　連続の式 ………………………………………………………… *24*
　　1.4.2　運動方程式 ……………………………………………………… *26*
1.5 流体粒子の変形と回転 ………………………………………………… *27*
　　1.5.1　変形と回転 ……………………………………………………… *27*
　　1.5.2　回転流と非回転流 ……………………………………………… *30*
　　演習課題 ………………………………………………………………… *31*

第2章　完全流体の運動

2.1 運動方程式とベルヌーイの定理 ……………………………………… *33*
　　2.1.1　オイラーの運動方程式 ………………………………………… *33*

目次

- 2.1.2 ベルヌーイの定理 …………………………………… *34*
- 2.2 渦なし流れと速度ポテンシャル ……………………………… *35*
  - 2.2.1 渦度と渦なし流れ ………………………………… *35*
  - 2.2.2 速度ポテンシャル ………………………………… *38*
  - 2.2.3 速度ポテンシャルの例 …………………………… *38*
- 2.3 流れ関数と速度ポテンシャル ………………………………… *41*
  - 2.3.1 流線と流れ関数 …………………………………… *41*
  - 2.3.2 速度ポテンシャルと渦なし流れ ………………… *43*
- 2.4 複素速度ポテンシャル ………………………………………… *44*
  - 2.4.1 コーシー・リーマンの関係式 …………………… *44*
  - 2.4.2 複素速度ポテンシャルの例 ……………………… *45*
- 2.5 等角写像とブラジウスの公式 ………………………………… *50*
  - 2.5.1 等角写像 …………………………………………… *50*
  - 2.5.2 等角写像の簡単な例 ……………………………… *51*
  - 2.5.3 ブラジウスの第1，第2公式 …………………… *53*
- 2.6 渦運動と翼理論 ………………………………………………… *55*
  - 2.6.1 渦管と渦定理 ……………………………………… *55*
  - 2.6.2 ケルビンの循環保存則 …………………………… *58*
  - 2.6.3 渦糸とビオ・サバールの法則 …………………… *59*
  - 2.6.4 渦層と渦列 ………………………………………… *60*
  - 2.6.5 循環のある円柱周りの流れと翼型 ……………… *62*
- 演習課題 ……………………………………………………………… *64*

第3章 粘性流体の運動

- 3.1 粘性応力とそれによる力 ……………………………………… *67*
  - 3.1.1 力と応力 …………………………………………… *67*
  - 3.1.2 応力による力 ……………………………………… *68*
- 3.2 ナビエ・ストークス方程式と解 ……………………………… *70*
  - 3.2.1 ナビエ・ストークス方程式 ……………………… *70*
  - 3.2.2 厳密解の例 ………………………………………… *72*
  - 3.2.3 数値解析 …………………………………………… *76*
- 3.3 力学的相似 ……………………………………………………… *78*
  - 3.3.1 代表尺度と無次元変数 …………………………… *78*

目　　次

- 3.3.2　力学的相似 ……………………………………………… *81*
- 3.4　層流と乱流 …………………………………………………… *83*
  - 3.4.1　レイノルズ数による流れの変化 ………………………… *83*
  - 3.4.2　粘性せん断応力の表現 …………………………………… *86*
  - 3.4.3　乱流の取り扱い …………………………………………… *91*
  - 3.4.4　乱流の運動方程式 ………………………………………… *93*
- 3.5　境界層 ………………………………………………………… *95*
  - 3.5.1　境界層の性質 ……………………………………………… *95*
  - 3.5.2　境界層方程式と運動量積分方程式 ……………………… *97*
  - 3.5.3　平板上の境界層と遷移 …………………………………… *102*
  - 3.5.4　乱流境界層とその構造 …………………………………… *104*
  - 3.5.5　境界層のはく離と各種の効果 …………………………… *114*
- 3.6　管内流れ ……………………………………………………… *116*
  - 3.6.1　レイノルズ数と速度分布 ………………………………… *116*
  - 3.6.2　円管流の圧力損失 ………………………………………… *126*
- 3.7　自由せん断流 ………………………………………………… *129*
  - 3.7.1　自由せん断流の特徴 ……………………………………… *129*
  - 3.7.2　混合層と噴流および運動量の保存 ……………………… *130*
  - 3.7.3　後流と物体に働く抗力 …………………………………… *133*
- 演習課題 …………………………………………………………… *136*

第4章　各種流体機械への応用

- 4.1　機械および環境・エネルギー系の流体機械 ……………… *139*
  - 4.1.1　ポンプ ……………………………………………………… *139*
    - A.　ポンプの概要および性能 ……………………………… *139*
    - B.　遠心式および軸流式ポンプ …………………………… *144*
    - C.　ポンプの諸現象 ………………………………………… *152*
  - 4.1.2　水　車 ……………………………………………………… *154*
    - A.　水車の概要，各種の水車 ……………………………… *154*
    - B.　フランシス水車 ………………………………………… *156*
    - C.　水車の諸現象 …………………………………………… *158*
  - 4.1.3　風　車 ……………………………………………………… *159*
    - A.　風車の概要，風特性 …………………………………… *159*

    B．構造，理論と特性 …………………………………………… *160*
4.2 航空および化学・資源プラント系の流体機械 ………………………… *163*
  4.2.1 送風機 とブロワ ………………………………………… *164*
    A．概要，特徴 …………………………………………………… *164*
    B．動力と損失 …………………………………………………… *164*
    C．遠心送風機 …………………………………………………… *167*
    D．軸流送風機 …………………………………………………… *170*
  4.2.2 圧縮機 ……………………………………………………… *172*
    A．概要，特徴 …………………………………………………… *172*
    B．遠心式圧縮機 ………………………………………………… *173*
    C．軸流式圧縮機 ………………………………………………… *177*
4.3 船舶および輸送系の流体機械 …………………………………………… *179*
  4.3.1 プロペラの構造，性能 …………………………………… *179*
    A．性能，抵抗 …………………………………………………… *179*
    B．船体との相互作用 …………………………………………… *185*
  4.3.2 推進系の出力と効率 ……………………………………… *189*
    A．各種の出力 …………………………………………………… *189*
    B．各種の効率 …………………………………………………… *190*
  4.3.3 軸系の構造 ………………………………………………… *190*
    A．軸　系 ………………………………………………………… *190*
    B．伝動装置 ……………………………………………………… *192*
    C．据え付け，整備 ……………………………………………… *193*
  演習課題 ……………………………………………………………………… *196*

演習課題解答例 ……………………………………………………………………… *199*
参考文献 ……………………………………………………………………………… *211*
索　引（日本語，英語）…………………………………………………………… *213*

主な記号一覧表

記号	定義	記号	定義
A	van Driest の係数	u, v, w	速度ベクトル成分または変動速度成分
c_f	局所壁面摩擦抵抗係数		
c_p	圧力係数	$W(z)$	複素関数
$D(*)/Dt$	物質微分	$W'(z)$	複素速度
D_{ij}	変形テンソル	t	時刻
e_i	単位方向ベクトル	X	空間ベクトル
$\boldsymbol{F}$	力ベクトル	x, y, z	空間ベクトル成分
H	形状係数	z	複素数
i	虚数	ρ	流体の密度
U	代表速度または力のポテンシャル	μ	流体の粘性係数
		ν	流体の動粘性係数
$O.(*)$	オーダー	$\phi(x, y)$	速度ポテンシャル
P	圧力	$\Psi(x, y)$	流れ関数
P_w	壁面静圧	Ω	回転角速度
P_e	オイラーの方程式から求まる圧力	Ω_z	z 軸方向の渦度
		ω	渦度ベクトルまたは摩擦パラメータ
Re	レイノルズ数		
r	半径方向座標距離	Γ	循環
u	速度ベクトル成分または変動速度成分	τ_{ij}	粘性応力テンソル
		σ_{ij}	応力テンソル
U	主流方向速度または x 方向平均速度	δ_{ij}	クロネッカーのデルタ
		δ	境界層厚さ
U_d	速度欠損	δ^*	排除厚さ
U_e	オイラーの方程式から定まる速度	θ	運動量厚さまたは角度
		$\varDelta$	ロッタの規格化長さまたは微小量
V	y 方向平均速度の概算値または断面平均速度		
		u_τ	摩擦速度
W	誘導速度または z 方向平均速度	$(*)^+$	内部尺度で無次元化された量
$\boldsymbol{u}$	速度ベクトル	l	混合距離
		κ	カルマン定数

第1章

流体運動の基礎

1.1 流体力学と数学的準備

1.1.1 座標系とベクトル表示

流体の運動を記述するためには，局所位置における速度ベクトルを知る必要があります．

ベクトル（vector）は多くの場合太字で表し，次に座標系を設定し具体的に成分を表示します．最も簡単で基本的な**直角座標系**（cartesian coordinate）を図1.1のようにとり，ベクトルの成分を表示します．その際，ベクトルの起点は必ず原点にとります．

x, y, z 方向の**単位ベクトル**（unit vector）の $\boldsymbol{i}, \boldsymbol{j}, \boldsymbol{k}$ は，成分表示をすれば

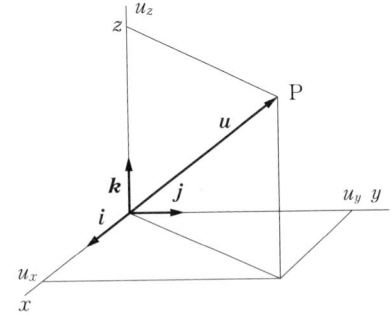

図1.1 直角座標と単位ベクトル

$$\boldsymbol{i}=(1,0,0), \quad \boldsymbol{j}=(0,1,0), \quad \boldsymbol{k}=(0,0,1) \tag{1.1}$$

と表されます．図中のベクトル $\boldsymbol{u}$ は，本座標系の各方向の成分である u_x, u_y, u_z を用いると以下と表されます．

$$\begin{aligned}\boldsymbol{u}=(u_x, u_y, u_z)&=u_x(1,0,0)+u_y(0,1,0)+u_z(0,0,1)\\&=u_x\boldsymbol{i}+u_y\boldsymbol{j}+u_z\boldsymbol{k}\end{aligned} \tag{1.2}$$

単位ベクトルは，$\boldsymbol{e}_1=(1,0,0)$, $\boldsymbol{e}_2=(0,1,0)$, $\boldsymbol{e}_3=(0,0,1)$ と表示することも多く，その場合は $\boldsymbol{u}$ の成分は次式で表します．

$$\boldsymbol{u}=(u_1,u_2,u_3)=\sum_{i=1}^{3}=u_i\boldsymbol{e}_i=u_1\boldsymbol{e}_1+u_2\boldsymbol{e}_2+u_3\boldsymbol{e}_3 \quad (1.3)$$

2つのベクトル $\boldsymbol{u}=(u_x,u_y,u_z)$ と $\boldsymbol{v}=(v_x,v_y,v_z)$ の和，差は以下のとおりです．

$$\boldsymbol{u}\pm\boldsymbol{v}=(u_x\pm v_x)\boldsymbol{i}+(u_y\pm v_y)\boldsymbol{j}+(u_z\pm v_z)\boldsymbol{k} \quad (1.4)$$

また，ベクトル $\boldsymbol{u}$ の大きさは $|\boldsymbol{u}|$ と表し，次の大きさをもちます．

$$|\boldsymbol{u}|=\sqrt{(u_x^2+u_y^2+u_z^2)} \quad (1.5)$$

次に極座標 (r,θ) 系を用いて，原点 O から点 P に向かうベクトル $\boldsymbol{r}$ の成分の表示をしてみます．図1.2に示すように位置を表すため，原点からの距離 r と x 軸（基準線）からの角度 θ を用いれば，直角座標との間で次式の関係が成り立ちます．

$$r_x=r\cos\theta,\quad r_y=r\sin\theta \quad (1.6)$$

$$r=|\boldsymbol{r}|=\sqrt{(r_x^2+r_y^2)},\quad \theta=\tan^{-1}\frac{r_y}{r_x} \quad (1.7)$$

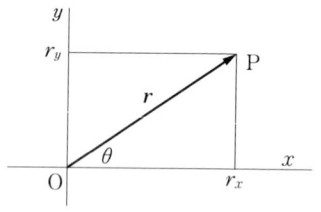

図1.2 極座標

ベクトル $\boldsymbol{u}$ を図1.3に示すように動径成分 u_r とそれに垂直な方向成分 u_θ に分解すると，それぞれの方向の単位ベクトルを $\boldsymbol{e}_r$ と $\boldsymbol{e}_\theta$ とすれば次式が得られます．

$$\boldsymbol{u}=u_r\boldsymbol{e}_r+u_\theta\boldsymbol{e}_\theta \quad (1.8)$$

$$\boldsymbol{u}=u_x\boldsymbol{i}+u_y\boldsymbol{j} \quad (1.9)$$

なお，次の関係もあります．

$$\boldsymbol{e}_r=\cos\theta\,\boldsymbol{i}+\sin\theta\,\boldsymbol{j}$$

$$\boldsymbol{e}_\theta=-\sin\theta\,\boldsymbol{i}+\cos\theta\,\boldsymbol{j}$$

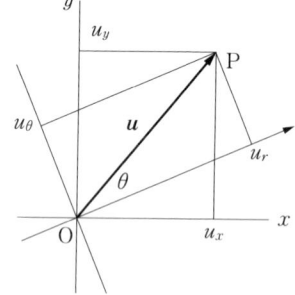

図1.3 直角座標と極座標

1.1.2 内積と外積，勾配，発散，回転

基本ベクトルの**内積**（inner product, **スカラー積** scalar product）は，以下の関係式が成り立ちます．

$$\boldsymbol{i}\cdot\boldsymbol{i}=\boldsymbol{j}\cdot\boldsymbol{j}=\boldsymbol{k}\cdot\boldsymbol{k}=1$$

$$\boldsymbol{i}\cdot\boldsymbol{j}=\boldsymbol{j}\cdot\boldsymbol{k}=\boldsymbol{k}\cdot\boldsymbol{i}=0 \quad (1.10)$$

これは基本ベクトルの大きさは1であり，異なる基本ベクトルは互いに直交することから理解できます．

一方，基本ベクトルの**外積**（outer product, **ベクトル積** vector product）は，以下の関係式が成り立ちます．

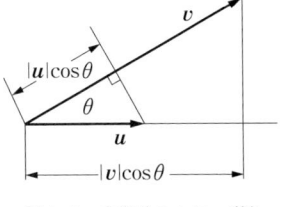

図1.4 内積（スカラー積）

$$\begin{aligned} &i \times i = j \times j = k \times k = 0 \\ &i \times j = k, \quad j \times k = i, \quad k \times i = j \\ &j \times i = -k, \quad k \times j = -i, \quad i \times k = -j \end{aligned} \quad (1.11)$$

これも同じベクトル（平行）の外積は **0**（**ゼロベクトル**）であり，他の関係については図1.1から推測できます．

2つのベクトル u, v の内積は $u \cdot v$ と書かれ，u と v とのなす角を θ とすれば

$$u \cdot v = |u||v|\cos\theta \quad (1.12)$$

と定義されます．この関係を図1.4に示します．これを用いれば，u と v とのなす角が直角の場合それらの内積はゼロとなります．また，u と u の内積は $u \cdot u = |u|^2$ となります．u と v の内積を成分を用いて表すと次式が得られます．

$$\begin{aligned} u \cdot v &= (u_x i + u_y j + u_z k) \cdot (v_x i + v_y j + v_z k) \\ &= u_x v_x + u_y v_y + u_z v_z = v \cdot u \end{aligned} \quad (1.13)$$

さらに，$u_x = u \cdot i, \quad u_y = u \cdot j, \quad u_z = u \cdot k$ の関係があります．

2つのベクトル u, v の外積は $u \times v$ と表され，ベクトルであり，これをベクトル w と書くと，次式のように定義されます．

$$|w| = |u \times v| = |u||v|\sin\theta \quad (1.14)$$

上式の関係を図1.5に示しておきます．図から，$|w|$ は u と v で作る平行四辺形の面積に等しく，

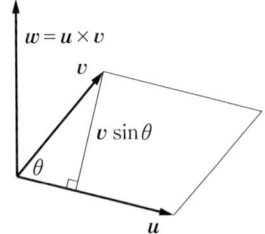

図1.5 外積（ベクトル積）

$u \times v$ の向きは u を v の方向に回転させたとき右ねじの進む方向にとられます．u と v の外積を成分を用いて表すと次式が得られます．

$$\begin{aligned} u \times v &= (u_x i + u_y j + u_z k) \times (v_x i + v_y j + v_z k) \\ &= (u_y v_z - u_z v_y)i + (u_z v_x - u_x v_z)j + (u_x v_y - u_y v_x)k \end{aligned} \quad (1.15)$$

外積の形は複雑ですが，**行列式**（determinant）を用いると以下のように覚えやすい形です．

$$\boldsymbol{u} \times \boldsymbol{v} = \begin{vmatrix} \boldsymbol{i} & \boldsymbol{j} & \boldsymbol{k} \\ u_x & u_y & u_z \\ v_x & v_y & v_z \end{vmatrix} \tag{1.16}$$

スカラー関数（温度，密度等）やベクトル関数（流速，力等）が**流れ場**（flow field）のある領域で定義されているとき，それぞれをスカラー場，ベクトル場と呼びます．このような場において，重要となる微分演算について述べておきます．

流れ場の中の位置は，直角座標系では次式で示されます．

$$(x, y, z) = x\boldsymbol{i} + y\boldsymbol{j} + z\boldsymbol{k} \tag{1.17}$$

速度ベクトル（velocity vector）は流れ場の各位置で変化しますから，成分表示を慣用の記号に変えれば，次式となります．

$$\boldsymbol{u} = (u, v, w) = u\boldsymbol{i} + v\boldsymbol{j} + w\boldsymbol{k} \tag{1.18}$$

式（1.17），（1.18）の両式から，u, v, w は (x, y, z) の関数として以下と表せます．

$$u = u(x, y, z), \quad v = v(x, y, z), \quad w = w(x, y, z) \tag{1.19}$$

この表示では時間に関する変化は表してはいません．

さて，スカラー量やベクトル量が各位置で定まっていれば，その成分を用いて微分や積分の計算が可能です．ただし，x, y, z 方向を考えますから，偏微分を取り扱う必要があります．スカラー量 $f = f(x, y, z)$ の x に関する偏微分係数は，y, z を固定して考えれば次式で定義されます．

$$\frac{\partial f}{\partial x} = \lim_{\Delta x \to 0} \frac{f(x + \Delta x, y, z) - f(x, y, z)}{\Delta x}$$

同様に，$\partial f/\partial y, \partial f/\partial z$ も定義されます．この量の組み合わせである $(\partial f/\partial x, \partial f/\partial y, \partial f/\partial z)$ はベクトルと考えることができ，grad f と定義されます．

$$\operatorname{grad} f = \frac{\partial f}{\partial x}\boldsymbol{i} + \frac{\partial f}{\partial y}\boldsymbol{j} + \frac{\partial f}{\partial z}\boldsymbol{k} \tag{1.20}$$

このベクトルをスカラー f の**勾配**（gradient）といいます．この量を用いれば，スカラー量の各方向への変化率は次式で示されます．

$$\frac{\partial f}{\partial x} = (\operatorname{grad} f) \cdot \boldsymbol{i}, \quad \frac{\partial f}{\partial y} = (\operatorname{grad} f) \cdot \boldsymbol{j}, \quad \frac{\partial f}{\partial z} = (\operatorname{grad} f) \cdot \boldsymbol{k} \tag{1.21}$$

勾配（grad）の意味は，$f=$ 一定の曲面上における法線ベクトルとなることです．

次に，発散について説明します．ベクトル $\boldsymbol{u}=(u,v,w)$ の各成分のそれぞれの方向への変化率の和をとったものを，ベクトル $\boldsymbol{u}$ の**発散**（divergence）といい，div $\boldsymbol{u}$ と書きます．

$$\mathrm{div}\,\boldsymbol{u}=\frac{\partial u}{\partial x}+\frac{\partial v}{\partial y}+\frac{\partial w}{\partial z} \tag{1.22}$$

これはベクトル関数からスカラー関数を作る演算です．発散の物理的意味は，ある微小直方体を考え流体の単位時間当たりの出入を計算すれば，速度ベクトル $\boldsymbol{u}$ の div $\boldsymbol{u}$ は単位時間，単位体積当たりの体積の減少割合を表すものです．

流体力学ではもう1つ重要な役割を果たすベクトルがあります．それはベクトル $\boldsymbol{u}$ の**回転**（rotation）と呼ぶもので，$\boldsymbol{u}$ の成分の偏微分係数から作られる rot $\boldsymbol{u}$ というベクトルです．

$$\mathrm{rot}\,\boldsymbol{u}=\left(\frac{\partial w}{\partial y}-\frac{\partial v}{\partial z}\right)\boldsymbol{i}+\left(\frac{\partial u}{\partial z}-\frac{\partial w}{\partial x}\right)\boldsymbol{j}+\left(\frac{\partial v}{\partial x}-\frac{\partial u}{\partial y}\right)\boldsymbol{k} \tag{1.23}$$

これを行列式を用いて表示すれば，覚えやすい形で以下のように示されます．

$$\mathrm{rot}\,\boldsymbol{u}=\begin{vmatrix} \boldsymbol{i} & \boldsymbol{j} & \boldsymbol{k} \\ \partial/\partial x & \partial/\partial y & \partial/\partial z \\ u & v & w \end{vmatrix}$$

なお，速度ベクトル $\boldsymbol{u}$ の rot $\boldsymbol{u}$ は**渦度**（vorticity）と呼ばれ，しばしば $\boldsymbol{\omega}$ と書きます．この値が存在するかしないかにより，**回転流**（渦あり流れ，rotational flow）または，**非回転流**（渦なし流れ，irrotational flow）といいます．

ここで，記号 ∇（ナブラ演算子）を以下の式で定義することにします．

$$\nabla=\boldsymbol{i}\frac{\partial}{\partial x}+\boldsymbol{j}\frac{\partial}{\partial y}+\boldsymbol{k}\frac{\partial}{\partial z} \tag{1.24}$$

これを用いて，関数 $f(x,y,z)$ の勾配は次式で表されます．

$$\mathrm{grad}\,f=\nabla f=\left(\boldsymbol{i}\frac{\partial}{\partial x}+\boldsymbol{j}\frac{\partial}{\partial y}+\boldsymbol{k}\frac{\partial}{\partial z}\right)f=\frac{\partial f}{\partial x}\boldsymbol{i}+\frac{\partial f}{\partial y}\boldsymbol{j}+\frac{\partial f}{\partial z}\boldsymbol{k} \tag{1.25}$$

流速ベクトル $\boldsymbol{u}$ の発散は次式となります．

$$\mathrm{div}\,\boldsymbol{u}=\nabla\cdot\boldsymbol{u}=\left(\boldsymbol{i}\frac{\partial}{\partial x}+\boldsymbol{j}\frac{\partial}{\partial y}+\boldsymbol{k}\frac{\partial}{\partial z}\right)\cdot(u\boldsymbol{i}+v\boldsymbol{j}+w\boldsymbol{k})$$

$$= \frac{\partial u}{\partial x} + \frac{\partial v}{\partial y} + \frac{\partial w}{\partial z} \qquad (1.26)$$

流速ベクトル u の回転は次式で表されます．

$$\text{rot } u = \nabla \times u = \left(i\frac{\partial}{\partial x} + j\frac{\partial}{\partial y} + k\frac{\partial}{\partial z} \right) \times (ui + vj + wk)$$

$$= \left(\frac{\partial w}{\partial y} - \frac{\partial v}{\partial z} \right) i + \left(\frac{\partial u}{\partial z} - \frac{\partial w}{\partial x} \right) j + \left(\frac{\partial v}{\partial x} - \frac{\partial u}{\partial y} \right) k \qquad (1.27)$$

記号 Δ はラプラシアンと呼ばれ，$\nabla^2 = \nabla \cdot \nabla$ であり，次式と定義されます．

$$\Delta = \nabla \cdot \nabla = \partial^2/\partial x^2 + \partial^2/\partial y^2 + \partial^2/\partial z^2$$

1.1.3　ガウスの定理，ストークスの定理

　流体力学における線積分，面積分および体積分は，互いに関連づけられた公式として利用する場合が多いようです．

　まず，図1.6を参照して線積分を考えます．閉曲面 S 上にとられた閉曲線 C に沿って線素 ds をとり，そこに単位接線ベクトル t を考えれば，ベクトル u の接線方向成分を閉曲線 C について周回積分が可能です．

$$\int_C u \cdot t \, ds \qquad (1.28)$$

これはベクトル u の接線線積分であり，流体力学では**循環**（circulation）と呼ぶ重要な量です．流れ場のある領域で渦度（単なる渦とは区別したもの）が存在するかどうかを判別する場合，その領域全体にわたりこの値を求め，流れ場の性質を調べることができます．

次に，図1.7を参照して面積分を考えます．閉曲面 S 上にとられた面素 da の外向き法線方向の単位ベクトルを n とすれば，ベクトル u のある閉曲面 S の法線方向成分の積分は面全体で次式となります．

$$\iint_S u \cdot n \, da \qquad (1.29)$$

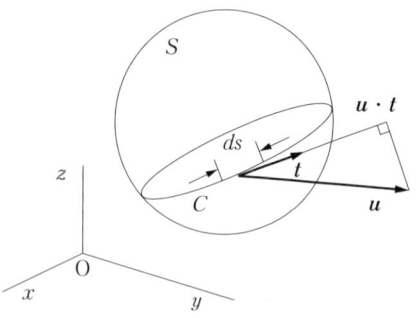

図1.6　ベクトル u の接線方向成分

ここで述べた積分は定義であり，実際の計算では複雑な場合が多く困難です．さて上述の2つの積分はそれぞれベクトル $\boldsymbol{u}$ の発散である div $\boldsymbol{u}$ とベクトルの回転である rot $\boldsymbol{u}$ に関して，以下の定理と結び付けられます．**ガウスの定理**（Gauss' theorem）は

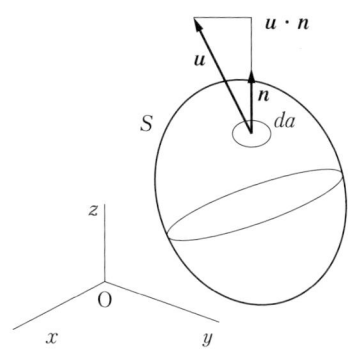

$$\iint_S \boldsymbol{u}\cdot\boldsymbol{n}\,da = \iiint_V \mathrm{div}\,\boldsymbol{u}\,dV \quad (1.30)$$

と示されます．左辺は曲面 S 上にわたり面素 da から外向き法線方向に流出する流

図1.7 面素 da とベクトル $\boldsymbol{u}$ の法線方向成分

量を面積積分の形で表しています．右辺は閉曲面 S で囲まれた全体積 V の体積要素 dV から発散する（流出する div $\boldsymbol{u}$）流量を体積積分の形で表しています．このようにガウスの定理は面積分と体積分の演算の入れ替えが可能であることを示します．次に**ストークスの定理**（stokes' theorem）は次式と表されます．

$$\int_C \boldsymbol{u}\cdot\boldsymbol{t}\,ds = \iint_S (\mathrm{rot}\,\boldsymbol{u})\cdot\boldsymbol{n}\,da \quad (1.31)$$

左辺は閉曲線 C についてベクトル $\boldsymbol{u}$ の接線線積分を表し，閉曲線内の循環の量から渦度の有無を判別します．右辺については，平面内の閉曲線について考察してみます．図1.8 に示すように閉曲線 C を微小四辺形 ABCD の周長にとります．ここで，$\boldsymbol{n}=(1,0,0)=\boldsymbol{i}$，$da=dydz$ ですから，左辺の $\boldsymbol{u}\cdot\boldsymbol{t}\,ds$ の周長の反時計周りについて和をとれば，以下となります．

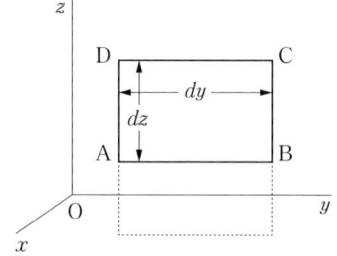

図1.8 ストークスの定理の説明（平面について）

$$vdy + \left(w+\frac{\partial w}{\partial y}dy\right)dz - \left(v+\frac{\partial v}{\partial z}dz\right)dy - wdz = \left(\frac{\partial w}{\partial y}-\frac{\partial v}{\partial z}\right)dydz$$

右辺は次式となります．

$$(\text{rot } \boldsymbol{u}) \cdot n da = (\text{rot } \boldsymbol{u}) \cdot (1, 0, 0) dydz = \left(\frac{\partial w}{\partial y} - \frac{\partial v}{\partial z}\right) dydz$$

左辺と右辺が等しくなり，ストークスの定理が成立することが理解できます．右辺からわかるように，閉曲線で囲まれた領域内に渦度（面に垂直方向成分）が存在すれば，左辺から閉曲線の周りに循環が存在することがわかります．

1.1.4 テンソル表示

テンソル（tensor）の概念は**ベクトル**（vector）の概念を含み，さらにそれを拡張したものです．その語源は弾性変形の応力のうちの張力（tension）に由来します．流体力学でテンソル演算を用いる場合，応力とひずみやそれらが働く面や方向についての関係を簡潔に記述する際に利用されます．前項で述べましたが，スカラーは温度や密度のように大きさのみ有するもので，一方，ベクトルは力や加速度のように大きさと方向を有するものです．

図1.9(a)のベクトルを，たとえば図(b)のように座標変換すると変換前後の座標はそれぞれ変化し，ベクトルの成分は (a, b) から (a', b') へと変化します．このように流体力学で取り扱われる応力は，考察する面によって値が異なります．つまり，応力は絶対的な値ではなく，相対的に表現するものです．テンソルで表現すれば，その成分をひとまとめに表現でき，若干面倒な操作を必要としますが便利になります．

直交座標系 x_1, x_2, x_3 において，各座標軸方向の単位ベクトル（基本ベクトル）を e_1, e_2, e_3，速度ベクトルの各成分を $\boldsymbol{u} = (u_1, u_2, u_3)$ とすれば，$\boldsymbol{u}$ は次式のように表せます．

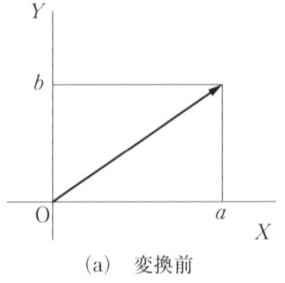
(a) 変換前

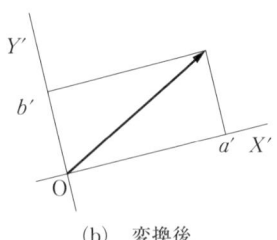
(b) 変換後

図1.9 ベクトルの座標変換

1.1 流体力学と数学的準備

$$\boldsymbol{u} = u_1\boldsymbol{e}_1 + u_2\boldsymbol{e}_2 + u_3\boldsymbol{e}_3 \quad (1.32)$$

$$\boldsymbol{u} = \sum_{i=1}^{3} u_i\boldsymbol{e}_i \quad (1.33)$$

式 (1.33) は和の記号 Σ を使って表現したものです．テンソル表示をする場合，この Σ の記号を外して用いることもあり，この場合，アインシュタインの総和規約と呼ぶ簡便な表示が適用されます．

$$\boldsymbol{u} = u_i\boldsymbol{e}_i \quad (1.34)$$

なお添字 i の値は，2次元空間の場合 1 から 2 について，3次元空間の場合 1 から 3 について考慮します．

内積表示を以下に表します．

$$\boldsymbol{u} \cdot \boldsymbol{v} = u_i v_i \quad (1.35)$$

これを用いれば，ベクトルの大きさは次式の平方根で表せます．

$$\boldsymbol{u} \cdot \boldsymbol{u} = u_i u_i$$

また，記号ナブラ ∇ は $\nabla = \boldsymbol{e}_1\dfrac{\partial}{\partial x_1} + \boldsymbol{e}_2\dfrac{\partial}{\partial x_2} + \boldsymbol{e}_3\dfrac{\partial}{\partial x_3} = \boldsymbol{e}_i\dfrac{\partial}{\partial x_i}$ と表現します．直交座標系において同じ方向の単位ベクトルの内積は 1，異なる方向の内積は 0 ですから

$$\boldsymbol{e}_i \cdot \boldsymbol{e}_j = \delta_{ij}$$

と書くことができます．ここで，δ_{ij} を**クロネッカーのデルタ**（Kronecker delta）と呼び，i と j が等しいときは 1，i と j が等しくないときは 0 とする記号です．

$$\delta_{ij} = 1 \quad (i=j), \quad 0 \quad (i \neq j)$$

なお，アインシュタインの総和規約に従うと $\delta_{ii} = 3$ となります．

次にベクトル $\boldsymbol{u}$ の発散を考えます．

$$\operatorname{div}\boldsymbol{u} = \nabla \cdot \boldsymbol{u} = \left(\boldsymbol{e}_i\dfrac{\partial}{\partial x_i}\right) \cdot (u_j\boldsymbol{e}_j) = \dfrac{\partial u_j}{\partial x_i}\delta_{ij} = \dfrac{\partial u_i}{\partial x_i} \quad (1.36)$$

なお，添字の数をベクトルの階数といいます．

流体力学では任意の面に働く応力テンソル σ_{ij} がしばしば使用されます．この場合，添字が 2 個ですので 2 階のテンソルです．2 階の応力テンソルをまとめて**行列**（matrix）として記述することが可能です．

$$\sigma_{ij} = \begin{bmatrix} \sigma_{11} & \sigma_{12} & \sigma_{13} \\ \sigma_{21} & \sigma_{22} & \sigma_{23} \\ \sigma_{31} & \sigma_{32} & \sigma_{33} \end{bmatrix} \tag{1.37}$$

次にベクトル $\boldsymbol{u}$ の回転を考えます．

$$\text{rot } \boldsymbol{u} = \nabla \times \boldsymbol{u} = \left(\boldsymbol{e}_i \frac{\partial}{\partial x_i} \right) \times (u_j \boldsymbol{e}_j) = \varepsilon_{ijk} \frac{\partial u_k}{\partial x_j} \tag{1.38}$$

$\varepsilon_{ijk} = (\boldsymbol{e}_i \times \boldsymbol{e}_j) \cdot \boldsymbol{e}_k$ において，$\boldsymbol{e}_i \times \boldsymbol{e}_j$ についてみますと，もし $i=j$ ならば，$\boldsymbol{e}_i \times \boldsymbol{e}_j$ は外積ですから $\boldsymbol{0}$（ゼロベクトル）です．次に $i=k$ であれば，$(\boldsymbol{e}_i \times \boldsymbol{e}_j) \cdot \boldsymbol{e}_k = 0$ になります．この理由は $\boldsymbol{e}_i \times \boldsymbol{e}_j$ ベクトルはベクトル $\boldsymbol{e}_i$（すなわち，$\boldsymbol{e}_k$）に垂直ですから，垂直なベクトルの内積は 0 です．同様に $j=k$ のときも $(\boldsymbol{e}_i \times \boldsymbol{e}_j) \cdot \boldsymbol{e}_k = 0$ になります．以上より，ε_{ijk} は i, j, k のいずれかが等しければ 0 であり，i, j, k のすべてが異なるときだけ 0 とはなりません．以上のことからエディントンのイプシロンをまとめると，以下のように示すことができます．

$$\varepsilon_{ijk} = \begin{cases} 1, (i,j,k) = (2,3,1), (3,1,2), (1,2,3) \\ -1, (i,j,k) = (3,2,1), (2,1,3), (1,3,2) \\ 0, \text{その他の} i, j, k \text{の組み合わせ} \end{cases} \tag{1.39}$$

1.1.5 複素関数

A. 複素数

たとえば，方程式 $x^2 = 2$ の解は $x = \pm\sqrt{2}$ と表現され，$\sqrt{2}$ は "2 乗したら 2 になる数字" を表す記号です．一方，方程式 $x^2 = -1$ を考えますと，この解は $x = \pm\sqrt{-1}$ になります．$\sqrt{-1}$ は "2 乗すると -1 になる" 数であり，**実数**（real number）ではありません．$\sqrt{-1}$ を i と表現し，i を**虚数**（imaginary number）といいます．虚数について，以下で考えていきます．いま，2 つの実数を a, b とすれば，$a + ib$ を**複素数**（complex number）と呼び，a を複素数 z の**実部**（real part），一方，b を z の**虚部**（imaginary part）といいます．これらをそれぞれ $a = \text{Re}(z)$，$b = \text{Im}(z)$ と表記します．

B. 複素平面

複素数 $z = a + ib$ について実部を横軸，虚部を縦軸にとりますと，図 1.10 のように複素数 z を直交座標上の点として表現できます．原点 O と複素数 z の

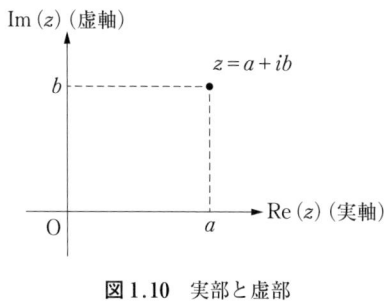
図 1.10 実部と虚部

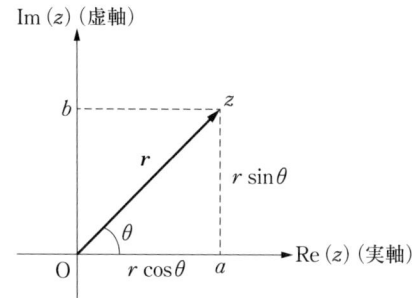
図 1.11 複素平面

直交座標上の点を結ぶと，その線は大きさ $|z|$ と方向 θ をもつベクトルを表します．図 1.11 より，$|z|=r=\sqrt{a^2+b^2}$，$\theta=\tan^{-1}\dfrac{b}{a}$ となり，複素数 z は次式のように示されます．

$$z = r(\cos\theta + i\sin\theta) \tag{1.40}$$

C. 共役複素数

$z=a+ib$ とすると，$\bar{z}=a-ib$ を**共役複素数**（conjugate complex number）といい，$\bar{z}=a-ib$ と表示します．図 1.12 のように共役複素数 $\bar{z}$ は複素数 z を実軸に関して反転したことになります．

$$z\cdot\bar{z} = (a+ib)\cdot(a-ib) = a^2 - iab + iab - i^2 b^2 = a^2 + b^2 = r^2 = |\bar{z}|^2$$
$$\therefore\ z\cdot\bar{z} = |\bar{z}|^2 \tag{1.41}$$

次に複素平面上の虚数 i の役割を説明します．図 1.13 のような単位円を考えますと，原点 O と x 軸上の座標 $(1,0)$ を結ぶ線は大きさ 1 のベクトルを示します．このベクトルに虚数 i を乗じると，原点 O と y 軸上の座標 $(0,1)$ を結ぶベクトルになります．すなわち，虚数 i は図 1.14 のようにベクトルを 90 度，反時計方向へ回転させる役割をもっています．

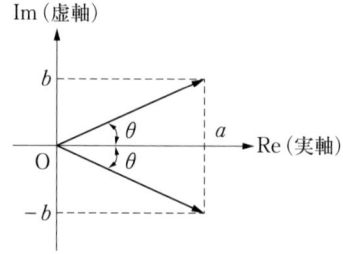
図 1.12 共役複素数

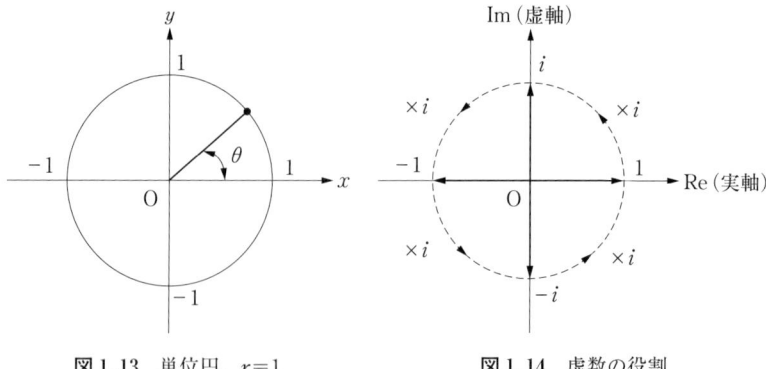

図 1.13 単位円，$r=1$　　　図 1.14 虚数の役割

D. 複素数の積

次に示す 2 つの複素数 $z_1 = r_1(\cos\theta_1 + i\sin\theta_1)$ と $z_2 = r_2(\cos\theta_2 + i\sin\theta_2)$ の積を考えてみます．

$$\begin{aligned}
z_1 \cdot z_2 &= r_1(\cos\theta_1 + i\sin\theta_1) \cdot r_2(\cos\theta_2 + i\sin\theta_2) \\
&= r_1 r_2(\cos\theta_1 \cos\theta_2 + i\sin\theta_2 \cos\theta_1 + i\sin\theta_1 \cos\theta_2 + i^2 \sin\theta_1 \sin\theta_2) \\
&= r_1 r_2\{(\cos\theta_1 \cos\theta_2 - \sin\theta_1 \sin\theta_2) + i(\sin\theta_2 \cos\theta_1 + \sin\theta_1 \cos\theta_2)\} \\
&= r_1 r_2\{\cos(\theta_1 + \theta_2) + i\sin(\theta_1 + \theta_2)\}
\end{aligned}$$

$$(1.42)$$

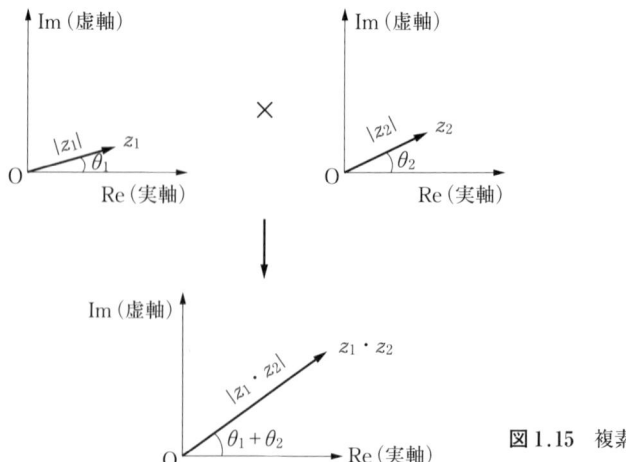

図 1.15 複素数の積

この結果は図 1.15 のようになります．以上から，z_1 と z_2 の積は z_1 と対応する平面上の点を θ_2 だけ回転し，絶対値を $|z_2|$ 倍したものに相当します．

E. 複素数の商

$z_1 = r_1(\cos\theta_1 + i\sin\theta_1), z_2 = r_2(\cos\theta_2 + i\sin\theta_2)$ のとき，z_1 と z_2 の商を考えてみます．

$$\frac{z_1}{z_2} = \frac{r_1(\cos\theta_1 + i\sin\theta_1)}{r_2(\cos\theta_2 + i\sin\theta_2)},$$ 分母分子に $\cos\theta_2 - i\sin\theta_2$ を乗じると，

$$\frac{z_1}{z_2} = \frac{r_1(\cos\theta_1 + i\sin\theta_1)(\cos\theta_2 - i\sin\theta_2)}{r_2(\cos\theta_2 + i\sin\theta_2)(\cos\theta_2 - i\sin\theta_2)}$$

$$= \frac{r_1}{r_2} \frac{(\cos\theta_1\cos\theta_2 - i\sin\theta_2\cos\theta_1 + i\sin\theta_1\cos\theta_2 - i^2\sin\theta_1\sin\theta_2)}{(\cos^2\theta_2 + \sin^2\theta_2)}$$

$$= \frac{r_1}{r_2}\{(\cos\theta_1\cos\theta_2 + \sin\theta_1\sin\theta_2) + i(\sin\theta_1\cos\theta_2 - \sin\theta_2\cos\theta_1)\}$$

$$= \frac{r_1}{r_2}\{\cos(\theta_1 - \theta_2) + i\sin(\theta_1 - \theta_2)\}$$

(1.43)

となります．以上から，z_1 を z_2 で除すことは，複素数 z_1 と対応する平面上の点を $-\theta_2$ だけ回転させて絶対値を $\left|\dfrac{1}{z_2}\right|$ 倍（縮小）したことに相当します．

F. ド・モアブルの定理

$z = r(\cos\theta + i\sin\theta)$ としたとき，z^n の値を求めると

$$z^n = r^n(\cos n\theta + i\sin n\theta) \tag{1.44}$$

が得られます．これを以下に説明してみます．マクローリン展開より

$$e^x = 1 + \frac{x^1}{1!} + \frac{x^2}{2!} + \frac{x^3}{3!} + \cdots$$

ですから，$e^{i\theta}$ については次式となります．

$$e^{i\theta} = 1 + \frac{(i\theta)}{1!} + \frac{(i\theta)^2}{2!} + \frac{(i\theta)^3}{3!} + \cdots = \left(1 - \frac{\theta^2}{2!} + \frac{\theta^4}{4!} - \cdots\right) + i\left(\theta - \frac{\theta^3}{3!} + \frac{\theta^5}{5!} - \cdots\right)$$

一方，三角関数 $\cos x, \sin x$ のマクローリン展開は次式で表せます．

$$\cos x = 1 - \frac{x^2}{2!} + \frac{x^4}{4!} - \cdots, \quad \sin x = 1 - \frac{x^3}{3!} + \frac{x^5}{5!} - \cdots$$

これより，$e^{i\theta} = \cos\theta + i\sin\theta$ です．この式は単位円上で偏角 θ の複素数を示しています．これを $z = re^{i\theta}$ とおくと，$z^n = (re^{i\theta})^n = r^n e^{in\theta} = r^n(\cos n\theta + i\sin n\theta)$ と

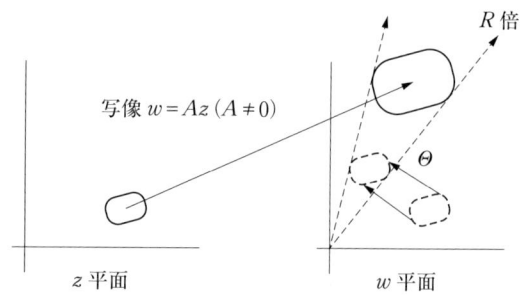

図 1.16 複素関数

なります．

G．複素関数

複素平面上の1つの領域 D の各点 $z=x+iy$ に対し，1つの複素数 $w=u+iv$ が対応するとき，w を領域 D で定義された**複素関数**（complex function）といいます．ここで，u, v はそれぞれ $u=u(x,y), v=v(x,y)$ です．領域 D を関数 $f(z)$ の**定義域**（domain）といいます．ここで，$w=Az$ $(A \neq 0)$ という写像を考え，A と z を極形式で表示すれば，それぞれ，$A=Re^{i\Theta}, z=re^{i\theta}$ であり，R（>0）と θ は定数です．このとき $w=Az$ は

$$z \xrightarrow{\times e^{i\Theta}} e^{i\Theta}z \xrightarrow{\times R} Re^{i\Theta}z = Rre^{i(\theta+\Theta)} = w$$

と表せます．

すなわち，z はまず $e^{i\Theta}$ を掛けることによって，原点を中心に角度 Θ だけ回転し，次に R を掛けることによって，拡大（$R>1$）または縮小（$R<1$）されます．つまり，z-平面の図形は $w=Az$ $(A \neq 0)$ という写像によって，原点中心に角度 Θ の回転を受け，さらに定数 R によって伸縮されます（図 1.16）．

H．極限と連続

複素平面の任意における領域 D 上で定義された複素関数の値をとる関数 w を考え，これを $w=f(z)$ と記述します．領域 D 内の点列 $z_1, z_2, z_3, \cdots, z_n, \cdots$ が z に近づくことは，$n \to \infty$ のとき $|z_n - z| \to 0$ となることです．このことを図 1.17 を利用して補足します．いま，z-平面上の点列 $z_1, z_2, z_3, \cdots, z_n, \cdots, z$ に対応する複素平面上の点列を $P_1, P_2, P_3, \cdots, P_n, \cdots, P$ とします．複素平面上の点列 $P_1, P_2, P_3, \cdots, P_n, \cdots$ が1点 P に近づくには，図 1.17 のように多数ありますが，

無数の**極限**（limit）の取り方をしても同じ点に収束する必要があります.

次に連続の定義を説明します. 複素平面上の任意の領域 D 上で定義された関数 $w=f(z)$ が D の各点 z で以下の条件を満たすとき，f は D 上で**連続**（continuous）であるといいます.

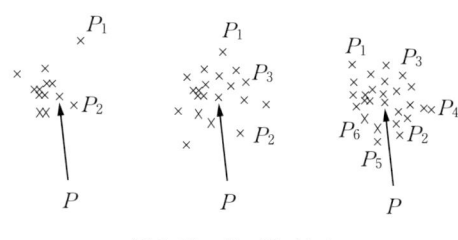

図 1.17 点の近づき方

$$z_1, z_2, z_3, \cdots, z_n, \cdots \to z \text{ ならば}, \quad f(z_n) \to f(z) \quad (n \to \infty)$$

一方，関数 $w=f(z)$ が D の 1 点 z_0 で連続であることも，実数の場合と同様にして ε-δ 法で説明することができます. すなわち，どんな正数 ε に対しても任意の正数 δ で

$$|z-z_0|<\delta \Rightarrow |f(z)-f(z_0)|<\varepsilon$$

が成立します. このような ε-δ 法で表現される状況が成立する場合，次式のように表現できます.

$$z \to z_0 \text{ のとき}, \quad f(z) \to f(z_0), \quad \text{もしくは} \lim_{z \to z_0} f(z) = f(z_0) \text{ です}.$$

1.2 流れの基礎

1.2.1 定常流と非定常流

流体は質量が定義できる物質の 1 つで，その運動状態は質点の力学と同様に速度や加速度で表されます. ある空間座標点を通過する流体の加速度は，速度の時間的変化と空間的変化の和として表現されます. このうち速度の時間的変化の有無により，流れの状態は 2 つに分類されます. 時間に対して速度が一定となる流れを**定常流**（steady flow），一方時間に対して規則的あるいは不規則的に変化する流れを**非定常流**（unsteady flow）といいます. 定常流では速度以外の流れの諸量（たとえば，圧力，温度や濃度など）も時間に対して変化しませんが，非定常流では変化します.

1.2.2 円柱周りの流れパターンの変化とレイノルズ数

流体の流れにおいて，流体の運動に対して圧力勾配力や粘性力以外の外力が作用しなければ，**レイノルズ数** Re（Reynolds number）と呼ばれる**無次元数**（non-dimensional number）が流れの状態を決定する重要なパラメータとなります．このような無次元数は次元考察や方程式の無次元化により導出されますが，一般には Re 数は**慣性力**（inertial force）と**粘性力**（viscous force）の比として解釈されます．いま，ある物体の周りを通過する流体の流れについて考えます．物体の代表寸法を L，物体から十分離れた位置における流体の代表速度を U，流体の密度を ρ および粘性係数を μ とします．

慣性力と粘性力をこれらの物理量で次元考察から表してみます．慣性力は（質量）×（加速度）です．加速度は時間に対する速度の変化率で，時間の次元 [T] は L/U で表せますから，加速度 $\sim U^2/L$ となり，慣性力 $\sim \rho U^2 L^2$ となります．粘性力は（粘度）×（速度の空間変化率）×（面積）で与えられますので，粘性力 $\sim \mu U L$ となります．結局これらの力の比は次のように表されます．

$$\frac{慣性力}{粘性力} \sim \frac{\rho U^2 L^2}{\mu U L} = \frac{LU}{\mu/\rho} = \frac{LU}{\nu} = Re \tag{1.45}$$

ここで，$\nu(=\mu/\rho)$ は動粘性係数です．この Re 数の変化により，物体周りの流れは多様に変化することが知られています．その一例として，物体形状が最も

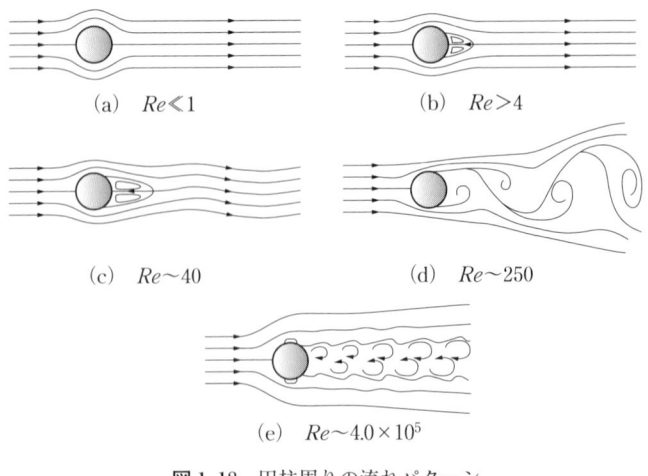

図 1.18 円柱周りの流れパターン

単純な円柱の周りの流れについて考えてみます．レイノルズ数は，円柱の直径 d，円柱から十分離れた位置における流体の速度 U および流体の動粘性係数 ν として選べば，$Re=dU/\nu$ と与えられます．

図1.18に円柱周りの流れパターンを示しています．この流れパターンは，流体が水であれば染料で着色された液体を微小な寸法の管からゆっくり流すことによって得ることができます．$Re\ll1$ のとき，流れは至る所で定常で円柱中心を通る水平軸および鉛直軸に対して流れは対称となります．Re 数が増加していくと，円柱表面近傍に形成される層流境界層のため流れが円柱表面上のある位置ではく離し，円柱後方には渦領域が形成されます．$4\leq Re<40$ では，流れは定常で一対の渦（双子渦）が形成され，$Re=40$ 付近において後方の染料の線が波打ち始めて非定常性が現れます．

さらに Re 数が増加すると，円柱背後から上下交互に渦が下流に放出され始めます．後方には放出された渦が上下に規則正しく並んだ2本の渦列として形成されます．この渦列を**カルマン渦列**（Kármán vortex street）と呼びます．$Re=4\times10^5$ 付近では，円柱上の層流境界層がはく離し流れが乱流となりますが，再び円柱上に再付着した後，その下流で再度はく離します．このとき，円柱に働く抗力係数の流れ方向成分は最も小さくなります．

1.2.3 2次元流および3次元流

座標系は対象とする物質の位置や速度など大きさや方向を定めるために利用されます．どのような座標系を用いるかは，対象物質が2次元か3次元的な運動をするかどうかで決まります．いま，座標系として図1.19に示す3次元直交座標系（Cartesian coordinate system）を選ぶとします．空間ベクトル $\boldsymbol{x}=(x,y,z)$ の位置における流体の速度ベクトル $\boldsymbol{u}=(u,v,w)$ を考えます．**3次元流**（three dimensional flow）では速度ベクトル $\boldsymbol{u}$ は，3方向の座標の変数 (x,y,z) に依存します．非定常流であれば，時間の変数 (t) が加わります．

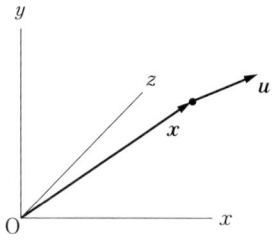

図1.19 3次元直交座標系中の速度ベクトル（右手系では，z を y，y を z に変える）

一方，2次元流（two dimensional flow）では速度ベクトルは3方向の座標の変数 (x, y, z) のうち2変数のみに依存します．いま，たとえば速度ベクトル u が (x, y) の関数であるとします．このとき，u の各成分 (u, v, w) の分布は xy 平面に対して対称で z 方向に対して一定となるため，速度成分 w はゼロとなります．したがって，2次元流において速度ベクトル u の成分は (u, v) で，座標 (x, y) の関数となります．

1.2.4 流線とはく離，遷移

流体の流れを描写することは，流れ現象を直観的に理解するのに役立ちます．この描写のことを**流れの可視化**（flow visualization）といいます．可視化方法は対象とする流体（気体や液体）により異なりますが，可視化は染料や煙などを連続的に流れに注入して得られる**流脈線**（streak line），微細なアルミ粉や木片を液体に混入してその軌道を描いて得られる**流跡線**（path line）や速度から算出される**流線**（streamline）により示されます．

流線は，数学的に定義がなされた最も重要な概念ですが，その算出には速度場全体の計測と場の積分操作が必要で相当労力が必要です．定常流では上述の3者は一致するため，より簡単に流線を表す方法として流脈線や流跡線を利用します．しかし，非定常流では3者は一致しないため，流線の描写はきわめて困難となります．その理由として，非定常流で得られる流脈線や流跡線は時間経過の影響を含み，瞬時場の流れ場を描写しないからです．

図1.18に示された円柱周りの流れパターンに再び着目します．$Re < 40$ における流れは定常流ですから，示された曲線は流線に対応します．$4 \leq Re < 40$ において，円柱後方に双子渦が生じる場合には，円柱表面上ではく離が生じます．はく離とは流線が円柱表面から剥がれることを意味し，はく離点は流線が剥がれる点となります．$Re = 4 \times 10^5$ において，層流から乱流への流れの変化が生じることを述べました．このような流れの変化を**遷移**（transition）といいます．広義の意味においては，遷移とはある安定な状態が不安定になって別な安定な状態へ変化することを意味します．

1.2.5 内部流と外部流

流体の流れは，**内部流**（internal flow）と**外部流**（external flow）に分けられます．内部流と外部流の分類は境界条件によってなされます．管路内の流れは，管の入口・出口を除いて，流体は管壁に接して流れます．このとき，境界は管壁面になるので粘性流体では流体の速度は流れの方向および壁に垂直な方向ともにゼロとなります．このように，流体が流れる空間の周囲の境界が壁面となる流れを内部流といいます．

一方，外部流は流れ空間の周囲の一部あるいはすべてが壁面ではなく，境界が無限遠となる流れです．たとえば，航空機，列車や自動車などの車両周りの流れなどが外部流となります．なお，風洞設備で外部流を実験により再現する際には，壁面での粘性の影響が測定部中心まで及ばないように風洞測定部の断面積を十分大きくとることが必要です．

1.3 流体運動の記述と加速度

1.3.1 流体の性質

流体（fluid）とは，気体，液体の総称を示します．流体には空気，水，高温の油などのさらさらしたものから，血液，蜂蜜，ペンキ，常温の油などのどろりとしたものまで，身近なものでも非常に多くの種類があります．この両者の流体の運動は，その種類等に無関係に統一的に扱うことができます．

本書では，流体を構成する個々の分子運動を考慮する代わりに，流体を**連続体**（continuous body），あるいはその流れを**連続流**（continuous flow）として取り扱います．つまり，分子の平均自由行程 λ に比べて，流れ場の代表的な長さ尺度 L が十分大きい場合に限定して取り扱います．これらの値の比 $Kn=\lambda/L$ を**クヌッセン数**（Knudsen number）といい，およそ $Kn<0.01$ の場合，連続体としての取り扱いが可能です．一例として，翼弦長が 1 m の翼周りの空気流を考えると，$Kn=\lambda/L \fallingdotseq 6\times 10^{-8}/1 = 6\times 10^{-8} \ll 0.01$ となり，連続体の取り扱い条件を満たします．

流体の各種の性質の中で，流れを特徴づける代表的性質の粘性と圧縮性の 2

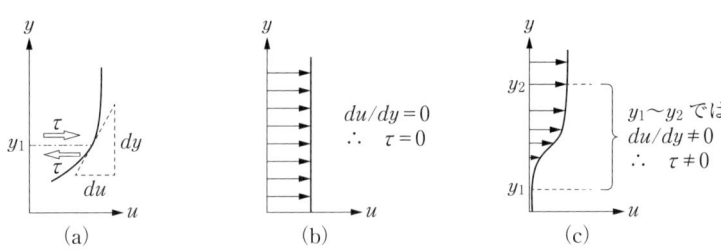

図 1.20　各速度分布とせん断応力との関係

つについて説明を加えます．**粘性**（viscosity）とは通常の場合，流体の変形運動を妨げる性質といえます．実在する空気，水，油などの流体は，粘性が効力を発揮する場合に作用すると，界面を挟んで速度差が生じ，粘性応力を無視できなくなります．このとき粘性流体と呼ばれます．図 1.20 に示すように，流れに平行な面（単位面積の界面）に働く粘性によるせん断応力 τ は，考慮している界面を挟む領域の速度勾配 du/dy に，物性値である粘性係数 μ を乗じて次式で与えられます．

$$\tau = \mu \frac{du}{dy} \tag{1.46}$$

この関係式を**ニュートンの粘性法則**（Newton's law of viscosity）といいます．ここで，u は流れ方向速度成分，y は流れに直角な方向の座標です．図 1.20(a) において，$y=y_1$ の平面に働くせん断応力 τ は，太線で表した速度分布の y_1 における速度勾配（図中の三角形の斜辺の傾き du/dy）に比例します．図 1.20(b) においては，図示された全域で du/dy が 0 ですから，y に直角な平面のせん断応力 τ は 0 です．図 1.20(c) においては，$y=y_1$ から y_2 までの区間では，du/dy が 0 ではないですから，y に直角な平面のせん断応力 τ も 0 ではありません．この場合，τ の最大値は，速度分布の変曲点において生じます．

空気，水，油のように，μ の値が速度勾配 du/dy によらず一定の流体を**ニュートン流体**（Newtonian fluid），血液，蜂蜜，泥水のように μ の値が du/dy によって変化する流体を**非ニュートン流体**（non-Newtonian fluid）といいます．μ の値は，温度 T によって変化し，気体では次のサザランドの式により，高温ほど高粘度となります．

1.3 流体運動の記述と加速度

$$\frac{\mu}{\mu_0}=\left(\frac{T}{T_0}\right)^{\frac{3}{2}}\frac{T_0+S}{T+S} \tag{1.47}$$

ここに，μ_0 は基準温度 T_0 における粘性係数，S はサザランド定数です．T, T_0 および S はケルビン単位で示します．一方，液体では調理油や潤滑油から想像されるように，液体では高温ほど低粘度となり，水の粘性係数についてはヘルムホルツの式やメイヤーの式があります．

圧縮性（compressibility）とは，圧力変化時に比容積 v または密度 ρ が変化する性質を指します．圧縮率 β は，比容積 v に作用する圧力が dp だけ増えた場合，比容積が dv だけ減ったときの割合として，次式で定義されます．

$$\beta=-\frac{1}{v}\frac{dv}{dp}=\frac{1}{\rho}\frac{d\rho}{dp} \tag{1.48}$$

β の逆数を体積弾性係数 K といい，次式で表します．

$$K=\frac{1}{\beta}=-v\frac{dp}{dv}=\rho\frac{dp}{d\rho} \tag{1.49}$$

このように流体の圧力変化 dp が体積ひずみ $(-dv/v)$ ×体積弾性係数 K と表されることは，弾性体についてのフックの法則（垂直応力 σ =ひずみ ε ×ヤング率 E）に対応しています．

流体運動を考えるときには，粘性の影響を表す**レイノルズ数**（Reynolds number）と，圧縮性の影響を表す**マッハ数**（Mach number）が影響を及ぼす因子となります．レイノルズ数は，最も慣用的には慣性力と粘性力との比として次式で定義される無次元数です．

$$Re=\frac{UL}{\nu} \tag{1.50}$$

ここで，U は代表速度，L は代表長さ，$\nu=\mu/\rho$ は流体の動粘性係数です．なお，後述しますが，レイノルズ数は長さの比や時間の比などからも考察できるため，流れの状況に応じてさまざまな視点からレイノルズ数を考えることが大切です．代表的な尺度として，管内流れでは U を断面平均速度で，L を管直径で表します．翼周りの外部流れでは，U を十分上流の一様速度で，L を翼弦長でとるのが通常です．マッハ数は，流れ場の流速あるいは物体推進速度 U と媒質流体中の音速 a との比をとった

$$M=\frac{U}{a}=\sqrt{2\frac{\Delta\rho}{\rho}} \tag{1.51}$$

で定義される無次元数です．これは管内を圧力波が伝播する際に考える波動方程式と関係するもので，密度の変化率 $\Delta\rho/\rho$ が直接関与する物理量です．$M=0.3$ の値は密度変化が 5％相当であり，$M<0.3$ の流れは**非圧縮性流れ**（incompressible flow）として扱われます．

1.3.2 運動の表示

流体運動の表示には，2つの方法が知られています．1つは手元から離した風船を追跡するのと同様な方法で，個々の**流体粒子**（fluid particle）の位置と時間経過を調べる**ラグランジュの方法**です．他の方法は，川の流れの局所位置ごとの流速変化を山の頂上から観察するような，流れ場の固定位置に着目する**オイラーの方法**です．本書では，特に断らない限り後者を用います．それは，流速の計測を考えた場合，計測センサを固定位置に置き，流れの様子を時間的に追いかける方が便利であり，かつ精度よく計測できるからです．

以下において流れ場における着目物理量の変化を考えてみることにします．任意の点の物理量 A の変化は，テーラー展開を施すことにより以下と示されます．

$$\delta A = \frac{\partial A}{\partial t}\delta t + \frac{\partial A}{\partial x}\delta x + \frac{\partial A}{\partial y}\delta y + \frac{\partial A}{\partial z}\delta z + O(\delta t^2, \delta x^2, \delta y^2, \delta z^2) \tag{1.52}$$

ここで，t は時刻，(x, y, z) はデカルト座標系における各方向成分です．右辺最終項の 2 次以上の微小項を省略し，速度ベクトル $\boldsymbol{u}(u, v, w)$ の各成分が

$$u=\lim_{\delta t\to 0}\frac{\delta x}{\delta t},\quad v=\lim_{\delta t\to 0}\frac{\delta y}{\delta t},\quad w=\lim_{\delta t\to 0}\frac{\delta z}{\delta t} \tag{1.53}$$

と書けることを用いると，以下のように導けます．

$$\lim_{\delta t\to 0}\frac{\delta A}{\delta t}=\frac{\partial A}{\partial t}+u\frac{\partial A}{\partial x}+v\frac{\partial A}{\partial y}+w\frac{\partial A}{\partial z} \tag{1.54}$$

ここで，下記の偏微分演算子

$$\frac{D}{Dt}=\frac{\partial}{\partial t}+u\frac{\partial}{\partial x}+v\frac{\partial}{\partial y}+w\frac{\partial}{\partial z} \tag{1.55}$$

を導入すると，式（1.54）の右辺は次式と表せます．

$$\frac{DA}{Dt} = \frac{\partial A}{\partial t} + u\frac{\partial A}{\partial x} + v\frac{\partial A}{\partial y} + w\frac{\partial A}{\partial z} \tag{1.56}$$

式（1.55）に示した演算子は，オイラー表示された流れ場の1つの流体粒子の物理量の時間変化を調べており，**物質微分**（material derivative），**実質微分**（substantial derivative），あるいは**ラグランジュ微分**（Lagrangian derivative）と呼ばれます．右辺第1項は，局所の時間変化を表しており，**非定常項**（unsteady term），あるいは**オイラー微分**（Eulerian derivative）と呼ばれます．非定常項が0の流れを定常流（steady flow）といいます．右辺第2項以降は，流体粒子の対流に伴う時間変化を表しており，**対流項**（convective term）と呼ばれます．

1.3.3 加 速 度

式（1.56）の物理量 A として，速度ベクトル $\boldsymbol{u}(u, v, w)$ を代入して得られる次式

$$\frac{D\boldsymbol{u}}{Dt} = \frac{\partial \boldsymbol{u}}{\partial t} + u\frac{\partial \boldsymbol{u}}{\partial x} + v\frac{\partial \boldsymbol{u}}{\partial y} + w\frac{\partial \boldsymbol{u}}{\partial z} \tag{1.57}$$

を真の加速度，あるいは**実質加速度**（substantial acceleration）といいます．式（1.57）の右辺第1項を**局所加速度**（local acceleration），右辺第2項以降を**対流加速度**（convective acceleration）といいます．同様に，x, y, z 方向の実質加速度成分は，それぞれ次のようになります．

$$\frac{Du}{Dt} = \frac{\partial u}{\partial t} + u\frac{\partial u}{\partial x} + v\frac{\partial u}{\partial y} + w\frac{\partial u}{\partial z} \tag{1.58}$$

$$\frac{Dv}{Dt} = \frac{\partial v}{\partial t} + u\frac{\partial v}{\partial x} + v\frac{\partial v}{\partial y} + w\frac{\partial v}{\partial z} \tag{1.59}$$

$$\frac{Dw}{Dt} = \frac{\partial w}{\partial t} + u\frac{\partial w}{\partial x} + v\frac{\partial w}{\partial y} + w\frac{\partial w}{\partial z} \tag{1.60}$$

ここで，図1.21のような先細ノズル（水平方向長さ Δx）内の流れを例にとり，加速度の各項の意味を考えてみます．議論を簡単にするため，速度の水平方向成分以外の成分は0と仮定し，時刻 $t=t_1$ における入口流速を u_1，出口流速を u_2 とします．この時刻から短い時間経った $t=t_2$ では流速は変わらないとし，さらに短い時間経過後の時刻 $t=t_3$ で流速がノズル入口および出口で

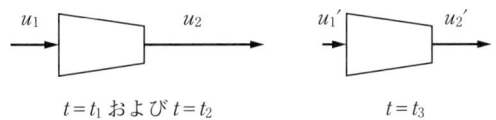

図1.21 先端ノズル内（水平距離 Δx）の流れによる対流加速度の説明

u_1', u_2' に変化したとします．この場合 $t=t_1$ から $t=t_2$ にかけては定常流れであり，局所加速度はノズル入口および出口でともに0です．しかし，先細ノズル内を通過すると $(u_2-u_1)/\Delta x$ に比例した対流加速度が定常流にもかかわらず存在しています．これは不可思議ですが，たとえば日常見かける川幅が下流に狭まる流れでは，流量の増減がなくても川の流れは「川上から川下に向かい加速している」と認識することに対応します．次に，$t=t_2$ から $t=t_3$ にかけては非定常流であり，対流加速度と局所加速度が生じています．

1.4 運動方程式と連続の式

1.4.1 連続の式

連続の方程式（equation of continuity）は流体運動の場合の**質量保存則**（mass conservation law）を示すもので，考えている空間内を流体が途切れることなく流れる（連続体と見なします）ことを表すものです．たとえば，水道管のコックを緩やかに開放すると水は棒状の体積を占めながら，滑らかに流下します．これから連続的な流れのイメージを掴むことができます．一方，コックを急激に開くと水は飛沫を伴って流下し，水と空気が混在するのがわかります．この場合は，質量保存則を適用できません．この特徴をオイラーの表示法を用いて説明してみます．図1.22に示すような2次元流を考え，流れの中に固定された各辺の長さが dx および dy である微小四辺形 ABCD を想像します．この四辺形 ABCD に dt 時間

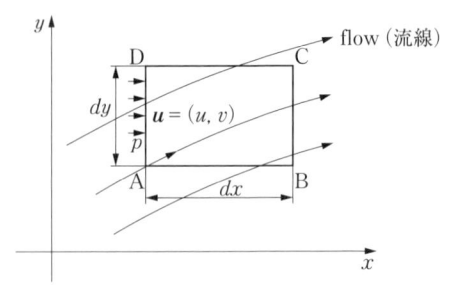

図1.22 2次元流中の微小四辺形 ABCD

内に流入した質量および流出した質量を考えれば，それに差がある場合，四辺形 ABCD 内の流体の質量は圧縮性のため増分が生じます．これを式で表しますと，

　　流入質量（AB 面）$\cdots \rho v dx dt$, 流入質量（AD 面）$\cdots \rho u dy dt$

　　流出質量（CD 面）$\cdots \rho v dx dt + \left\{\dfrac{\partial}{\partial y}(\rho v dx dt)\right\} dy$

　　流出質量（BC 面）$\cdots \rho u dy dt + \left\{\dfrac{\partial}{\partial x}(\rho u dy dt)\right\} dx$

　　四辺形 ABCD の質量の増分$\cdots \dfrac{\partial}{\partial t}(\rho dx\, dy) dt$

となります．ここで，ρ は密度，$\boldsymbol{u}(u, v)$ は速度ベクトルです．したがって，質量保存則は，（質量の増分）＝（正味の流入量）＝（流入量）－（流出量）ですから，次式が得られます．

$$\frac{\partial \rho}{\partial t} dx\, dy\, dt = -\left\{\frac{\partial}{\partial x}(\rho u) + \frac{\partial}{\partial y}(\rho v)\right\} dx\, dy\, dt \tag{1.61}$$

ゆえに，単位時間，単位面積当たりにすれば次式となります．

$$\frac{\partial \rho}{\partial t} + \frac{\partial}{\partial x}(\rho u) + \frac{\partial}{\partial y}(\rho v) = 0 \tag{1.62}$$

3 次元流の場合も同様に導かれます．ベクトル記号およびテンソルを用いて表せば，それぞれ以下の式となります．

$$\frac{\partial \rho}{\partial t} + \mathrm{div}\,(\rho \boldsymbol{u}) = 0, \quad \frac{\partial \rho}{\partial t} + \frac{\partial}{\partial x_i}(\rho u_i) = 0 \tag{1.63}$$

また，式（1.63）を展開すると，

$$\frac{\partial \rho}{\partial t} + u_i \frac{\partial \rho}{\partial x_i} + \rho \frac{\partial u_i}{\partial x_i} = 0$$

となります．非圧縮性流体では，$D\rho/Dt = \partial\rho/\partial t + u_i \partial\rho/\partial x_i = 0$（$D/Dt$ は物質微分を表します）ですから，次式を得ます．

$$\mathrm{div}\,\boldsymbol{u} = 0, \quad (\partial u_i/\partial x_i = 0) \tag{1.64}$$

このように，非圧縮性流体の場合，速度ベクトル $\boldsymbol{u}$ の発散（divergence）は連続の方程式を表すことがわかります．

1.4.2 運動方程式

　図 1.22 で示したように，2 次元流の流れの中にそれぞれ辺長が dx, dy の微小四辺形の部分を考え，ある瞬間において着目する流体粒子（密度が定義できる微小な流体塊）がこの流体部分に一致したとき，流体の運動方程式（すなわち，ニュートンの力学第 2 法則）がどのようになるか，調べてみます．この流体要素に外部から働く力は，単位質量当たりに作用する**体積力**（質量力あるいは体力ともいいます）（body force）と微小四辺形の各辺に作用する**圧力**（pressure）による力と**摩擦力**（frictional force）があります．ここで，非粘性流体の流れを考えれば，摩擦力は無視できます．いま，2 次元流の場合を考えて，加速度と力の関係は x, y の 2 方向を取り上げることにします．まず，x 方向について求めてみます．圧力による力は，次のように得られます．

　　　AD 面で右向きに… pdy
　　　BC 面で左向きに…$-\{p+(\partial p/\partial x)dx\}dy$

単位質量当たりの体積力 (X, Y) を考えれば，力の総和は以下と得られます．

　　　x 方向に… $\rho dx\, dy\, X$

加速度項は，1.3.3 項で述べましたように，x 方向について（質量）×（加速度）を作れば，次式となります．

$$\rho dx\, dy \left(\frac{\partial u}{\partial t} + u\frac{\partial u}{\partial x} + v\frac{\partial u}{\partial y} \right)$$

以上より，x 方向の運動方程式は以下のように表せます．

$$\rho dx\, dy \left(\frac{\partial u}{\partial t} + u\frac{\partial u}{\partial x} + v\frac{\partial u}{\partial y} \right) = -\frac{\partial p}{\partial x}dx\, dy + \rho dx\, dy\, X \quad (1.65)$$

y 方向についても同様に考え，$\rho dx\, dy$ で割れば 2 次元の運動方程式が以下のように得られます．

$$\frac{Du}{Dt} = \frac{\partial u}{\partial t} + u\frac{\partial u}{\partial x} + v\frac{\partial u}{\partial y} = -\frac{1}{\rho}\frac{\partial p}{\partial x} + X \quad (1.66)$$

$$\frac{Dv}{Dt} = \frac{\partial v}{\partial t} + u\frac{\partial v}{\partial x} + v\frac{\partial v}{\partial y} = -\frac{1}{\rho}\frac{\partial p}{\partial y} + Y \quad (1.67)$$

これが，2 次元の**完全流体**（非粘性，非圧縮性流体で，理想流体ともいいます）の場合の**オイラーの運動方程式**（Euler's equation of motion）です．なお，

$\partial u/\partial t$, $\partial v/\partial t$ がゼロでない流れを**非定常流**（unsteady flow）といい，ゼロの流れを**定常流**（steady flow）と呼びます．

テンソル記号を用いて運動方程式を表せば，次式と書くことができます．

$$\rho\left(\frac{\partial u_i}{\partial t}+u_j\frac{\partial u_i}{\partial x_j}\right)=-\frac{\partial p}{\partial x_i}+\rho X_i \tag{1.68}$$

これは $i=1\sim3$，$j=1\sim3$ ととれば，3次元流の場合の運動方程式となります．

1.5 流体粒子の変形と回転

1.5.1 変形と回転

流体の特徴は外力（たとえば，体積力や圧力による力）を受けると，自由に変形し「水は方円の器に従う」という故事どおりの振舞いをします．この変形を，2次元流の例で説明します．図1.23に示す2つの流体点からなるベクトルの移動を考えてみます．ある時刻 t において流体点 A(0,0) と流体点 B($\Delta x_1, \Delta x_2$) に注目すれば，AとBを結ぶベクトル $\overrightarrow{AB}$ ができます．時間が Δt だけ経つと A→A′，B→B′ と点は移動していきますが，短い時間の移動を考えると，$\overrightarrow{AB}$ を作る流体点は $\overrightarrow{A'B'}$ を作る点に移動したと考えることができます．そこで，$\overrightarrow{AB}$ と $\overrightarrow{A'B'}$ との関係を調べてみます．AおよびBにおける速度を (u_1, u_2) および $(u_1+\Delta u_1, u_2+\Delta u_2)$ とすると，次式が得られます．

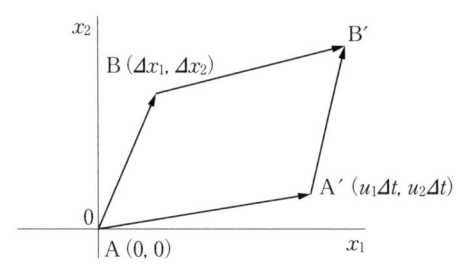

図1.23 微小流体の変化を示すベクトル（2次元流の場合）

$$\overrightarrow{A'B'}=\overrightarrow{AB}+\overrightarrow{BB'}-\overrightarrow{AA'}$$
$$=(\Delta x_1, \Delta x_2)+((u_1+\Delta u_1)\Delta t,\ (u_2+\Delta u_2)\Delta t)-(u_1\Delta t, u_2\Delta t)$$

ここで，$\overrightarrow{A'B'}-\overrightarrow{AB}$ は $\overrightarrow{AB}$ の変化を示す微小ベクトル $(\delta(\Delta x_1), \delta(\Delta x_2))$ と考えれば，次式が得られます．

$$\overrightarrow{A'B'}-\overrightarrow{AB}=(\delta(\Delta x_1), \delta(\Delta x_2))=(\Delta u_1, \Delta u_2)\Delta t \tag{1.69}$$

$\Delta u_1, \Delta u_2$ はAとBの位置の差により生じた変化ですから次式となります．

$$\Delta u_1 = \frac{\partial u_1}{\partial x_1}\Delta x_1 + \frac{\partial u_1}{\partial x_2}\Delta x_2$$

$$\Delta u_2 = \frac{\partial u_2}{\partial x_1}\Delta x_1 + \frac{\partial u_2}{\partial x_2}\Delta x_2$$

式（1.69）を行列形で表せばわかりやすくなります．

$$\begin{bmatrix}\delta(\Delta x_1)\\ \delta(\Delta x_2)\end{bmatrix} = \begin{bmatrix}\dfrac{\partial u_1}{\partial x_1} & \dfrac{\partial u_1}{\partial x_2}\\ \dfrac{\partial u_2}{\partial x_1} & \dfrac{\partial u_2}{\partial x_2}\end{bmatrix}\begin{bmatrix}\Delta x_1\\ \Delta x_2\end{bmatrix}\Delta t \tag{1.70}$$

単位時間当たりとすれば，$\Delta t=1$ とおくことになります．なお，上式の2行2列の正方行列を C とおけば，これは対流加速度を示す行列と同様のものです．

$$C = \begin{bmatrix}\dfrac{\partial u_1}{\partial x_1} & \dfrac{\partial u_1}{\partial x_2}\\ \dfrac{\partial u_2}{\partial x_1} & \dfrac{\partial u_2}{\partial x_2}\end{bmatrix} \tag{1.71}$$

式（1.70）をみると，左辺は2つの流体点が作るベクトルが時間経過につれ変形した量の微小ベクトルであり，右辺の2行2列の正方行列は流体が移動により変形する伸縮，せん断および回転を示すひずみ量であり，2項列ベクトルは初期に流体点が作るベクトルの大きさであり，それが Δt 時間で変化する総量を示すと考えることができます．

この行列表示 C を行列演算と同様に，対称行列 D と反対称行列 S に分解して表示すると次式のようになります．

$$C = \frac{1}{2}D + \frac{1}{2}S$$

$$D = \begin{bmatrix}2\dfrac{\partial u_1}{\partial x_1} & \dfrac{\partial u_1}{\partial x_2}+\dfrac{\partial u_2}{\partial x_1}\\ \dfrac{\partial u_2}{\partial x_1}+\dfrac{\partial u_1}{\partial x_2} & 2\dfrac{\partial u_2}{\partial x_2}\end{bmatrix},\quad S = \begin{bmatrix}0 & \dfrac{\partial u_1}{\partial x_2}-\dfrac{\partial u_2}{\partial x_1}\\ \dfrac{\partial u_2}{\partial x_1}-\dfrac{\partial u_1}{\partial x_2} & 0\end{bmatrix} \tag{1.72}$$

これらは転置行列（記号 T で表示する）を利用すると，それぞれ次のように書けます．

$$D = C + C^T,\quad S = C - C^T \tag{1.73}$$

まず，対称行列 D についてみます．対角線成分は数学で座標を適切に回転することにより得られます．図1.24のように微小な流体要素を ABCD ととれ

ば，ベクトル $\overrightarrow{AB}$ と $\overrightarrow{AD}$ は Δt 時間後に $\overrightarrow{A'B'}$，$\overrightarrow{A'D'}$ に移りますが，これによっては角度は変わらず平行四辺形のまま辺の長さが変化し，A'B'C'D' となります．ここで点 A と A' とが重なるように四辺形を元に戻すと，x_1 方向には線分 BB' の伸びが，他方 x_2 方向には線分 DD'

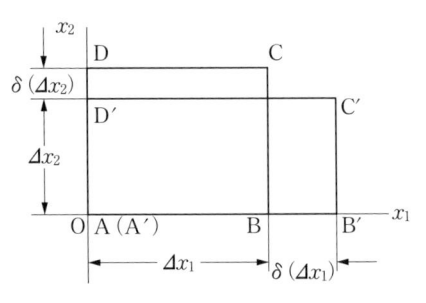

図 1.24　$\boldsymbol{D}$ の対角成分による変形

の縮みが生じています．これは式 (1.70) を用いて演算すれば，単位時間当たり x_1 方向，および x_2 方向のひずみは次式となります．

$$x_1\text{方向}:\delta(\Delta x_1)=\frac{\partial u_1}{\partial x_1}\Delta x_1, \quad x_2\text{方向}:\delta(\Delta x_2)=\frac{\partial u_2}{\partial x_2}\Delta x_2$$

したがって，$\boldsymbol{D}$ の対角線成分は流体要素の伸縮変形を表す成分であることがわかります．次に $\boldsymbol{D}$ の反対角線成分を考えます．図 1.25 のように微小な流体要素を ABCD ととれば，ベクトル $\overrightarrow{AB}$ と $\overrightarrow{AD}$ は Δt 時間後に $\overrightarrow{AB'}$，$\overrightarrow{AD'}$ に移りますが，これも点 A が A' と重なるように四辺形を元に戻せば，辺 AB は反時計回りに辺 AB' に移動し，他方辺 AD は時計回りに辺 AD' に移動します．対角線 AC は AC' に伸張し，四辺形 ABCD は菱形 AB'C'D' に変形しています．すなわち，せん断変形をしています．これも式 (1.70) を利用すれば，ひずみはそれぞれ単位時間当たり次式となります．

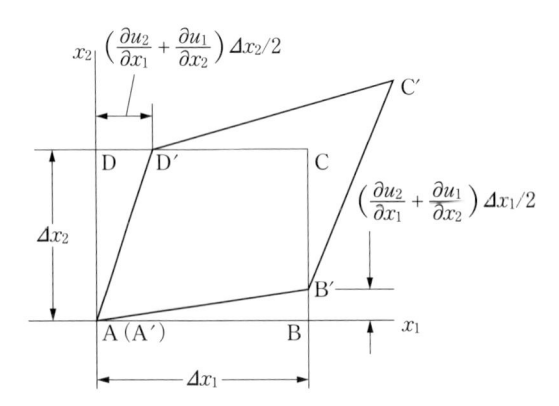

図 1.25　$\boldsymbol{D}$ の反対角成分による変形

$$\overline{\mathrm{BB'}} = \frac{1}{2}\left(\frac{\partial u_2}{\partial x_1} + \frac{\partial u_1}{\partial x_2}\right)\Delta x_1, \quad \overline{\mathrm{DD'}} = \frac{1}{2}\left(\frac{\partial u_2}{\partial x_1} + \frac{\partial u_1}{\partial x_2}\right)\Delta x_2$$

したがって，D の反対角線成分は流体要素のせん断変形を表す成分であり，単位時間当たりの角度変化（角速度）を示します．以上述べた伸縮変形とせん断変形の和を変形と呼び，D は流体要素のこの変形を示しますから**変形テンソル**（deformation tensor）といいます．

　反対称行列 S について調べてみます．図 1.26 のように微小な流体要素を ABCD ととれば，ベクトル $\overrightarrow{\mathrm{AB}}$ と $\overrightarrow{\mathrm{AD}}$ は Δt 時間後に $\overrightarrow{\mathrm{A'B'}}$，$\overrightarrow{\mathrm{A'D'}}$ に移りますが，やはり点 A が A' と重なるように四辺形を元に戻せば，辺 AB は辺 AB' に回転し，辺 AD は辺 AD' に回転しています．対角線 AC も AC' に回転し，流体要素を示す四辺形は全体として反時計方向に回転しています．

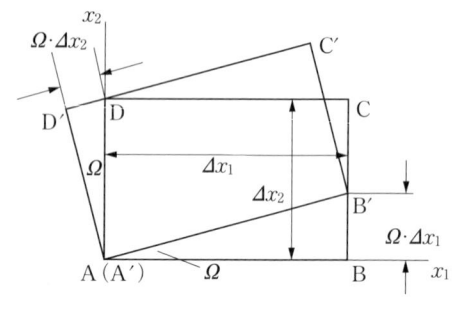

図 1.26　S による回転

この場合，流体要素は形を変えず回転しており，単位時間当たりの回転角度 Ω を表します．

$$\Omega = \frac{1}{2}\left(\frac{\partial u_2}{\partial x_1} - \frac{\partial u_1}{\partial x_2}\right) \tag{1.74}$$

これを用いて回転による単位時間当たりのひずみを示せば次式となります．

$$\mathrm{BB'} = \frac{1}{2}\left(\frac{\partial u_2}{\partial x_1} - \frac{\partial u_1}{\partial x_2}\right)\Delta x_1, \quad \mathrm{DD'} = \frac{1}{2}\left(\frac{\partial u_2}{\partial x_1} - \frac{\partial u_1}{\partial x_2}\right)\Delta x_2$$

このように反対称行列 S は流体要素を回転させるので**回転テンソル**（spin tensor）と呼びます．

1.5.2　回転流と非回転流

　流体力学では流れの状況を厳密に表すのに，定義に基づいた用語で説明します．たとえば渦という用語は日常話題になるものと異なります．この渦度は流れの性質を区別するのに使用しますが，理解しにくい用語の 1 つです．rot $\boldsymbol{u}$

は**渦度**（vorticity）と呼ばれ，rot $\boldsymbol{u}$ の値の有無により**非回転流**（irrotational flow, rot $\boldsymbol{u}$=0，渦なし流れ）と**回転流**（rotational flow, rot $\boldsymbol{u}\neq 0$，渦あり流れ）とに区別できます．したがって，流れが平行流でも渦あり流れであったり，全体として旋回する流れでも渦なし流れであったりするため注意が必要です．

さて，微小流体要素の回転の強さを示す場合，次式の渦度が定義されています．

$$\mathrm{rot}\,\boldsymbol{u}=\boldsymbol{\omega} \tag{1.75}$$

この式から，渦度ベクトル $\boldsymbol{\omega}$ の z 方向成分 $\dfrac{\partial u_2}{\partial x_1}-\dfrac{\partial u_1}{\partial x_2}$ は，式（1.74）に示した流体要素の回転角速度成分 Ω の2倍であることがわかります．一方，流れ場の全体的な回転の挙動を示す場合，1.1.3項で述べた閉曲線回りの接線線積分の量が重要で，**循環**（circulation）と呼ばれます．

$$\Gamma=\oint_C \boldsymbol{u}\cdot\boldsymbol{t}\,ds \tag{1.76}$$

上式において，閉曲線 C 上で1周する速度ベクトル $\boldsymbol{u}$ の接線成分が正，負，あるいはゼロをとりますが，全体として Γ の値が正の値をとれば流れは反時計回りに回転していると見なすのが通常です．

〈演習課題〉

1.1　$\boldsymbol{u}=2\boldsymbol{i}-3\boldsymbol{j}+\boldsymbol{k}$, $\boldsymbol{v}=-3\boldsymbol{i}+2\boldsymbol{j}-4\boldsymbol{k}$ としたとき，$\boldsymbol{u}\cdot\boldsymbol{v}$ および $\boldsymbol{u}\times\boldsymbol{v}$ を求めなさい．

1.2　$\boldsymbol{u}=x^2z\boldsymbol{i}-2y^3z^2\boldsymbol{j}+xy^2z\boldsymbol{k}$ としたとき，$\nabla\cdot\boldsymbol{u}$ および $\nabla\times\boldsymbol{u}$ を求めなさい．

1.3　曲線 C が $\boldsymbol{r}=t\boldsymbol{i}+t^2\boldsymbol{j}+t^3\boldsymbol{k}(0\leq t\leq 1)$ であるとき，$\boldsymbol{u}=(3x^2+6y)\boldsymbol{i}-12yz\boldsymbol{j}+16xz^2\boldsymbol{k}$ に対して，次の線積分 $\int_C \boldsymbol{u}\cdot d\boldsymbol{r}$ を求めなさい．

1.4　$u_1=kx_2$, $u_2=0$ であるようなクエット流が存在するとき，D と S を求めなさい．また，このとき $(\Delta x_1, \Delta x_2)=(0, \Delta l)$ とした場合，ひずみ $\delta(\Delta x_1), \delta(\Delta x_2)$ を計算しなさい．

1.5　$|z|=\sqrt{x^2+y^2}=r$, $\tan^{-1}\dfrac{y}{x}=\theta$ のとき，$z=r(\cos\theta+i\sin\theta)$ で表示できることを示しなさい．

1.6　$z_1=4+i3$, $z_2=2+i2$ のとき，z_1z_2 を求めなさい．

1.7　$w=f(z)=(x^2-y)+i(x+y^2)$, $z=1-i2$ であれば，$f(z)=f(1-i2)$ はどのようになるか答えなさい．

1.8 $f(z)=\dfrac{1}{z}$ に対し, $\lim\limits_{z\to 0} f(z)$ を調べなさい.

1.9 $w=(x^2-y^2)+i2xy$ のとき, $w=f(z)$ を求めなさい.

1.10 $f(z)=\dfrac{(x+y)^2}{x^2+y^2}$ のとき, $\lim\limits_{x\to 0}\left[\lim\limits_{y\to 0} f(z)\right]=1$ および $\lim\limits_{y\to 0}\left[\lim\limits_{x\to 0} f(z)\right]=1$ と求められますが, $\lim\limits_{z\to 0} f(z)$ は存在しないことを示しなさい.

1.11 x 方向速度が $u_1=at+bxy^2$ の流れと $u_2=at^2+bx^{-3}$ の流れがあります. 時刻 $t=1$ のときに点 $(x,y)=(1,1)$ において, 2つの流れの実質加速度の x 方向成分が一致するとき, 定数 a と b との関係を求めなさい. ただし, y 方向の速度成分は0とします.

1.12 直径75 mm の管内を20℃の水が30 cm/s で流れています. レイノルズ数を算出し, この流れが層流か乱流かを判定しなさい.

1.13 直径 D の直円管内を流体(密度 ρ および粘度 μ)が流れています. 流体の速度は断面平均流速 U とします. 次元考察により, これらの記号を用いて慣性力と粘性力の大きさを表し, レイノルズ数が以下で表せることを示しなさい.

$$Re=\frac{DU}{(\mu/\rho)}$$

第2章

完全流体の運動

2.1 運動方程式とベルヌーイの定理

2.1.1 オイラーの運動方程式

本章では，完全流体の運動の基礎式を考えます．粘性がなく，圧縮性のない理想化された流体を**完全流体**（perfect fluid）といいます．図2.1に示すように，流れの中の微小直方体の流体粒子（塊）を考え，この流体粒子にニュートンの運動の第2法則，すなわち（質量）×（加速度）＝（流体粒子に作用する力）を適用してみます．

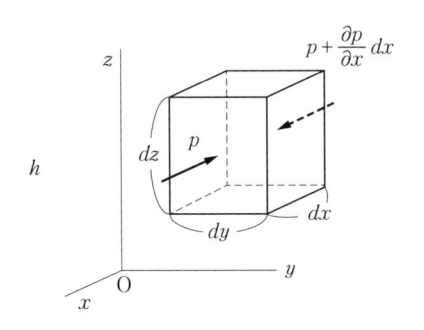

図2.1 流体粒子

まずx方向について考えますと，加速度は1.3.3項で述べましたように，オイラー表示された流れ場の中の同一流体粒子に関する時間微分を用いて，以下と表示できます．

$$\frac{Du}{Dt}=\frac{\partial u}{\partial t}+u\frac{\partial u}{\partial x}+v\frac{\partial u}{\partial y}+w\frac{\partial u}{\partial z} \tag{2.1}$$

流体の密度をρとすると，流体粒子の質量は$\rho dxdydz$ですから，慣性力は

$$\rho dxdydz\frac{Du}{Dt}$$

となります．完全流体を考えていますから，流体粒子に作用する力は，表面に作用する垂直応力すなわち圧力pによる力（面積力）と，重力など流体の質

量に作用する力（質量力）です．圧力 p による力は，全体では x 方向について次式で表せます．

$$pdydz - \left(p + \frac{\partial p}{\partial x}dx\right)dydz = -\frac{\partial p}{\partial x}dxdydz$$

また，質量力は体積力の x 方向成分を f_x とすると $\rho dxdydz f_x$ となります．したがってニュートンの運動の第2法則は次式のようになります．

$$\rho dxdydz \frac{Du}{Dt} = \left(-\frac{\partial p}{\partial x} + \rho f_x\right)dxdydz$$

y 方向，z 方向についても同様に考えることができますから，単位質量について表示をすれば次式となります．

$$\frac{Du}{Dt} = -\frac{1}{\rho}\frac{\partial p}{\partial x} + f_x \tag{2.2a}$$

$$\frac{Dv}{Dt} = -\frac{1}{\rho}\frac{\partial p}{\partial y} + f_y \tag{2.2b}$$

$$\frac{Dw}{Dt} = -\frac{1}{\rho}\frac{\partial p}{\partial z} + f_z \tag{2.2c}$$

これを**オイラーの運動方程式**（Eulerian equation of motion）といいます．これらの式をテンソル記号で示せば，次式となります．

$$\rho\left(\frac{\partial u_i}{\partial t} + u_j\frac{\partial u_i}{\partial x_j}\right) = -\frac{\partial p}{\partial x_i} + \rho f_i \tag{2.3}$$

2.1.2 ベルヌーイの定理

定常流（$\partial u_i/\partial t = 0$）の場合，オイラーの運動方程式を1本の流線に沿って積分すると，ベルヌーイの定理が得られます．ここでは簡単のため2次元流れを考えます．式 (2.2a), (2.2b) にそれぞれ dx, dy を乗じて辺々加えますと，次式となります．

$$\left(u\frac{\partial u}{\partial x} + v\frac{\partial u}{\partial y}\right)dx + \left(u\frac{\partial v}{\partial x} + v\frac{\partial v}{\partial y}\right)dy$$
$$= -\frac{1}{\rho}\left(\frac{\partial p}{\partial x}dx + \frac{\partial p}{\partial y}dy\right) + f_x dx + f_y dy \tag{2.4}$$

2.3.1項で述べる流線の方程式の関係 $udy = vdx$ を代入すれば，式 (2.4) の左辺は以下となります．

$$u\frac{\partial u}{\partial x}dx+u\frac{\partial u}{\partial y}dy+v\frac{\partial v}{\partial x}dx+v\frac{\partial v}{\partial y}dy$$
$$=u\left(\frac{\partial u}{\partial x}dx+\frac{\partial u}{\partial y}dy\right)+v\left(\frac{\partial v}{\partial x}dx+\frac{\partial v}{\partial y}dy\right)$$
$$=udu+vdv=d\left(\frac{u^2+v^2}{2}\right)=d\left(\frac{q^2}{2}\right)$$

ここで，$q^2=u^2+v^2$ です．体積力が単位質量当たりの力のポテンシャル U から導かれると仮定すれば

$$f_x dx+f_y dy=-\frac{\partial U}{\partial x}dx-\frac{\partial U}{\partial y}dy=-dU$$

と表せます．したがって式 (2.4) は次式となります．

$$d\left(\frac{q^2}{2}\right)+\frac{dp}{\rho}+dU=0 \tag{2.5}$$

この式は流線に沿う流れの運動方程式であり，非圧縮性流体として，流線上の任意の2点間で積分すれば次式が得られます．

$$\frac{q^2}{2}+\frac{p}{\rho}+U=C \tag{2.6}$$

ここで，C は定数です．式 (2.6) を**ベルヌーイの定理**（Bernoulli's theorem）といいます．力のポテンシャルとして重力のみ考慮すれば，次式のように書き直せます．

$$\frac{q^2}{2}+\frac{p}{\rho}+gy=C \tag{2.7}$$

式 (2.7) は，左辺第1項は比運動エネルギー，第2項は比圧力エネルギー，第3項は比位置エネルギーと呼ばれるもので，これらのエネルギーの総和が定常流では流線に沿って一定であることを示すものです．

2.2 渦なし流れと速度ポテンシャル

2.2.1 渦度と渦なし流れ

流体の運動の特徴は，渦（渦度が適切な表現です）が存在（ある一点を中心として剛体運動）し，旋回を伴いながら運動する場合があることです．このような渦の物理数学的な解釈は難しく，また似た用語として用いられる乱流現象

の渦を考えるときにも注意しなければならない概念です．ここでは，流体力学の基礎として学ぶ範囲の用語である渦度および循環について考えてみます．

まず，$\boldsymbol{u}=(u,v,w)$ を速度ベクトル，位置ベクトルを $\boldsymbol{x}=(x,y,z)$ と表した場合，**速度ベクトルの回転**（rotation）をとれば $\boldsymbol{\omega}=\mathrm{rot}\,\boldsymbol{u}=\nabla\times\boldsymbol{u}$ と表され，これを**渦度ベクトル**（vorticity vector）といいます．

$$\boldsymbol{\omega}=\mathrm{rot}\,\boldsymbol{u}=(\partial w/\partial y-\partial v/\partial z)\boldsymbol{i}+(\partial u/\partial z-\partial w/\partial x)\boldsymbol{j}+(\partial v/\partial x-\partial u/\partial y)\boldsymbol{k}$$
$$=\xi\boldsymbol{i}+\eta\boldsymbol{j}+\zeta\boldsymbol{k} \tag{2.8}$$

この大きさ $|\boldsymbol{\omega}|$ は前節で述べましたが，流体塊の回転の**角速度ベクトル**の大きさ $|\boldsymbol{\Omega}|$ の2倍です．また2次元流では次式のように，流れ面に垂直な成分のみが存在します．

$$\zeta=\partial v/\partial x-\partial u/\partial y \tag{2.9}$$

なお，$\boldsymbol{\omega}=\boldsymbol{0}$（ゼロベクトル）の流れを**渦なし流れ**（irrotational flow），$\boldsymbol{\omega}\neq\boldsymbol{0}$ の流れを**渦あり流れ**（rotational flow）といいます．渦なし流れの場合，式 (2.8) の渦度の各成分がゼロであり，速度勾配の成分もおのおのゼロとなります．これは以下で述べるスカラー関数 $\phi(x,y,z)$ が存在し，その勾配が速度成分を表すことを示しています．

なお，渦度のもつ物理的意味について簡単に説明を加えておきます．$\boldsymbol{\omega}=\nabla\times\boldsymbol{u}$ は渦度の定義であり，勾配ベクトルを外積として速度ベクトルに作用させたものです．着目点で $\boldsymbol{\omega}\neq\boldsymbol{0}$ の場合，周囲の流体は $\boldsymbol{\omega}$ の方向を軸とし，大きさが $|\boldsymbol{\Omega}=\boldsymbol{\omega}/2|$ で剛体回転しています（$\boldsymbol{\Omega}=\boldsymbol{\omega}/2$ を角速度ベクトルといいます）．また渦度の発散をとる（勾配ベクトルを内積として渦度ベクトルに作用させる）と，$\nabla\cdot\boldsymbol{\omega}=0$ となります．これは速度ベクトルの発散が $\nabla\cdot\boldsymbol{u}=0$ として与えられ，密度の時間的，経路的変化の和がゼロである場合の連続の方程式を満足することと同様です．したがって，検査体積を通して流入，流出する渦度が等しいことを意味しています．さらに，渦度の回転（$\nabla\times\boldsymbol{\omega}$）の演算も利用することもできますが，式の展開は省略します．

ここで示した渦度ベクトルは任意のある点での渦の強さ（渦度）を表すものですが，流れ場のある範囲について性質を考える場合には，**循環**（circulation）Γ と呼ばれる以下に示す物理量が用いられます．

$$\Gamma=\oint V_s\,ds=\int\mathrm{rot}\,\boldsymbol{u}\cdot\boldsymbol{n}\,dA \tag{2.10}$$

2.2 渦なし流れと速度ポテンシャル

この式はいわゆる接線線積分を与えるもので，任意の閉曲線上の速度ベクトル u の接線方向成分 V_s をこの曲線に沿って積分した値です．これは 1.1.3 項のストークスの定理で述べたように，線積分と面積積分とを入れ替えて計算することができる便利な公式です．この循環はたとえば飛行機の揚力の計算等で必要となる大切な物理量です．上述しました渦度の有無によって流れ場を 2 分類した場合について，個々の特徴を次に説明しておきます．

A．渦なし流れ（非回転流，irrotational flow）

流れ場に渦度（簡単に渦と表現することもあります）が存在しない（$\omega = 0$）場合の流れ場のことです．2.2.2 項に示すように，速度ポテンシャル ϕ が存在し，その勾配で速度場が表されます．スカラー関数 ϕ が存在するため，ポテンシャル流れ（potential flow）とも呼ばれます．このとき，粘性の作用は無視できます．

B．渦あり流れ（回転流，rotational flow）

流れ場に渦度が存在する（$\omega \neq 0$）場合の流れ場をいいます．したがって，速度勾配をもつことよりせん断応力が生じます．このため粘性の作用を考慮に入れる必要があります．速度ポテンシャルは存在しません．なお，2.1 節で述べた完全流体の運動方程式（オイラーの運動方程式，ベルヌーイの定理）の取り扱いにおいて，渦なし流れの場合では任意の 2 点間で考慮することができ，一方，渦あり流れの場合では同一流線上でのみ成立しています．専門用語として，完全流体の流れ，理想流体の流れ，ポテンシャル流，渦なし流れと，同じ意味の流れを別の用語で表現することがありますので，注意してください．

また，**強制渦**（forced vortex）および**自由渦**（free vortex）と呼ぶ表現があります．これについて簡単に説明しておきます．強制渦（剛体回転渦）は速度分布が旋回の中心から半径に比例して増加する流れです．この流れには渦度が存在するため，渦なし流れではありません．一方，自由渦（自然渦）は速度分布が半径に逆比例して減少する流れですが，渦中心に渦度が集中しており，そこを除外すれば渦なし流れとなります．実際に観察される渦は，中心付近では強制渦タイプの速度分布をもち，他方ある領域から外側は自由渦タイプの速度分布を示す合成渦（**ランキン渦**と呼ぶ）となります．

2.2.2 速度ポテンシャル

粘性のない（または無視できるような）渦なし流れの場合には，速度ベクトル u はポテンシャル関数 ϕ を用いて以下と表すことができます．

$$u = \nabla \phi = \text{grad } \phi \quad (u_i = \partial \phi / \partial x_i) \tag{2.11}$$

2次元流の場合，速度成分 u （x 方向）および v （y 方向）は次式となります．

$$u = \partial \phi / \partial x, \quad v = \partial \phi / \partial y \tag{2.12}$$

ここで，ϕ は**速度ポテンシャル**（velocity potential）でスカラー量です．式 (2.12) を用いて連続の方程式を書き表せば，次式が得られます．

$$\partial u / \partial x + \partial v / \partial y = \partial^2 \phi / \partial x^2 + \partial^2 \phi / \partial y^2 = 0 \tag{2.13}$$

$$\therefore \Delta \phi = \nabla^2 \phi = 0, \quad \text{div}(\text{grad } \phi) = 0 \tag{2.14}$$

ここで，∇ はナブラ演算子，$\Delta = \nabla^2$ はラプラス演算子と呼ばれます．式 (2.13) の形の方程式は**ラプラスの方程式**（Laplace equation）と呼ばれ，線形方程式です．このラプラスの方程式が解ければ，ベルヌーイの定理を用いて圧力が求められます．この形に似た**ポアソン方程式**（式 (2.14) の右辺がゼロでない場合）とならび工学上頻繁に利用されるものです．

2.2.3 速度ポテンシャルの例

ラプラスの方程式は前述のように線形方程式であるため，解の重ね合わせによって新たに複合したポテンシャル流れを求めることができます．したがって，航空機の翼の周りのような複雑な流れ場を，たとえば直線と円のような基本的な流れ場の組み合わせを利用すれば表現することが可能となります．ここでは速度ポテンシャルの代表例（基本的な流れ）を以下に紹介しておきます．

A． **平行流**（一様流，parallel flow）；図 2.2

$$\phi = U(x \cos \alpha + y \sin \alpha) \tag{2.15}$$

ここで，$U = |U|$ は一定の値で流速．

B． **吹き出し**（source）・**吸い込み**（sink）；図 2.3

$$\phi = \{q/(2\pi)\} \log_e r, \quad r = (x^2 + y^2)^{\frac{1}{2}} \tag{2.16}$$

q は吹き出し（$q > 0$）あるいは吸い込み（$q < 0$）の流量．

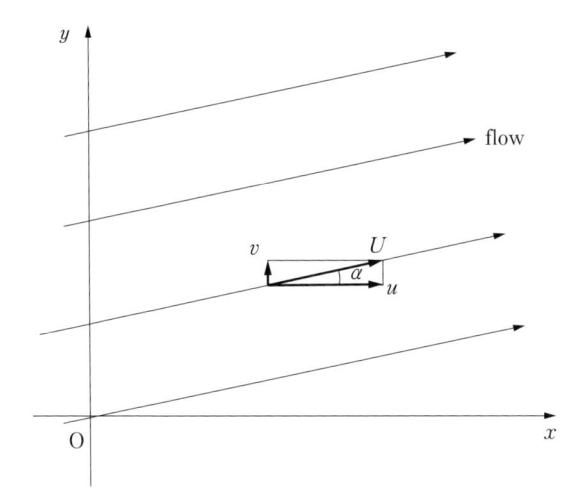

図 2.2　ポテンシャル流れ（平行流の例）

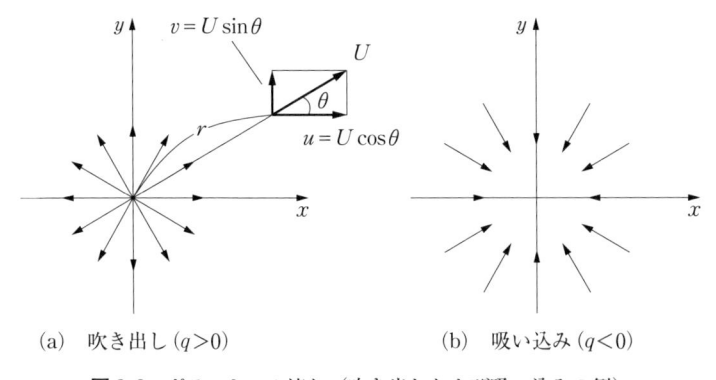

(a)　吹き出し $(q>0)$　　　　(b)　吸い込み $(q<0)$

図 2.3　ポテンシャル流れ（吹き出しおよび吸い込みの例）

C．自由渦 (free vortex)；図 2.4

$$\phi=\{\Gamma/(2\pi)\}\,\theta \qquad (2.17)$$

ここで，Γ は中心周りの循環であり，反時計回りを正 $(\Gamma>0)$ とする．
　半径方向速度 u_r および周方向速度 u_θ は，それぞれ次式となります．

$$u_r=0 \qquad (2.18)$$
$$u_\theta=(1/r)(\partial\phi/\partial\theta)=\Gamma/(2\pi r) \qquad (2.19)$$

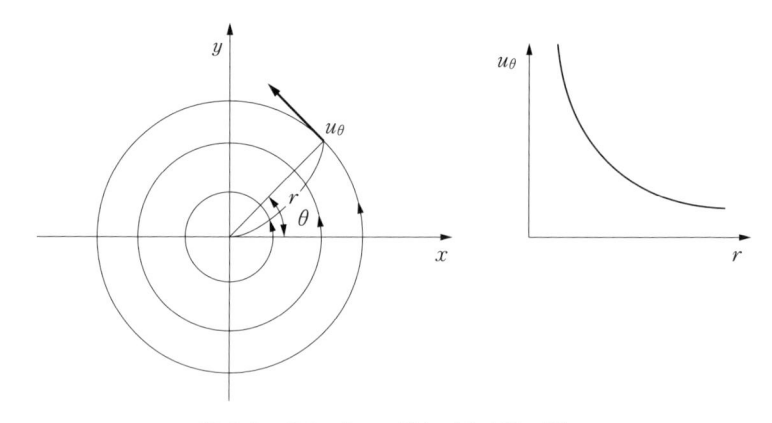

図 2.4 ポテンシャル流れ（自由渦の例）

なお，上述した**強制渦**（forced vortex，剛体回転）は $u_\theta = r\Omega$，$\Omega =$ 一定ですが，渦度 $\omega \neq 0$ からポテンシャル流ではありません．

D．二重吹き出し（doublet）；図 2.5

二重吹き出しは，x 軸上に近接して吹き出しと吸い込みを置き，その強さを増加させながら両者の距離を限りなくゼロに近づけた極限の場合を考えたものです．流量を q，吹き出しと吸い込み間の距離を $2a$ とおくと，$a \to 0$ の操作と $2aq = m$（= 一定）とすれば，極限状態が演算できます．この場合，m を二重吹き出しのモーメントといいます．得られた速度ポテンシャルは以下となります．

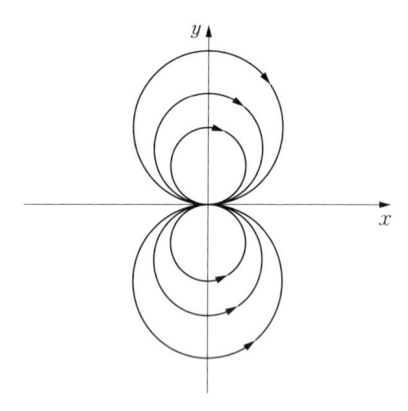

図 2.5 ポテンシャル流れ（二重吹き出しの例）

$$\phi = -\frac{m}{2\pi}\left(\frac{x}{x^2+y^2}\right) \tag{2.20}$$

2.3 流れの関数と速度ポテンシャル

2.3.1 流線と流れ関数

流れ場を視覚的に表すには，**流線**（streamline）が適しています．この流線は流れが定常状態にあれば，流れ場における各点の速度ベクトルをつないで曲線を得るとき，この曲線を流線と呼びます．したがって，曲線上の任意の点における接線は常に速度の方向と一致することになります．たとえば，ゆっくりと流れる水槽中に置かれた翼形周りの流れをアルミ粉を撒いて懸濁し可視化すると，翼周りの流れパターンが得られ流線が観察されます．

この流線の方程式を調べてみます．いま，非圧縮性で2次元の流れを考えますと，連続の方程式は 1.4.1 項で述べたように $\partial u/\partial x + \partial v/\partial y = 0$ ですから，この式の形から考えて，次式のような関数 $\psi(x,y)$ を導入することにします．

$$u = \frac{\partial}{\partial y}\psi(x,y), \quad v = -\frac{\partial}{\partial x}\psi(x,y) \tag{2.21}$$

すると連続の方程式は自動的に満足されることになります．これは，式(2.21)を2次元の連続の方程式に代入すれば満足することから自明であることがわかります．これにより2つの未知関数 u, v が1つの未知関数 $\psi(x,y)$ に減らせたことになります．この関数 ψ を**流れの関数**（stream function）といい，重要なものです．

$\psi(x,y) = C$（C は定数）とおいて，この曲線に沿って微分すれば，$dC = 0$ より次式が得られます．

$$d\psi = \frac{\partial \psi}{\partial x}dx + \frac{\partial \psi}{\partial y}dy = -vdx + udy = 0$$

$$\therefore \quad \frac{dx}{u} = \frac{dy}{v} \tag{2.22}$$

これが**流線の方程式**と呼ばれるものです．したがって $\psi = C$ は流線を表すことがわかります．

次に，流線の物理的意味を調べてみます．図 2.6 に示しますように，流体中に任意の曲線 $\psi = C_1$，$\psi = C_2$ を考え，その上に2点 A, B をとり，A, B を結ぶ曲線を横切って左から右に流れる流量 Q を考えてみます．曲線 A, B 上に長さ

ds の線素をとりますと，ds を横切って左から右へ流れる流量 dQ は以下となります．

$$dQ = -vdx + udy$$

したがって，曲線 A, B を横切って左から右へ流れる流量は

$$Q = \int_A^B dQ = \int_A^B (-vdx + udy) = \int_A^B d\phi = C_2 - C_1 \qquad (2.23)$$

となります．つまり，2本の流線を決める2つの定数の差は，その流線間を流れる流量に等しくなります．したがって，流線間隔が狭いところでは流速が大きく，一方広いところでは逆に流速が小さくなります．

流線の方程式は，直接流線の要素と速度ベクトルとの対応を調べても理解できます．2次元流の場合，図2.6 に示したある曲線 A, B 上に線素 $ds = (dx, dy)$ をとり，その線素に接する速度ベクトル $\boldsymbol{V} = (u, v)$ を考えれば，両者が重なる（相似である）ためには次式が成り立つことが必要です．つまり，上述の式（2.23）と同じ流線の方程式が得られています．

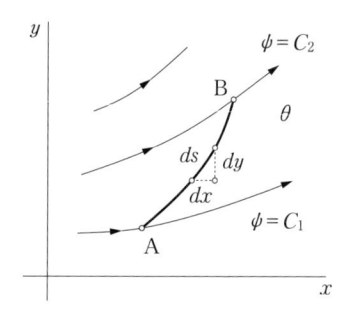

図2.6 流線と流量

$$\frac{dx}{u} = \frac{dy}{v} \quad \text{または} \quad \frac{dy}{dx} = \frac{v}{u} \qquad (2.22)$$

流線の重要な性質として，流体が流線を横切って流れることはありませんから，物体表面を貫通して流れることはなく，壁で法線方向の速度はゼロとなります．また，2本の流線間の流量は変わらないことになります．任意の流線を固体壁面にとれば，その流線上で速度がゼロになる点は**淀み点**（stagnation point）と呼ばれます．

流れの様子を可視化して観察する場合，これまでに述べました流線で表す以外にも方法が知られています．1つは流跡線と呼ばれ，他の1つは流脈と呼ばれます．**流跡線**（path line）は，流体点が時間に関して動いた道筋です．たとえば，水面上に浮かんだ木葉が流下する運動の軌跡を，カメラのシャッターを開放にしてある適当な時間撮影したすべての道筋です．**流脈**（streak line）

は，流れの中のある定点を通過したすべての流体点がある時刻において占める位置を示す曲線です．たとえば，流れの中の一点で色素を放出し続けるとき，その色素の作る曲線を示します．これらの2つは，定常流の場合流線と一致します．非定常流では流れ場が時間的に変化し続けますから，3者はそれぞれ別の曲線となります．

2.3.2 速度ポテンシャルと渦なし流れ

非圧縮性の2次元流れにおいて，渦なし流れの場合を考えてみます．渦度 $\zeta = \partial v/\partial x - \partial u/\partial y = 0$ ですから，式（2.21）で示した流れ関数 ψ と速度成分との関係を用いますと

$$\frac{\partial v}{\partial x} - \frac{\partial u}{\partial y} = \frac{\partial}{\partial x}\left(-\frac{\partial \psi}{\partial x}\right) - \frac{\partial}{\partial y}\left(\frac{\partial \psi}{\partial y}\right) = -\left(\frac{\partial^2 \psi}{\partial x^2} + \frac{\partial^2 \psi}{\partial y^2}\right) = 0 \qquad (2.24)$$

となります．すなわち，渦なし流れ（ポテンシャル流れ）では，流れの関数 ψ は，速度ポテンシャルと同様にラプラスの方程式を満足しています．速度ポテンシャル $\phi(x, y)$ と速度成分 u, v との間には，2.2.2項で示したように

$$u = \frac{\partial}{\partial x}\phi(x, y), \quad v = \frac{\partial}{\partial y}\phi(x, y) \qquad (2.25)$$

の関係があります．したがって，$\phi(x, y)$ と $\psi(x, y)$ の間には次の関係が成立することがわかります．

$$\frac{\partial \phi}{\partial x} = \frac{\partial \psi}{\partial y}, \quad \frac{\partial \phi}{\partial y} = -\frac{\partial \psi}{\partial x} \qquad (2.26)$$

この関係は，**コーシー・リーマンの方程式**（Cauchy-Riemann equation）といいます．ここで，$\phi(x, y) = $ 一定となる曲線に直交するベクトル grad ϕ と，$\psi(x, y) = $ 一定となる曲線に直交するベクトル grad ψ を考えて両者の内積をとります．このとき式（2.26）の関係から次式となります．

$$\begin{aligned}\text{grad }\phi \cdot \text{grad }\psi &= \left(\frac{\partial \phi}{\partial x}\boldsymbol{i} + \frac{\partial \phi}{\partial y}\boldsymbol{j}\right) \cdot \left(\frac{\partial \psi}{\partial x}\boldsymbol{i} + \frac{\partial \psi}{\partial y}\boldsymbol{j}\right) \\ &= \frac{\partial \phi}{\partial x}\frac{\partial \psi}{\partial x} + \frac{\partial \phi}{\partial y}\frac{\partial \psi}{\partial y} = \frac{\partial \phi}{\partial x}\left(-\frac{\partial \phi}{\partial y}\right) + \frac{\partial \phi}{\partial y}\frac{\partial \phi}{\partial x} = 0\end{aligned}$$

すなわち，流線と等ポテンシャル線は直交することがわかります．

2.4 複素速度ポテンシャル

2.4.1 コーシー・リーマンの関係式

2次元ポテンシャル流れの解析には複素数による演算を使用するのが便利です．速度ポテンシャル $\phi(x,y)$ と流れ関数 $\psi(x,y)$ がそれぞれ実部と虚部で表される複素関数 $W(z)$ を考えます．

$$W(z) = \phi(x,y) + i\psi(x,y) \tag{2.27}$$

$f(z)$ が微分可能な関数，すなわち**解析関数**（analytic function）あるいは**正則関数**（regular function）であるための条件を導きます．$W(z)$ の微分係数 $W'(z)$ は

$$W'(z) = \frac{dW}{dz} = \lim_{\Delta z \to 0} \frac{W(z+\Delta z) - W(z)}{\Delta z} \tag{2.28}$$

として定義されます．複素数 z は $z = x + iy$ ですから，Δz は

$$\Delta z = \Delta x + i\Delta y \tag{2.29}$$

です．$\Delta z \to 0$ とする方法は $\Delta x = 0$ で $i\Delta y \to 0$，$\Delta x \to 0$ で $i\Delta y = 0$ の2通りあります．微分可能であれば，上記2通りの極限操作を施した微分係数は等しくなります．そこで，それぞれの極限操作から微分係数を求めてみます．

(1) $\Delta x = 0$ で $i\Delta y \to 0$ の場合

$z + \Delta z$ における $W(z+\Delta z)$ はテイラー展開した後に Δy の2次以上の項を無視すると

$$\begin{aligned} W(z+\Delta z) &= \phi(x, y+\Delta y) + i\psi(x, y+\Delta y) \\ &= \left\{\phi(x,y) + \frac{\partial \phi}{\partial y}\Delta y\right\} + i\left\{\psi(x,y) + \frac{\partial \psi}{\partial y}\Delta y\right\} \end{aligned} \tag{2.30}$$

となります．式 (2.27) および式 (2.30) を式 (2.28) に代入すると，微分係数が得られます．

$$\begin{aligned} W'(z) &= \frac{dW}{dz} = \lim_{i\Delta y \to 0} \frac{W(z+\Delta z) - W(z)}{i\Delta y} \\ &= \lim_{i\Delta y \to 0} \frac{1}{i\Delta y}\left\{\frac{\partial \phi}{\partial y}\Delta y + i\frac{\partial \psi}{\partial y}\Delta y\right\} = -i\frac{\partial \phi}{\partial y} + \frac{\partial \psi}{\partial y} \end{aligned} \tag{2.31}$$

(2) $\Delta x \to 0$ で $i\Delta y = 0$ の場合

2.4 複素速度ポテンシャル

$z+\Delta z$ における $W(z+\Delta z)$ は

$$W(z+\Delta z)=\phi(x+\Delta x, y)+i\psi(x+\Delta x, y)$$
$$=\left\{\phi(x,y)+\frac{\partial \phi}{\partial x}\Delta x\right\}+i\left\{\psi(x,y)+\frac{\partial \psi}{\partial x}\Delta x\right\} \quad (2.32)$$

です．そのとき，$W'(z)$ は次のようになります．

$$W'(z)=\frac{dW}{dz}=\lim_{\Delta x \to 0}\frac{W(z+\Delta z)-W(z)}{\Delta x}$$
$$=\lim_{\Delta x \to 0}\frac{1}{\Delta x}\left\{\frac{\partial \phi}{\partial x}\Delta x+i\frac{\partial \psi}{\partial x}\Delta x\right\}=\frac{\partial \phi}{\partial x}+i\frac{\partial \psi}{\partial x} \quad (2.33)$$

式(2.31)と式(2.33)の微分係数が等しくなるためには，実部と虚部がそれぞれ等しくなければなりません．以上より，次式の関係が成立することになります．

$$\frac{\partial \phi}{\partial x}=\frac{\partial \psi}{\partial y}, \quad \frac{\partial \psi}{\partial x}=-\frac{\partial \phi}{\partial y} \quad (2.34)$$

この関係式を**コーシー・リーマンの方程式**（Cauchy-Riemann's equation）といい，速度ポテンシャルと流れ関数は式(2.34)を満足します．また，速度成分 u および v を用いると，$W'(z)$ は

$$W'(z)=u-iv \quad (2.35)$$

で表せます．なお，速度ポテンシャルと流れ関数で構成された複素関数 $W(z)$ を**複素速度ポテンシャル**（complex velocity potential），$W'(z)$ を**複素速度**（complex velocity）といいます．

2.4.2 複素速度ポテンシャルの例

2次元ポテンシャル流れでは，いくつかの単純な流れを表す複素速度ポテンシャルの重ね合わせにより，複雑な現実に近い流れを理解することができます．以下に単純な流れの例を紹介し，次にそれらの組み合わせによる円柱周りの流れを考察してみます．

A．一様流（uniform flow）**の場合**

$$W(z)=Ue^{-i\alpha}z \quad (2.36)$$

式(2.36)を書き直すと

$$W(z)=U(x\cdot\cos\alpha+y\cdot\sin\alpha)+iU(-x\cdot\sin\alpha+y\cdot\cos\alpha)=\phi+i\psi \quad (2.37)$$

となります．したがって，速度ポテンシャルと流れ関数はそれぞれ次式となります．

$$\phi = U(x \cdot \cos \alpha + y \cdot \sin \alpha)$$
$$\psi = U(-x \cdot \sin \alpha + y \cdot \cos \alpha)$$
(2.38)

$\psi = C_1$ の線（流線）と $\phi = C_2$ の線はそれぞれ

$$\psi = C_1: \quad y = x \cdot \tan \alpha + \frac{C_1}{U \cos \alpha}$$
$$\phi = C_2: \quad y = -\frac{x}{\tan \alpha} + \frac{C_2}{U \sin \alpha}$$
(2.39)

の1次関数で表せます．図2.7に示すように $\psi = C_1$ の流線は，x 軸に対して反時計回りに α だけ傾いた直線群になります．一方，$\phi = C_2$ の等速度ポテンシャルは流線に対して直交した直線群です．さらに，複素速度は次式となります．

$$W'(z) = U e^{-i\alpha}$$
$$= U \cos \alpha - iU \sin \alpha = u - iv \quad (2.40)$$

式（2.40）は x と y に無関係ですから，流線に平行な速度ベクトルの大きさが U で x 軸に対して反時計回りに α だけ傾いた一様な流れであることがわかります．なお，$\alpha = 0$ のとき，流れは x 軸に平行な**平行流**（parallel flow）であることが理解されます．

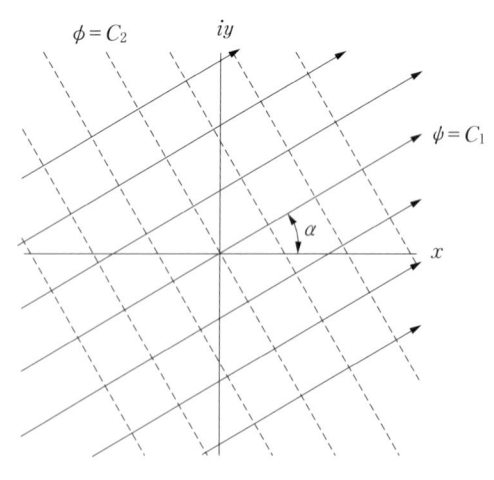

図2.7　平行流

B. 吹き出し (source) と吸い込み (sink) の場合

$$W(z) = \frac{q}{2\pi} \ln z \tag{2.41}$$

式 (2.41) において，$q>0$ のとき吹き出し，一方 $q<0$ のとき吸い込みを表します．$z = re^{i\theta}$ とおくと，次式が得られます．

$$W(z) = \frac{q}{2\pi} \ln r + i\frac{q}{2\pi}\theta = \phi + i\psi \tag{2.42}$$

$\phi = C_1$ の線（流線）と $\phi = C_2$ の線は，それぞれ次式と表せます．

$$\left.\begin{array}{l} \phi = C_1: \quad \theta = \dfrac{2\pi C_1}{q} \Rightarrow y = x \cdot \tan\left(\dfrac{2\pi C_1}{q}\right) \\[6pt] \phi = C_2: \quad r = \exp\left(\dfrac{2\pi C_2}{q}\right) \Rightarrow x^2 + y^2 = \exp\left(\dfrac{4\pi C_2}{q}\right) \end{array}\right\} \tag{2.43}$$

図 2.8 に示すように，流線は原点から放射状に直線的に描かれる直線群，等速度ポテンシャルは原点を中心とした同心円群です．また，複素速度は次式となります．

$$W'(z) = \frac{q}{2\pi}\frac{1}{z} = \frac{q}{2\pi}\frac{x}{x^2+y^2} - i\frac{q}{2\pi}\frac{y}{x^2+y^2} = u - iv \tag{2.44}$$

一方，半径方向（r 方向）の速度を u_r および周方向（θ 方向）の速度を u_θ とおくと，次式

$$u_r = \frac{q}{2\pi}\frac{1}{r}, \quad u_\theta = 0 \tag{2.45}$$

が得られます．これによれば，$q>0$ のときには流体は原点から半径方向に流出し，その速度は半径に反比例して減少します．

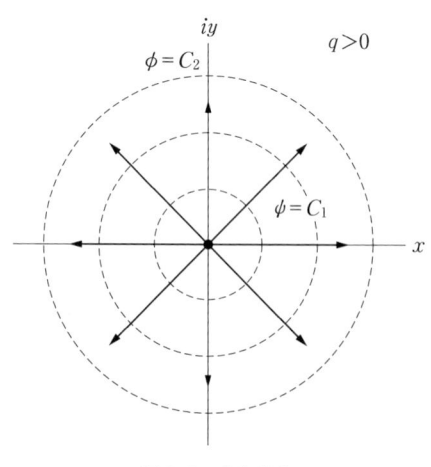

図 2.8 吹き出し

C. 二重吹出し (doublet) の場合

x 軸上の $x = \varepsilon$ ($\varepsilon > 0$) に吸い込み，$x = -\varepsilon$ に吹き出しがある複素速度ポテン

シャルは

$$W_1(z) = \frac{q}{2\pi}\ln(z+\varepsilon) - \frac{q}{2\pi}\ln(z-\varepsilon) = \frac{q}{2\pi}\ln\left(\frac{z+\varepsilon}{z-\varepsilon}\right), \quad q>0 \quad (2.46)$$

と書くことができます．式（2.46）をテイラー展開し，ε を微小量として 2 次以上の項を無視すると次式となります．

$$W_1(z) = \frac{q}{2\pi}\frac{2\varepsilon}{z} \quad (2.47)$$

ここで，$\varepsilon \to 0$ の極限を考えてみます．そのとき

$$\lim_{\varepsilon \to 0}(2q\varepsilon) = m \quad (2.48)$$

となる定数値 m を定義します．$\varepsilon \to 0$ の極限における $W_1(z)$ は

$$W(z) = \lim_{\varepsilon \to 0}\left(\frac{q}{2\pi}\frac{2\varepsilon}{z}\right) = \frac{m}{2\pi}\frac{1}{z}$$
$$(2.49)$$

となります．式（2.49）で表される流れを**二重吹き出し**といいます．速度ポテンシャルと流れ関数は

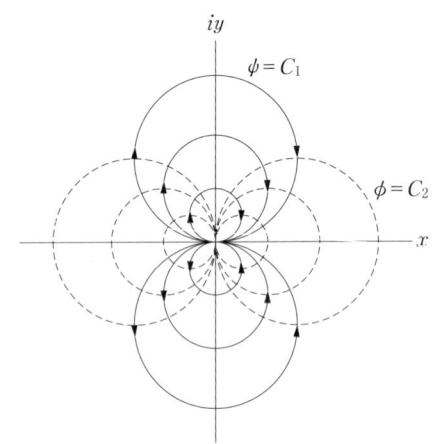

図 2.9 二重吹き出し

$$W(z) = \frac{m}{2\pi}\frac{x}{x^2+y^2} - i\frac{m}{2\pi}\frac{y}{x^2+y^2} = \phi + i\psi \quad (2.50)$$

となります．$\phi = C_1$ の線（流線）と $\phi = C_2$ の線はそれぞれ

$$\begin{aligned}\phi = C_1: \quad & x^2 + \left(y + \frac{m}{4\pi C_1}\right)^2 = \left(\frac{m}{4\pi C_1}\right)^2 \\ \phi = C_2: \quad & \left(x - \frac{m}{4\pi C_2}\right)^2 + y^2 = \left(\frac{m}{4\pi C_2}\right)^2\end{aligned} \quad (2.51)$$

と表されます．図 2.9 に示すように，流線は x 軸を接線とし $x=0$ を接点とする上下対称な円群，等速度ポテンシャルは y 軸を接線とし $y=0$ を接点とする左右対称な円群として描かれます．流線上の任意の点における速度は複素速度から

$$W'(z) = -\frac{m}{2\pi}\frac{x^2-y^2}{(x^2+y^2)^2} + i\frac{m}{2\pi}\frac{2xy}{(x^2+y^2)^2} = u - iv \quad (2.52)$$

で表せます．

2.4 複素速度ポテンシャル

D. 円柱周りの流れ (flow around a circular cylinder) の場合

平行流と二重吹き出しの組み合わせによる流れを考えると，複素速度ポテンシャルは

$$W(z)=Uz+\frac{m}{2\pi}\frac{1}{z}=U\left(z+\frac{m}{2\pi U}\frac{1}{z}\right)=U\left(z+\frac{a^2}{z}\right), \quad a=\sqrt{\frac{m}{2\pi U}} \quad (2.53)$$

と表せます．速度ポテンシャルと流れ関数は

$$W(z)=U\left(r+\frac{a^2}{r}\right)\cos\theta+iU\left(r-\frac{a^2}{r}\right)\sin\theta=\phi+i\psi \quad (2.54)$$

から，次式となります．

$$\phi=U\left(r+\frac{a^2}{r}\right)\cos\theta$$

$$\psi=U\left(r-\frac{a^2}{r}\right)\sin\theta \quad (2.55)$$

流れ関数に着目すると，$r=a$ の円周は $\psi=0$（一定）となります．$\psi=0$ の流線は壁面と同等と考えてよく，$r=a$ の円は円柱と置き換えることができます．図 2.10 に流線図を示します．流線上の任意の点における速度は，次式となります．

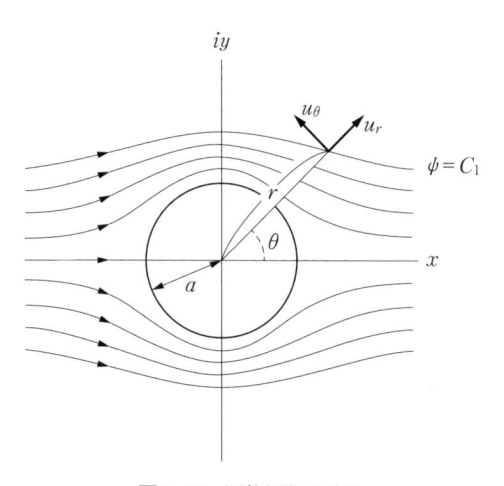

図 2.10 円柱周りの流れ

$$W'(z)=U-Ua^2\frac{x^2-y^2}{(x^2+y^2)^2}+iUa^2\frac{2xy}{(x^2+y^2)^2}=u-iv \quad (2.56)$$

また，半径方向速度および周方向速度は次式と表せます．

$$u_r=U\left(1-\frac{a^2}{r^2}\right)\cos\theta, \quad u_\theta=-U\left(1+\frac{a^2}{r^2}\right)\sin\theta \quad (2.57)$$

したがって，円柱表面（$r=a$）上の半径方向速度および接線方向速度は

$$u_r|_{r=a}=0, \quad u_\theta|_{r=a}=-2U\sin\theta \quad (2.58)$$

となり，円柱表面に沿った流れとなっています．$\theta=0$ と π では，$u_\theta|_{r=a}=0$ でよどみ点，$\theta=\pm\pi/2$ で $u_\theta|_{r=a}$ の大きさは最大の $2U$ となります．

次に，円柱表面上の圧力分布について考えてみます．ポテンシャル流れにお

いてベルヌーイの定理は任意の2点間で成立しますから，円柱表面上の任意の点 ($r=a$) と円柱から十分離れた点 ($r\to\infty$) を考えます．$r\to\infty$ では流れは平行流で速度の大きさは U，圧力は p_∞ とします．円柱表面上の圧力を p とすれば，ベルヌーイの定理から

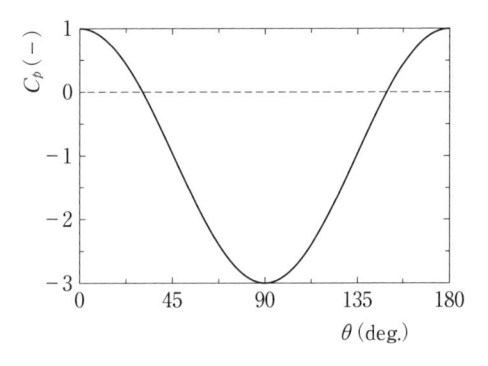

図 2.11　円柱表面圧力分布（ポテンシャル流）

$$\frac{1}{2}\rho(2U\sin\theta)^2 + p = \frac{1}{2}\rho U^2 + p_\infty \tag{2.59}$$

となります．圧力係数で表すと，次式となります．

$$C_p\left(=\frac{p-p_\infty}{\frac{1}{2}\rho U^2}\right) = 1 - 4\sin^2\theta \tag{2.60}$$

図 2.11 に図 2.10 の x 軸上半面の θ 範囲について C_p 分布を示しておきます．この分布は y 軸に対しても対称であり，円柱に抗力が働かないことを示します．このことを**ダランベールのパラドックス**（d'Alembert's paradox）と呼びます．

2.5　等角写像とブラジウスの公式

2.5.1　等角写像

実際の流れ場を z 面として，これを適当な写像面 $\zeta(=\xi+i\eta)$ に対応付けることができるならば，z 面上の流れ場あるいは物体形状がいかに複雑であっても，対応する ζ 面上の流れ場あるいは物体形状が簡単に求められれば，計算が容易になります．そこで，この実際上の流れ面と対応関係が得られた写像面の間で $z=f(\zeta)$ を考えてみます．f は正則関数とします．図 2.12 において，z 面の任意の点 z_0 から 2 つの微小ベクトル dz_1, dz_2 をとると，対応した ζ 面では ζ_0 からの 2 つの微小ベクトル $d\zeta_1, d\zeta_2$ が得られます．関数 f は正則ですから

2.5 等角写像とブラジウスの公式

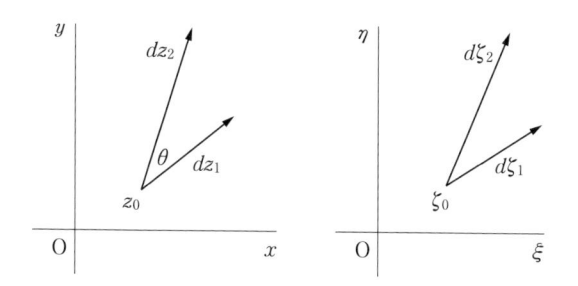

図 2.12 等角写像

$$dz_1 = f'(\zeta_0)d\zeta_1, \quad dz_2 = f'(\zeta_0)d\zeta_2 \tag{2.61}$$

となります．すると，dz_1 と dz_2 の間のなす角 θ は次式となります．

$$\theta = \arg dz_2 - \arg dz_1 = \arg f'(\zeta_0)d\zeta_2 - \arg f'(\zeta_0)d\zeta_1 \tag{2.62}$$

数学公式より，$\arg z_1 z_2 = \arg z_1 + \arg z_2$ ですから，θ は $d\zeta_1$ と $d\zeta_2$ の間のなす角に等しくなります．このことより正則関数による図形の写像は等角になっているのがわかります．さらに，次式の関係が成り立ちます．

$$\frac{|dz_2|}{|dz_1|} = \frac{|f_1(\zeta_0)d\zeta_2|}{|f_1(\zeta_0)d\zeta_1|} = \frac{|d\zeta_2|}{|d\zeta_1|} \tag{2.63}$$

したがって，微小な三角形は相似に写像されます．このように正則関数はそれ自身複素速度ポテンシャルですが，実際面と写像面の両者の流れ場を等角に写像することができます．いま，z 面でのある流れ場を示す複素速度ポテンシャルを $W(z)$ とし，この流れを写像関数 $\zeta = f(z)$ で ζ 面に写像すれば，ζ 面での複素速度 W' は

$$W' = \frac{dW}{d\zeta} = \frac{dW}{dz}\frac{dz}{d\zeta} = \left(\frac{dW}{dz}\right) \Big/ \left(\frac{d\zeta}{dz}\right) \tag{2.64}$$

となります．式 (2.64) を利用する際に注意をすべきことは，右辺分母の $d\zeta/dz$ の値が 0 か ∞ になる場合で，このとき複素速度に応じて ∞ か 0 となります．

2.5.2 等角写像の簡単な例

A．平行流の場合

最も簡単な例として，次の写像関数を取り上げます．

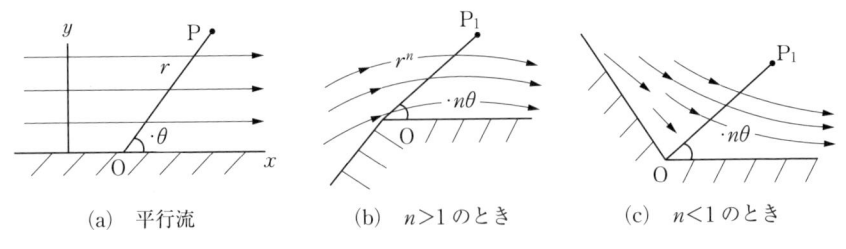

(a) 平行流　　(b) $n>1$ のとき　　(c) $n<1$ のとき

図 2.13　平行流および角を回る流れ

$$\zeta = z^n \tag{2.65}$$

これは図 2.13 (a) に示すように，z 面の x 軸より上半面における平行流（一様流速 U）を式 (2.65) を用いて ζ 面に移す場合のものです．図 2.13 (a) の場合，複素速度ポテンシャルは次式で表します．

$$W = Uz \tag{2.66}$$

z 面内の点 P（$z = re^{i\theta}$）は ζ 面内の点 P_1 と対応しており，その座標は

$$\zeta = z^n = (re^{i\theta})^n = r^n e^{in\theta} \tag{2.67}$$

となります．これより点 P_1 は $\overline{OP_1} = r^n$，$\angle P_1 Ox = n\theta$ で示されますから，$W = U\zeta^{1/n}$ は角を回る流れを表すことがわかります．その場合，複素速度は

$$\frac{dW}{d\zeta} = \frac{dW}{dz} \bigg/ \frac{d\zeta}{dz} = U/nz^{n-1} \tag{2.68}$$

ですから，$n>1$ の場合は図 2.13 (b) の角を回る流れであり，$n<1$ の場合は図 2.13 (c) の角を回る流れです．

B. ジューコフスキー変換

次式で示される**ジューコフスキー変換**（Joukowski's transformation）による写像関数を考えてみます．

$$\zeta = z + \frac{a^2}{z} \tag{2.69}$$

これは翼の周りの流れの解析において重要なものです．図 2.14 に示す z 面上の半径 a の円周上の点 $z = ae^{i\theta}$ を式 (2.69) を用いて ζ 面上に変換します．

$$\zeta = a(e^{i\theta} + e^{-i\theta}) = 2a\cos\theta \tag{2.70}$$

すると ζ 面上では長さ $4a$ の直線に写像されていることがわかります．次に，z 面上の半径 R（$>a$）の円について調べてみます．図 2.15 の半径 R の円周上の

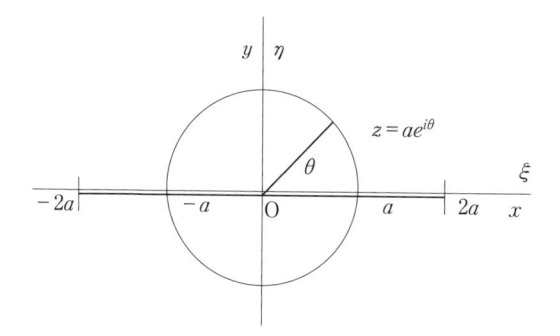

2.5 等角写像とブラジウスの公式

図 2.14 平板周りの流れへの変換

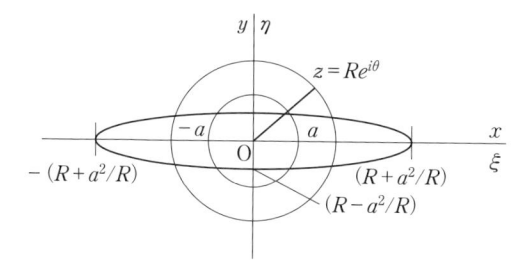

図 2.15 楕円形周りの流れへの変換

点 $z=Re^{i\theta}$ は，式 (2.69) を用いて ζ 面上に変換すれば次式のようになります．

$$\zeta = Re^{i\theta} + a^2/(Re^{i\theta}) = (R+a^2/R)\cos\theta + i(R-a^2/R)\sin\theta$$
$$= \xi + i\eta$$

$$\therefore \quad \frac{\xi^2}{(R+a^2/R)^2} + \frac{\eta^2}{(R-a^2/R)^2} = 1 \qquad (2.71)$$

この式は長軸が ξ 軸上，短軸が η 軸上にある楕円の形状を示しています．この他にも等角写像の応用として，ζ 面内の多角形の内部を z 平面内の上半面に写像する方法が知られています．これはシュバルツ・クリストッフェルの変換と呼ばれていますが，いく分複雑な計算を必要としますので省略し，他の専門書に譲ります．

2.5.3 ブラジウスの第 1，第 2 公式

流れ場に置かれた物体は一般に力（たとえば揚力，抗力など）が作用するこ

とは，日常生活の中から経験的にも知られています．一方，渦なし流れでは対称形物体に力が作用しないことも，ダランベールのパラドックスから導かれています．ここでは簡単に2次元物体に働く力とモーメントについて考えてみます．

　図2.16に示すように2次元物体の表面に沿って線素$ds(dx, dy)$をとり，その線素がx軸となす角をθと置きます．幾何学的関係から

$$dx = ds\cos\theta, \quad dy = ds\sin\theta$$

の式が成り立ちます．いま，物体に働く力Fのxおよびy方向の成分をそれぞれF_x, F_yとすれば，次式の関係が得られます．

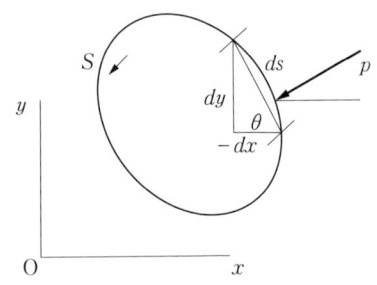

図2.16　2次元物体に働く力

$$F_x = -\oint_s p\, ds\sin\theta = -\oint_s p\, dy \tag{2.72}$$

$$F_y = \oint_s p\, ds\cos\theta = \oint_s p\, dx \tag{2.73}$$

したがって，共役複素力は$F_x - iF_y$とすれば，次式となります．

$$F_x - iF_y = -i\oint_s p(dx - idy) \tag{2.74}$$

ここで，流体の性質が完全流体であるとすれば，非回転流で非圧縮流ですからベルヌーイの式を用いて圧力を運動エネルギーに書き換えることができます．

$$p = p_0 - \left(\frac{1}{2}\right)\rho(u^2 + v^2) \tag{2.75}$$

ここで，p_0は淀み点圧力を示します．式(2.75)を式(2.74)に代入すれば，次式が得られます．

$$F_x - iF_y = \left(\frac{i}{2}\right)\rho\oint_s (u+iv)(u-iv)(dx-idy) \tag{2.76}$$

定数p_0の積分は，$\oint p_0\, dy = p_0\oint dy = 0$となります．また，物体表面は1つの流線を表しますから，定義からそれを横切る流量は$dQ = vdx - udy = 0$となり，式(2.76)の右辺の項は

$$(u+iv)(dx-idy) = (u-iv)(dx+idy) \tag{2.77}$$

と書き直せます．したがって，式 (2.76) に式 (2.77) を代入し，$u-iv=w=(dW/dz)$，$z=x+iy$ とすれば，次式が求められます．

$$F_x - iF_y = \frac{i\rho}{2}\oint_s \left(\frac{dW}{dz}\right)^2 dz = i\oint_s \frac{1}{2}\rho w^2 dz \tag{2.78}$$

これは**ブラジウスの第1公式**（Blasius' first formula）と呼ばれます．

次に，物体に作用する流体力 F_x, F_y を用いて，原点の周りのモーメントを求めますと，図 2.16 より次式が得られます．

$$M = \oint_s p(ydy + xdx) \tag{2.79}$$

圧力は式 (2.75) で与えられ，また式 (2.77) の関係を利用すれば次式が得られます．

$$\begin{aligned}
M &= -\frac{1}{2}\rho\oint_s (u^2+v^2)(ydy+xdx) \\
&= -\frac{1}{2}\rho\mathrm{Re}\oint_s (u+iv)(u-iv)(x+iy)(dx-idy) \\
&= -\frac{1}{2}\rho\,\mathrm{Re}\left\{\oint_s (u-iv)^2(x+iy)(dx+idy)\right\} \\
&= -\frac{1}{2}\rho\,\mathrm{Re}\left\{\oint_s \left(\frac{dW}{dz}\right)^2 zdz\right\} = -\mathrm{Re}\left\{\oint_s \frac{1}{2}\rho w^2 zdz\right\}
\end{aligned} \tag{2.80}$$

ここで，Re の記号は { } の中の実部のみを表すことを意味します．式 (2.80) は**ブラジウスの第2公式**（Blasius' second formula）と呼ばれます．

以上述べたブラジウスの公式は，式を誘導する際に物体表面を積分経路に選びましたが，dW/dz は正則関数ですから積分経路は任意に選ぶことができます．具体的な例題として，一様流中に置かれた円柱周りの流れについて，円柱に働く力を求めますと $F_x = F_y = 0$ となり，流体による力は働かないことになります．これがダランベールのパラドックスとして知られている結果です．

2.6　渦運動と翼理論

2.6.1　渦管と渦定理

回転の成分をもつ流体の運動を**渦運動**（vortex motion）と呼び，**渦度**（vorticity）ω の成分のいずれか1つがゼロではありません．

$$\boldsymbol{\omega} = \mathrm{rot}\,\boldsymbol{u} = \xi \boldsymbol{i} + \eta \boldsymbol{j} + \zeta \boldsymbol{k}$$
$$\left(\xi = \frac{\partial w}{\partial y} - \frac{\partial v}{\partial z},\ \eta = \frac{\partial u}{\partial z} - \frac{\partial w}{\partial x},\ \zeta = \frac{\partial v}{\partial x} - \frac{\partial u}{\partial y} \right) \quad (2.81)$$

渦度が存在する流れでは，流線と同様の考え方を適用して**渦線**（vortex line）が定義されます．3次元空間内の1つの曲線 C 上の任意の点 P を考えてみます．点 P における曲線 C の接線方向と渦度ベクトルの方向が一致するとき，その曲線 C が渦線として定義されます．そのとき，渦線の微分方程式は次のように表されます．

$$\frac{dx}{\xi} = \frac{dy}{\eta} = \frac{dz}{\zeta} \quad (2.82)$$

流体中に閉曲線 C を考え，その曲線上のすべての点を通る渦線群により形成される図 2.17 に示すような管状の領域を**渦管**（vortex tube）といいます．渦管に関してもいくつかの関係式が成立し，これらは**ヘルムホルツの定理**（Helmholtz' theorem）と呼ばれています．

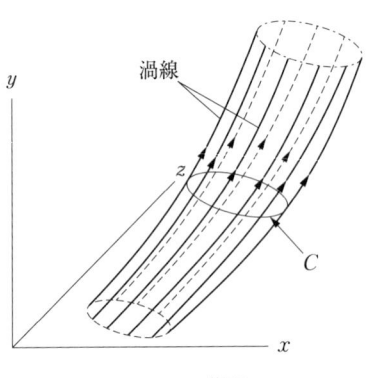

図 2.17 渦管

A. 渦管の強さと循環

図 2.18 に示すように渦管の表面に沿って閉曲線 C を考えます．閉曲線の一部である2つの線分 AB と CD は実際には一致しているものと考えます．閉曲線上の任意の点に微小な線素成分 ds，単位接ベクトル $\boldsymbol{t}$ および速度ベクトル $\boldsymbol{u}$ を，閉曲線により囲まれる面（面積の大きさを A とする）上のある位置に微小面積 da，単位法線ベクトル $\boldsymbol{n}$ および渦度ベクトル $\boldsymbol{\omega}$ を考えます．渦管表面上の閉曲線に囲まれる面を貫く渦線は渦線の定義から存在しないので，$\boldsymbol{\omega} \cdot \boldsymbol{n} = 0$ となります．ストークスの定理より，閉曲線まわりの循環 Γ は

$$\Gamma = \iint_A \boldsymbol{\omega} \cdot \boldsymbol{n}\, da = \oint_C \boldsymbol{u} \cdot \boldsymbol{t}\, ds = 0 \quad (2.83)$$

と表せます．式 (2.83) の閉曲線に沿う線積分を渦管の側面を一周する閉曲線（C_1 と C_2）およびその他線分（AB と CD）に分けて表すと，次式を得ます．

$$\oint_C \boldsymbol{u} \cdot \boldsymbol{t}\, ds = \int_A^B \boldsymbol{u} \cdot \boldsymbol{t}\, ds + \oint_{C_2} \boldsymbol{u} \cdot \boldsymbol{t}\, ds + \int_C^D \boldsymbol{u} \cdot \boldsymbol{t}\, ds + \oint_{C_1} \boldsymbol{u} \cdot \boldsymbol{t}\, ds = 0 \quad (2.84)$$

2.6 渦運動と翼理論

線分 AB と CD に関する積分は，同じ線分上で積分方向が逆なので互いに打ち消し合います．閉曲線 C_1 と C_2 に囲まれた面に対して渦管をなす渦線は貫いていますから，循環が存在します．それぞれの循環を $\Gamma_{D \to A}$ と $\Gamma_{B \to C}$ とすれば，式 (2.84) は次式となります．

$$\Gamma_{B \to C} + \Gamma_{D \to A} = 0 \quad (2.85)$$

積分方向を同一にする（$\Gamma_{D \to A} = -\Gamma_{A \to D}$）と

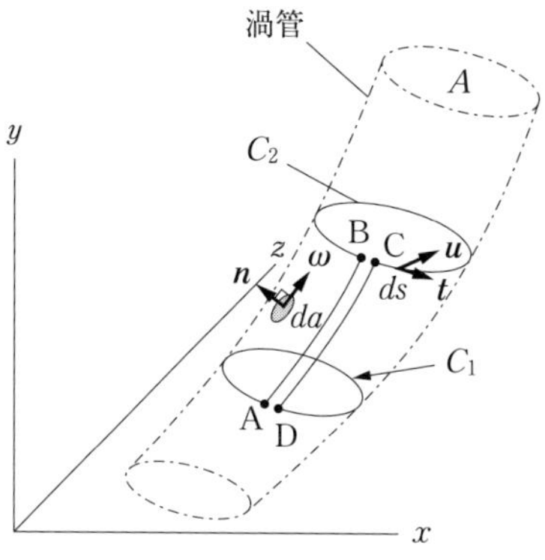

$$\Gamma_{B \to C} = \Gamma_{A \to D} \quad (2.86)$$

が得られます．したがって，1つの渦管の側面を一周する任意の閉曲線周りの循環の値は一致します．

図 2.18 渦管の循環

B．渦度の発散

図 2.19 のように渦管の一部分に検査体積（円柱形状）を考えます．この検査体積の大きさは V でその表面積を A とします．検査体積表面上に微小面積 da を考え，単位法線ベクトルを $\boldsymbol{n}$ および表面を貫く渦度ベクトルを $\boldsymbol{\omega}$ とすると

$$\iint_A \boldsymbol{\omega} \cdot \boldsymbol{n} \, da = 0 \quad (2.87)$$

が成立します．検査体積内の微小体積を dV とすると，ガウスの発散定理から

$$\iint_A \boldsymbol{\omega} \cdot \boldsymbol{n} \, da = \iiint_V \operatorname{div} \boldsymbol{\omega} \, dV = 0 \quad (2.88)$$

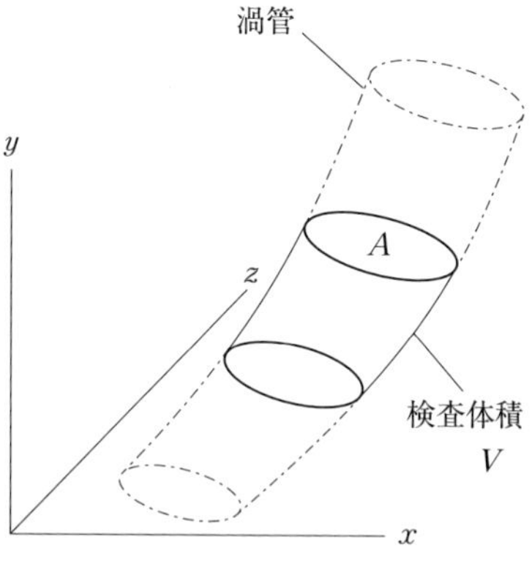

となります．したがって

$$\operatorname{div} \boldsymbol{\omega} = 0 \quad (2.89)$$

図 2.19 渦管の検査体積とガウスの発散定理

が得られます．これは，渦度も流体の連続の条件を満足し，対象とした領域内において渦線は途切れたりしないことを意味します．

上述した A. および B. の関係から渦管の形態は，渦管の端同士がつながった渦輪状態，両端が流体の境界に達する状態，および一端が流体の境界で他方端の断面が無限大となるような竜巻形状であることになります．

2.6.2 ケルビンの循環保存則

完全流体が外力としてポテンシャル力が作用して運動をしているとき，以下に示す渦運動の定理が成立することがケルビンによって明らかにされました．
「流体とともに移動する閉曲線周りの循環は時間に対して不変である．」
この定理は**物質微分**（material derivative）を用いて

$$\frac{D\Gamma}{Dt}=0 \qquad (2.90)$$

と表せます．2次元流の場合を取り扱い，式 (2.90) を証明してみます．座標方向として x と y を選び，各方向の速度を u と v とします．ストークスの定理から

$$\begin{aligned}\frac{D\Gamma}{Dt}&=\frac{D}{Dt}\oint_C \boldsymbol{u}\cdot\boldsymbol{t}ds=\frac{D}{Dt}\oint_C udx+\frac{D}{Dt}\oint_C vdy\\&=\oint_C \frac{Du}{Dt}dx+\oint_C u\frac{D(dx)}{Dt}+\oint_C \frac{Dv}{Dt}dy+\oint_C v\frac{D(dy)}{Dt}\end{aligned} \qquad (2.91)$$

と式変形できます．式 (2.91) における速度の物質微分項にオイラーの方程式 (1.66)，(1.67) を代入すると

$$\frac{Du}{Dt}dx=\left(-\frac{1}{\rho}\frac{\partial p}{\partial x}-\frac{\partial U}{\partial x}\right)dx,\quad \frac{Dv}{Dt}dy=\left(-\frac{1}{\rho}\frac{\partial p}{\partial y}-\frac{\partial U}{\partial y}\right)dy \qquad (2.92)$$

が得られます．なお，式 (2.92) 中の U は単位質量当たりの力のポテンシャルです．流体とともに移動する閉曲線は時間に対しても変化します．時刻 t において閉曲線上の任意の点 P の位置を (x,y)，点 P から x 方向に dx および y 方向に dy だけ離れた閉曲線上の点を Q とします．時刻 t での点 Q における各方向速度は点 P の各方向速度を u および v としたとき

$$\begin{aligned}u+du&=\frac{D}{Dt}(x+dx)=\frac{Dx}{Dt}+\frac{D(dx)}{Dt}=u+\frac{D(dx)}{Dt}\\v+dv&=\frac{D}{Dt}(y+dy)=\frac{Dy}{Dt}+\frac{D(dy)}{Dt}=v+\frac{D(dy)}{Dt}\end{aligned} \qquad (2.93)$$

で表されます．式 (2.92) と (2.93) を式 (2.91) に代入すると，次式が得ら

れます.

$$\frac{D\Gamma}{Dt} = \oint_C \left\{ \left(-\frac{1}{\rho}\frac{\partial p}{\partial x}dx - \frac{1}{\rho}\frac{\partial p}{\partial y}dy\right) + \left(-\frac{\partial U}{\partial x}dx - \frac{\partial U}{\partial y}dy\right) + udu + vdv\right\}$$

$$= \oint_C \left(-\frac{1}{\rho}dp - dU + d\left(\frac{q^2}{2}\right)\right), \quad q^2 = u^2 + v^2 \tag{2.94}$$

閉曲線 C 上のある 2 点 A と B 間の線積分を考えると，式 (2.94) の右辺は

$$\int_A^B \left(-\frac{1}{\rho}dp - dU + d\left(\frac{q^2}{2}\right)\right) = -\frac{1}{\rho}(p_B - p_A) - (U_B - U_A) + \frac{1}{2}(q_B^2 - q_A^2) \tag{2.95}$$

となります．点 B が閉曲線を一周して点 A と一致すれば両点の物理量は等しいですから，式 (2.95) の右辺はゼロとなります．この関係は，循環がゼロの場合でも成立し，最初に渦なし流れであれば渦なし流れを維持し続けることを意味します．

2.6.3 渦糸とビオ・サバールの法則

渦糸（vortex filament）とは渦管の断面積 a が微小なものをいいます．断面積が微小な場合，渦度は断面積内で一定と見なせます．したがって，渦糸の断面積外周まわりの循環の大きさ $|\Gamma|$ は，渦線の渦度を ω とすれば

$$|\Gamma| = |\omega| a \tag{2.96}$$

で表せます．流体中に渦糸が存在すると，その周りの流体に対して渦糸により速度が誘起されます．図 2.20 のように xy 平面内に 1 本の渦糸を考えます．渦糸上の任意の点 P に微小な渦糸要素 ds を，同一平面内に点 P から距離 r 離れた位置に点 Q を考えます．渦糸の循環を Γ（回転は右ねじの方向），点 P において線分 PQ と渦糸のなす角度を θ とすると，点 P の渦糸により点 Q に誘起される**誘導速度**（induced velocity）の大きさ $|dW|$ は

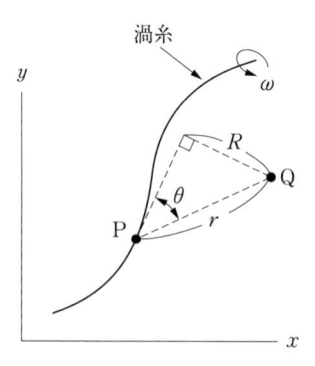

図 2.20 ビオ・サバールの法則

$$|dW| = \frac{|\Gamma||\sin\theta|}{4\pi r^2} ds \tag{2.97}$$

と表され，その方向は z の負方向です．この式は**ビオ・サバールの法則**

(Biot-Savart law) といい，電磁気学における電流に誘起される磁場の関係と類似しています．点 Q から渦糸要素 ds の始点と終点に結んだ 2 つの直線がなす微小角 $d\theta$ を用いると $ds\sin\theta = r d\theta$ となります．また，点 P における渦線の接線に対して点 P から下ろした垂線の長さを R ととると，式 (2.97) は

$$|dW| = \frac{|\varGamma| d\theta}{4\pi r} = \frac{|\varGamma| |\sin\theta|}{4\pi R} d\theta \tag{2.98}$$

と書き直せます．

いま，無限に長い直線状の渦糸による誘導速度を考えてみます．上述と同様に，点 Q から直線状の渦糸に下ろした垂線の距離を R，渦糸の渦度を ω および渦糸の断面積を a とします．無限に長い渦糸上のすべての点から点 Q に誘起される速度の大きさは，式 (2.98) を θ に関して $0\sim\pi$ の範囲で積分すると

$$|W| = \frac{|\varGamma|}{2\pi R} = \frac{|\omega| a}{2\pi R} \tag{2.99}$$

と表せます．

2.6.4 渦層と渦列

渦度が連続して集中した境界面を渦面または**渦層**（vortex sheet）といい，その境界面を挟み速度は不連続に変化しています．つまり，渦層とは渦糸が間隙なく連続して敷き詰められたきわめて薄い平面と考えることができます．渦層のこのような考え方は，混合層あるいははく離流線の不連続面に適用することができます．いま，図 2.21 に示すような不連続面の上下の速度を U_1, U_2 とします．その境界面を含む閉曲線 C 周りの循環は，2→1→4→3→2 の順に反時計回りに速度の接線線積分を行うと，$\varGamma = \int_{21} U_1 dx' + 0 - \int_{43} (-U_2) dx' + 0 = (U_1 - U_2) dx$ となります．不連続面の単位長さ当たりの循環

$\varGamma/dx = (U_1 - U_2)$ (2.100)

は**渦層の強さ**（strength of vortex sheet）と呼ばれます．

さて，循環 $\varGamma$ の大きさと向きの等しい渦糸が，等間隔 a

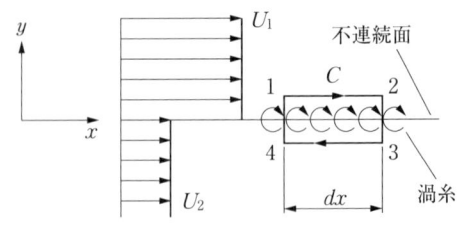

図 2.21 渦層（渦糸が間隙なく水平面に配置された速度の不連続面）

2.6 渦運動と翼理論

で一列に並んだものを**渦列**（vortex row）といいます．この渦列が一列だけの場合微小攪乱に対して不安定であり，わずかな攪乱が生じれば時間とともに崩壊していきます．この渦列の場合の複素速度ポテンシャルは

$$W = \frac{\Gamma}{2\pi i} \log\left(\sin\frac{\pi z}{a}\right) \quad (2.101)$$

と表されます．

これは，たとえば渦列を構成するある1つの渦糸がわずかに移動した場合，その渦糸は前後の渦糸による誘導速度をもち，その合成速度により変位がさらに増幅し，渦列の崩壊に至るためです．これを**ケルビン・ヘルムホルツ不安定**（Kelvin-Helmholtz instability）といいます．

一方，循環 Γ の大きさが等しく，互いに逆向きの渦列が2列並んだ場合のうち，両側の渦糸が千鳥配列の場合を考えます．これは，一様流中の物体背後に形成される**カルマン渦列**（Kármán vortex street）に相当し，安定した渦列です．1つの渦列を構成する渦糸の流れ方向の間隔を a，渦列どうしの流れと直角方向の間隔を b とすると，誘導速度によって渦列は流れと逆向きに，流れに対して $u = \{\Gamma \tanh(b\pi/a)\}/(2a)$ の速度をもちます．一様流の速度を U とすると，結局カルマン渦列は物体に対して $U-u$ の速度で流下することになります．

物体から放出される渦の発生周波数は，個々の渦は移動速度 $(U-u)$ で渦間隔 a を流下しますから，$f = 1/T = (U-u)/a$ となります．これを物体の代表長さ L と U とで無次元化した，次式で定義される量を**ストローハル数**（Strouhal number）といいます．

$$St = fL/U = (1 - u/U)L/a \quad (2.102)$$

このストローハル数と物体の固有振動数とが一致すると，共振現象が起こり騒音や物体の破損につながる恐れがあるため，St 値の見積もりは工学的に非常に重要です．特に円柱は，各種生産機械や構造物の支柱，煙突，発電システムの管路内の流体計測用の円筒センサなどに頻繁に用いられるきわめて重要な形状です．図2.22に示すように，一般に St の値はレイノルズ数 Re に応じて変化しますが，円柱形状の場合広いレイノルズ数範囲に渡って St の値はおよそ 0.2 をとります．

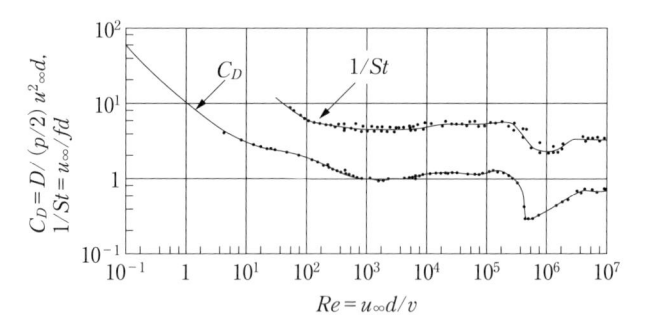

図 2.22 円柱の抗力係数C_Dおよびストローハル数Stのレイノルズ数依存性（日本機械学会，2006）

円柱や球は角のない物体形状のため，表面上のはく離点はレイノルズ数や表面粗度に応じて変化します．他方，長方形断面柱や流れに直角に設置された垂直平板では，はく離点は物体角部に固定されます．また，あるレイノルズ数のとき一旦はく離した流れが，再び下流物体表面上に付着するかどうかによって，放出される渦のスケールは大きく異なり，Stの値も著しく変化します．たとえば，翼形周りの流れにおいて失速前後の迎え角の違いによって，放出渦のStの値は著しく変化します．

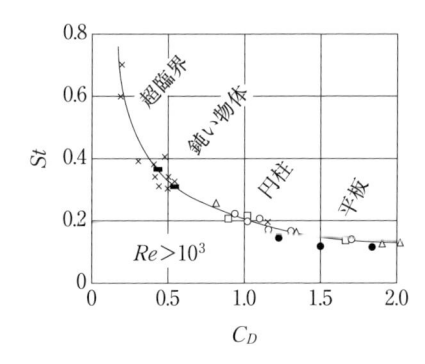

図 2.23 二次元物体の抗力係数とストローハル数の関係（日本機械学会，2006）

さて，抗力係数C_Dとストローハル数Stには，図2.23に示すような関連性があります．日常生活や工業的に見られる物体形状はより複雑であり，大小さまざまなはく離が3次元的に組み合わさって現れます．

2.6.5 循環のある円柱周りの流れと翼型

ポテンシャル流れにおいて，一様流れ，二重吹き出し，および自由渦の複素速度ポテンシャル$w=f(z)$が次式で表されるとき，これら3つの複素速度ポテ

ンシャルの重ね合わせは，一様流中に置かれた半径 R の円柱周りに循環が存在する流れ（または回転円柱の場合）を表示します．ここで，複素数を $z=x+iy=r(\cos\theta+i\sin\theta)$ とします．

一様流れ	$w=Uze^{-i\alpha}$	(2.103a)
二重吹き出し	$w=m/z$	(2.103b)
自由渦	$w=-iA\ln z$	(2.103c)

これらの組み合わせは，等角写像の利用の項で記述しましたが，いろんな種類の翼型周りの流れを表すことに利用されます．

さて，図 2.24 は，この流れの等流れ関数線（流線 $\phi=U(y\cos\alpha-x\sin\alpha)-m\sin\theta/r-A\ln r$）を表計算ソフトで作図した例です．$U, m, A$ のいずれか1つの大きさを変えると，流れパターンは異なる形に変化します．ここでは，二重吹き出しのモーメント $m=UR^2>0$，渦の強さ $A=-\Gamma/(2\pi)>0$ の場合を考えます．Γ は時計回りを正と定義する循環です．

第1要素の $w=Uz$ は実軸と角度 α をなす，速さ U の一様流れです．第2要素の $w=m/z$ は実軸に対称的に接する等流れ関数円群（すなわち流線群）を生成する二重吹き出しです．その実軸に接する部分の流線上の速度ベクトルの向きは，実軸の負の向きであることに注意してください（実軸の負側に吹き出し，正側に吸い込みのある二重吹き出し配置）．第3要素の $w=-iA\ln z$ は周速度が A/r の，原点を中心に反時計回りに回転する自由渦（渦糸）です．いまの場合は，渦の強さ A が正でしたから，Γ は負です．m, A, Γ の符号が変わ

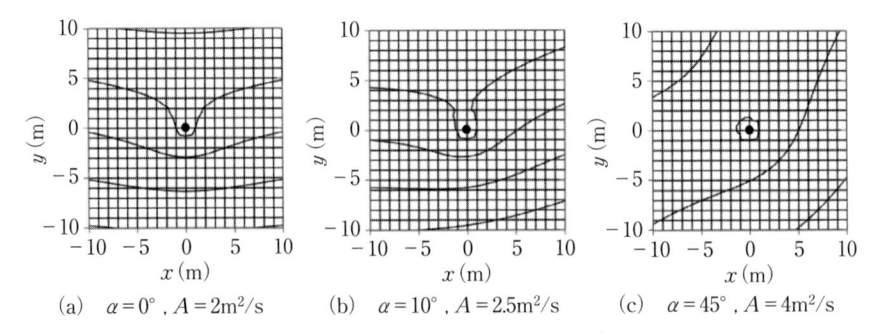

(a) $\alpha=0°$, $A=2\text{m}^2/\text{s}$　　(b) $\alpha=10°$, $A=2.5\text{m}^2/\text{s}$　　(c) $\alpha=45°$, $A=4\text{m}^2/\text{s}$

図 2.24　回転円柱周りの流れの等流れ関数線図（●は円柱）

ると，w の符号が流れ要素ごとに変わりますから，注意してください．なお，渦度ベクトル $\boldsymbol{\omega} = \mathrm{rot}\,\boldsymbol{V}$（ただし，$\boldsymbol{V}$ は速度ベクトル）の x-y 平面成分 $\zeta = \dfrac{\partial v}{\partial x} - \dfrac{\partial u}{\partial y}$ は，通常反時計回りが正と定義されています．

〈演習課題〉

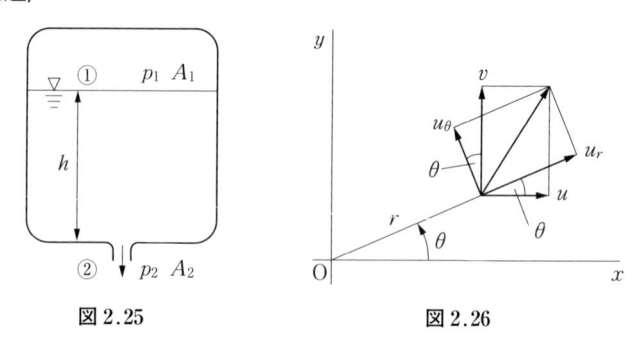

図 2.25

図 2.26

2.1 図 2.25 に示すように，水を入れたタンクの底に小孔を開けた場合，小孔から流出する水の速度を求めなさい．また，タンク上部が解放されている場合，液面の高さ h がゼロになるまでの時間を求めなさい．

2.2 図 2.26 の極座標系 (r, θ) の場合，流れ関数 $\psi(r, \theta)$ を用いると，速度成分 u_r, u_θ がそれぞれ，次式となることを示しなさい．
$$u_r = \frac{\partial \psi}{r \partial \theta}, \quad u_\theta = -\frac{\partial \psi}{\partial r}$$

2.3 非圧縮性の 2 次元流れにおいて，速度成分が $u = ax^2 + by^2,\ v = -cxy$（$a, b, c$ は定数）で与えられるとき，(1) 流れが成立するための条件，(2) 流れが渦なし流れとなる条件，(3) 渦なし流れとなる場合の速度ポテンシャルを求めなさい．

2.4 図 2.27 に示すように，$y = \pm a$ に吹き出しが置かれています．この流れを表す複素速度ポテンシャルは
$$W(z) = \frac{q}{2\pi} \ln(z - ia) + \frac{q}{2\pi} \ln(z + ia) = \frac{q}{2\pi} \ln(z^2 + a^2)$$
です．この場合，x 軸が壁面と見なされることを誘導して説明しなさい．

2.5 一様流中に置かれた円柱について，複素速度ポテンシャル $W = U(z + a^2/z)$ を用いて，ブラジウスの公式から外力の大きさを求めなさい．

2.6 無限に長い直線状の 2 本の渦糸 A および B が平行に距離 R だけ隔てて置かれ

演習課題

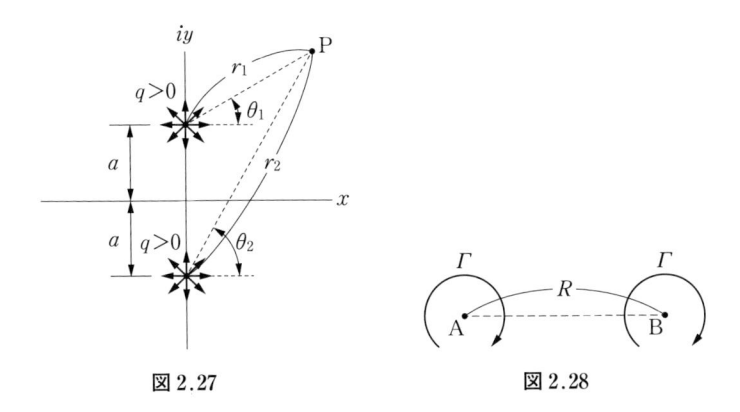

図 2.27　　　　　　　図 2.28

ています．図 2.28 のようにその断面図を示します．2 本の渦糸の循環を Γ とし，その回転方向を時計回りとすれば，2 本の渦糸はどのように運動するか，記述しなさい．

第3章

粘性流体の運動

3.1 粘性応力とそれによる力

3.1.1 力と応力

　物質に働く力には，物質の表面積に比例する**面積力**（surface force）と質量に比例する**体力**（body force）があります．面積力は面に対して垂直方向に作用する**垂直力**（normal force）と面に対して接線方向に作用する**接線力**（tangential force）に分けられます．垂直力は圧力による力，接線力はせん断力です．流体力学ではせん断力の作用には流体の粘性が必要なため**粘性力**（viscous force）ともいいます．一方，体力には重力による力（gravitational force），遠心力（centrifugal force），コリオリ力（Coriolis force）や浮力（buoyancy force）などがあります．ここでは，面積力に焦点を当て説明をしていきます．

　圧力による力および粘性力は，単位面積当たりの力（応力，stress）で表すとそれぞれ圧力（pressure）および粘性応力（viscous stress）といいます．圧力および粘性応力の説明は，詳しくは気体分子運動論に譲り，ここでは簡単に説明しておきます．圧力は着目面への気体分子の衝突（力積），粘性応力は着目面を介した気体分子による運動量の輸送により表されます．ニュートン流体では，粘性応力の**構成方程式**（constitutive equation）は変形速度テンソル D_{ij} に比例し，次式で与えられます．

$$\tau_{ij} = \mu D_{ij} = \mu\left(\frac{\partial u_i}{\partial x_j} + \frac{\partial u_j}{\partial x_i}\right) \tag{3.1}$$

3.1.2 応力による力

流体運動における圧力と粘性応力による力の表示について,簡単のため2次元非圧縮定常流として説明します.図3.1のように微小な流体塊(あるいは検査領域といい,その大きさはx_1方向にΔx_1, x_2方向にΔx_2)の各頂点をAからDとおき,各頂点を結んだ線分からなる2次元の面(奥行き方向に単位長さを考慮します)を考えます.流体塊に作用する外部からの応力による力を考慮するために,流体塊の各面に対して外向き方向に単位法線ベクトル$\bm{n}_k$ ($k=1\sim4$) を与えます.また,AD面およびAB面に作用する応力をテンソルσ_{ij}と表すと

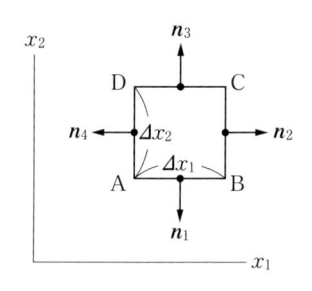

$$\bm{\sigma}_{AD}=\bm{\sigma}_{AB}=\sigma_{ij}=-p\delta_{ij}+\tau_{ij} \tag{3.2}$$

図3.1 流れ中の微小検査領域

です.式 (3.2) 中のδ_{ij}はクロネッカーのデルタで,すでに記述しましたが再度下記のように表しておきます.

$$\delta_{ij}=\begin{cases}1, & i=j \\ 0, & i\neq j\end{cases}$$

σ_{ij}の添え字iとjはそれぞれ,x_j方向の応力がx_i方向に対し垂直な面に作用することを意味します.以下に,各面に作用する応力による力を求めてみます.まずx_1方向に垂直なAD面に作用する力に着目します.AD面はx_1方向に垂直な面ですから,AD面に作用する応力による力$\bm{F}_{AD}$は

$$\begin{aligned}\bm{F}_{AD}&=\bm{\sigma}_{AD}\bm{n}_4\Delta x_2\\&=\begin{bmatrix}\sigma_{11} & \sigma_{12}\\ \sigma_{21} & \sigma_{22}\end{bmatrix}\begin{bmatrix}-1\\0\end{bmatrix}\Delta x_2=\begin{bmatrix}-\sigma_{11}\Delta x_2\\-\sigma_{21}\Delta x_2\end{bmatrix}\end{aligned} \tag{3.3}$$

と表せます.BC面はAD面からΔx_1だけ離れた位置にあるので,その面に作用する応力$\bm{\sigma}_{BC}$はAD面の応力$\bm{\sigma}_{AD}$に対してΔx_1分の変化を考慮して表現(テイラー展開を利用します)します.このとき,Δx_1は微小量なのでΔx_1の2次以上の項は無視でき,$\bm{\sigma}_{BC}$は

3.1 粘性応力とそれによる力

$$\boldsymbol{\sigma}_{BC} = \begin{bmatrix} \sigma_{11}+\dfrac{\partial \sigma_{11}}{\partial x_1}\varDelta x_1 & \sigma_{12}+\dfrac{\partial \sigma_{12}}{\partial x_1}\varDelta x_1 \\ \sigma_{21}+\dfrac{\partial \sigma_{21}}{\partial x_1}\varDelta x_1 & \sigma_{22}+\dfrac{\partial \sigma_{22}}{\partial x_1}\varDelta x_1 \end{bmatrix}$$

となります．したがって，BC 面に作用する応力による力 $\boldsymbol{F}_{BC}$ は

$$\begin{aligned}\boldsymbol{F}_{BC} &= \boldsymbol{\sigma}_{BC}\boldsymbol{n}_2\varDelta x_2 \\ &= \begin{bmatrix} \sigma_{11}+\dfrac{\partial \sigma_{11}}{\partial x_1}\varDelta x_1 & \sigma_{12}+\dfrac{\partial \sigma_{12}}{\partial x_1}\varDelta x_1 \\ \sigma_{21}+\dfrac{\partial \sigma_{21}}{\partial x_1}\varDelta x_1 & \sigma_{22}+\dfrac{\partial \sigma_{22}}{\partial x_1}\varDelta x_1 \end{bmatrix}\begin{bmatrix} 1 \\ 0 \end{bmatrix}\varDelta x_2 \\ &= \begin{bmatrix} \sigma_{11}\varDelta x_2+\dfrac{\partial \sigma_{11}}{\partial x_1}\varDelta x_1\varDelta x_2 \\ \sigma_{21}\varDelta x_2+\dfrac{\partial \sigma_{21}}{\partial x_1}\varDelta x_1\varDelta x_2 \end{bmatrix}\end{aligned} \quad (3.4)$$

となります．同様な方法で AB 面および CD 面に作用する応力による力 $\boldsymbol{F}_{AB}$ および $\boldsymbol{F}_{CD}$ を算出すれば，それぞれ次式で与えられます．

$$\begin{aligned}\boldsymbol{F}_{AB} &= \boldsymbol{\sigma}_{AB}\boldsymbol{n}_1\varDelta x_1 \\ &= \begin{bmatrix} \sigma_{11} & \sigma_{12} \\ \sigma_{21} & \sigma_{22} \end{bmatrix}\begin{bmatrix} 0 \\ -1 \end{bmatrix}\varDelta x_1 = \begin{bmatrix} -\sigma_{12}\varDelta x_1 \\ -\sigma_{22}\varDelta x_1 \end{bmatrix}\end{aligned} \quad (3.5)$$

$$\begin{aligned}\boldsymbol{F}_{CD} &= \boldsymbol{\sigma}_{CD}\boldsymbol{n}_3\varDelta x_1 \\ &= \begin{bmatrix} \sigma_{11}+\dfrac{\partial \sigma_{11}}{\partial x_2}\varDelta x_2 & \sigma_{12}+\dfrac{\partial \sigma_{12}}{\partial x_2}\varDelta x_2 \\ \sigma_{21}+\dfrac{\partial \sigma_{21}}{\partial x_2}\varDelta x_2 & \sigma_{22}+\dfrac{\partial \sigma_{22}}{\partial x_2}\varDelta x_2 \end{bmatrix}\begin{bmatrix} 0 \\ 1 \end{bmatrix}\varDelta x_1 \\ &= \begin{bmatrix} \sigma_{12}\varDelta x_1+\dfrac{\partial \sigma_{12}}{\partial x_2}\varDelta x_1\varDelta x_2 \\ \sigma_{22}\varDelta x_1+\dfrac{\partial \sigma_{22}}{\partial x_2}\varDelta x_1\varDelta x_2 \end{bmatrix}\end{aligned} \quad (3.6)$$

微小流体塊に作用する応力による力は，式 (3.3) から (3.6) の和をとって

$$\boldsymbol{F}_{AD}+\boldsymbol{F}_{BC}+\boldsymbol{F}_{AB}+\boldsymbol{F}_{CD} = \begin{bmatrix} \left(\dfrac{\partial \sigma_{11}}{\partial x_1}+\dfrac{\partial \sigma_{12}}{\partial x_2}\right)\varDelta x_1\varDelta x_2 \\ \left(\dfrac{\partial \sigma_{21}}{\partial x_1}+\dfrac{\partial \sigma_{22}}{\partial x_2}\right)\varDelta x_1\varDelta x_2 \end{bmatrix} \quad (3.7)$$

として表されます．なお，1 列目の値は x_1 方向，2 列目の値は x_2 方向の力の

成分です．単位体積当たりの力としてテンソル表示で表すと

$$\frac{\partial \sigma_{ij}}{\partial x_j} \boldsymbol{e}_i \tag{3.8}$$

となります．式 (3.8) の $\boldsymbol{e}_i$ は単位方向ベクトル（たとえば，$\boldsymbol{e}_1$ は x_1 方向の単位ベクトルを意味します）です．以上の説明から，流体運動において応力の勾配が重要な働きをするのが理解されます．

3.2 ナビエ・ストークス方程式と解

3.2.1 ナビエ・ストークス方程式

ここでは，粘性流体の運動の基礎式を考えます．1.4.2 項，2.1.1 項で示しましたように，この流体の運動もニュートンの運動の第 2 法則に従い，次式と表示します．

（質量）×（流体要素の加速度）＝（流体要素に働く力の合力）

加速度は粘性の有無に関係がなく，一方，流体要素に働く力の合力としては，体積力に加えて，3.1.2 項で示したように圧力による力と粘性応力による力を考える必要があります．3 次元流のオイラーの運動方程式については，すでに式 (2.2 a, b, c) で示しました．また，テンソル記号を用いた表現も示しており，$i,j=1,2,3$ とおけば 3 次元流に適用できます．

さて，オイラー表示により加速度を示せば，速度場が非定常的に変化するために生じる項の $\partial \boldsymbol{u}/\partial t$ と，流れ場が連続であることから速度場の変形を受けると生じる速度場の空間変化となる対流加速度項 $(\boldsymbol{u} \cdot \mathrm{grad})\boldsymbol{u}$ の和として表せます．

$$\frac{D\boldsymbol{u}}{Dt} = \frac{\partial \boldsymbol{u}}{\partial t} + (\boldsymbol{u} \cdot \mathrm{grad})\boldsymbol{u} = \boldsymbol{e}_i \frac{\partial u_i}{\partial t} + \boldsymbol{e}_i u_j \frac{\partial u_i}{\partial x_j} \tag{3.9}$$

したがって，各辺が dx, dy, dz の微小流体要素の慣性力は，密度を ρ として次式と表せます．

$$\rho dx dy dz \frac{D\boldsymbol{u}}{Dt}$$

この微小な流体塊には，体積力として $\rho \boldsymbol{f} = \rho f_i \boldsymbol{e}_i$ が作用します．また面積力として圧力勾配力と粘性力が作用します．i 方向について，単位体積当たりに働く力は，テンソル記号で示せば次式となります．

$$\boldsymbol{e}_i\left(-\frac{\partial p}{\partial x_i}+\mu\nabla^2 u_i\right)$$

したがって，非圧縮性粘性流体の場合，ニュートンの運動の第2法則は単位質量の流体について，テンソル記号で次式のように表されます．

$$\frac{\partial u_i}{\partial t}+u_j\frac{\partial u_i}{\partial x_j}=-\frac{1}{\rho}\frac{\partial p}{\partial x_i}+\nu\frac{\partial^2 u_i}{\partial x_j\partial x_j}+f_i \tag{3.10}$$

$$\nu=\frac{\mu}{\rho} \quad :動粘性係数〔\mathrm{m^2/s}〕$$

式（3.10）を**ナビエ・ストークス方程式**（Navier-Stokes equation）といいます．この式と連続の方程式

$$\mathrm{div}\,\boldsymbol{u}=\frac{\partial u_i}{\partial x_i}=0 \tag{3.11}$$

が運動の基礎式となります．ナビエ・ストークス方程式は，ベクトル記号では次式となります．

$$\frac{\partial \boldsymbol{u}}{\partial t}+(\boldsymbol{u}\cdot\mathrm{grad})\boldsymbol{u}=-\frac{1}{\rho}\mathrm{grad}\,p+\nu\nabla^2\boldsymbol{u}+\boldsymbol{f} \tag{3.12}$$

2次元流の場合について，運動の基礎式を x, y 系で具体的に書くと

$$\frac{\partial u}{\partial x}+\frac{\partial v}{\partial y}=0 \tag{3.13}$$

$$\frac{\partial u}{\partial t}+u\frac{\partial u}{\partial x}+v\frac{\partial u}{\partial y}=-\frac{1}{\rho}\frac{\partial p}{\partial x}+\nu\left(\frac{\partial^2 u}{\partial x^2}+\frac{\partial^2 u}{\partial y^2}\right)+f_x \tag{3.14}$$

$$\frac{\partial v}{\partial t}+u\frac{\partial v}{\partial x}+v\frac{\partial v}{\partial y}=-\frac{1}{\rho}\frac{\partial p}{\partial y}+\nu\left(\frac{\partial^2 v}{\partial x^2}+\frac{\partial^2 v}{\partial y^2}\right)+f_y \tag{3.15}$$

となります．

実際の流れの問題を取り扱う場合，曲線座標系を用いて運動方程式を記述する必要がしばしば生じます．図3.2のような円筒座標系 (r, θ, z) において，連続の方程式とナビエ・ストークス方程式は

$$\frac{\partial u_r}{\partial r}+\frac{u_r}{r}+\frac{1}{r}\frac{\partial u_\theta}{\partial \theta}+\frac{\partial u_z}{\partial z}=0 \quad (3.16)$$

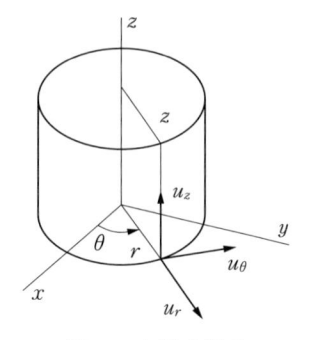

図3.2 円筒座標系

$$\frac{Du_r}{Dt} - \frac{u_\theta^2}{r} =$$

$$-\frac{1}{\rho}\frac{\partial p}{\partial r} + \nu\left(\frac{\partial^2 u_r}{\partial r^2} + \frac{1}{r}\frac{\partial u_r}{\partial r} + \frac{1}{r^2}\frac{\partial^2 u_r}{\partial \theta^2} + \frac{\partial^2 u_r}{\partial z^2} - \frac{u_r}{r^2} - \frac{2}{r^2}\frac{\partial u_\theta}{\partial \theta}\right) + f_r \quad (3.17)$$

$$\frac{Du_\theta}{Dt} + \frac{u_r u_\theta}{r} =$$

$$-\frac{1}{\rho}\frac{1}{r}\frac{\partial p}{\partial \theta} + \nu\left(\frac{\partial^2 u_\theta}{\partial r^2} + \frac{1}{r}\frac{\partial u_\theta}{\partial r} + \frac{1}{r^2}\frac{\partial^2 u_\theta}{\partial \theta^2} + \frac{\partial^2 u_\theta}{\partial z^2} + \frac{2}{r^2}\frac{\partial u_r}{\partial \theta} - \frac{u_\theta}{r^2}\right) f_\theta \quad (3.18)$$

$$\frac{Du_z}{Dt} = -\frac{1}{\rho}\frac{\partial p}{\partial z} + \nu\left(\frac{\partial^2 u_z}{\partial r^2} + \frac{1}{r}\frac{\partial u_z}{\partial r} + \frac{1}{r^2}\frac{\partial^2 u_z}{\partial \theta^2} + \frac{\partial^2 u_z}{\partial z^2}\right) + f_z \quad (3.19)$$

ここで

$$\frac{D}{Dt} = \frac{\partial}{\partial t} + u_r\frac{\partial}{\partial r} + \frac{u_\theta}{r}\frac{\partial}{\partial \theta} + u_z\frac{\partial}{\partial z}$$

です.なお,r 方向,θ 方向の慣性項に現れる u_θ^2/r と $u_\theta u_r/r$ は,それぞれ遠心力とコリオリ力です.

3.2.2 厳密解の例

ナビエ・ストークス方程式は非線形であるため,厳密に解けるのはほんの少しの流れ場の例についてだけです.それは,平行流あるいは流れの軸対称性により $(\boldsymbol{u}\cdot\mathrm{grad})\boldsymbol{u}=\boldsymbol{0}$ となって方程式が線形化される場合と,相似性により方程式が常微分方程式に帰着する場合に限られます.

A.クエット流とポアズイユ流

平行平板間の流れで,図 3.3 のように上の板が一定速度 U で動き,距離 h だけ下方の板は静止しているとします.流れは板に平行($v=0$)とすると,連続の方程式から $\partial u/\partial x=0$ であり,x 方向に一様な流れとなることがわかります.外力は働かず定常な流れとすると,$\partial u/\partial t=0$ ですから,式 (3.14) のナビエ・ストークス方程式は

$$0 = -\frac{1}{\rho}\frac{\partial p}{\partial x} + \nu\frac{\partial^2 u}{\partial y^2} \quad (3.20)$$

となります.基本的な圧力勾配のない($\partial p/\partial x=0$)流れを考えると,$u=u(y)$ ですから,上の式は以下のように解けます.

3.2 ナビエ・ストークス方程式と解

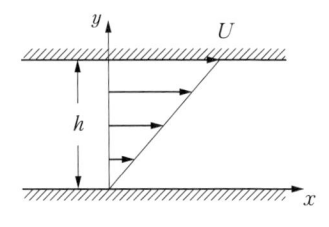

図 3.3 クエット流

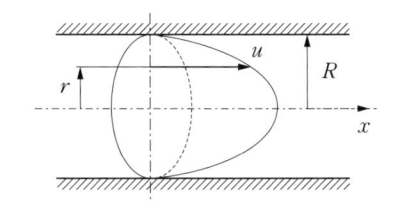

図 3.4 ポアズイユ流

$$\frac{d^2 u}{dy^2}=0 \quad \therefore \quad u = C_1 y + C_2 \tag{3.21}$$

ここで境界条件は，$y=0$ で $u=0$，$y=h$ で $u=U$ ですから，直線の速度分布となります．

$$u = \frac{U}{h} y \tag{3.22}$$

これは**クエット流**（Couette flow）と呼ばれ，多くの基本的考察の対象となっています．また，平行平板間において，板が静止し，圧力勾配が x 方向にのみ作用する場合の平行定常流を **2 次元ポアズイユ流**（two-dimensional Poiseuille flow）といいます．

次に，層流としては実用上最も重要な，直径が一定の円管内の流れを考えます．図 3.4 に示すように，境界が円形となりますので円筒座標系を用いて，$z \to x$, $u_z \to u$ と対応させます．平行定常流であることと，軸対称な流れ（$\partial/\partial\theta = 0$）であることを仮定すると，式（3.16）の連続の方程式から以下となります．

$$\frac{\partial u}{\partial x} = 0 \quad \therefore \quad u = u(r) \tag{3.23}$$

また，$p = p(x)$ なので，式（3.19）のナビエ・ストークス方程式は，次式となります．

$$0 = -\frac{1}{\rho}\frac{dp}{dx} + \nu\left(\frac{d^2 u}{dr^2} + \frac{1}{r}\frac{du}{dr}\right) \tag{3.24}$$

この式を次のように書き改め

$$\frac{d}{dr}\left(r \frac{du}{dr}\right) = \frac{1}{\mu}\frac{dp}{dx} r$$

両辺を r で積分すれば次式が得られます．

$$r\frac{du}{dr} = \frac{1}{2\mu}\frac{dp}{dx}r^2 + C_1$$

管中心（$r=0$）で速度が最大（$du/dr=0$）ですから，$C_1=0$ となります．したがって，さらに r で積分すれば次式が得られます．

$$u = \frac{1}{4\mu}\frac{dp}{dx}r^2 + C_2$$

境界条件 $r=R$ で $u=0$ を考慮すると C_2 が得られ，結局次式となります．

$$u = -\frac{1}{4\mu}\frac{dp}{dx}(R^2 - r^2) \tag{3.25}$$

この流れは軸対称の**ポアズイユ流**（Poiseuille flow）と呼ばれます．定常状態における一様な流れ場では，圧力勾配 dp/dx は一定ですから，l だけ離れた2点間の圧力降下を Δp とし $-dp/dx = \Delta p/l$ と書き直せば，流量は次式で求められます．

$$Q = \int_0^R 2\pi r u\, dr = \frac{\pi}{2\mu}\frac{\Delta p}{l}\int_0^R (R^2 - r^2) r\, dr = \frac{\pi R^4}{8\mu}\frac{\Delta p}{l} \tag{3.26}$$

これにより断面平均速度が導かれ，これらを**ハーゲン・ポアズイユの法則**といいます．

B．2次元淀み点流れ

流れの相似性により，ナビエ・ストークス方程式が常微分方程式になる代表的な例として，**2次元淀み点流れ**（two-dimensional stagnation flow）を調べます．これは，図3.5に示すように，無限に広い平板に流れが垂直に衝突する場合の流れです．流れは定常流として方程式は次のようになります．

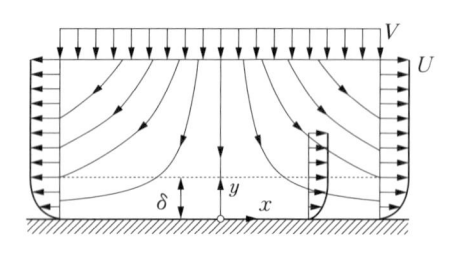

図3.5　2次元淀み点流れ

$$\frac{\partial u}{\partial x} + \frac{\partial v}{\partial y} = 0 \tag{3.27}$$

$$u\frac{\partial u}{\partial x} + v\frac{\partial u}{\partial y} = -\frac{1}{\rho}\frac{\partial p}{\partial x} + \nu\left(\frac{\partial^2 u}{\partial x^2} + \frac{\partial^2 u}{\partial y^2}\right) \tag{3.28}$$

3.2 ナビエ・ストークス方程式と解

$$u\frac{\partial v}{\partial x}+v\frac{\partial v}{\partial y}=-\frac{1}{\rho}\frac{\partial p}{\partial y}+\nu\left(\frac{\partial^2 v}{\partial x^2}+\frac{\partial^2 v}{\partial y^2}\right) \quad (3.29)$$

境界条件は以下のとおりです．

$y=0$： $u=0, v=0$

$y\to\infty$： $u\to U, v\to V$， ただし $U=kx, V=-ky$

この場合，平板壁面から遠く離れた $y\to\infty$ では，流れは非粘性のポテンシャル流に近づくと考えられます．すると，2.5.2項で示した平板を過ぎる流れ（あるいは角を回る流れ）を表す複素ポテンシャル $W=Cz^n$ において，$n=2$ の場合に相当します．

$$W=\frac{k}{2}z^2 \text{ とすれば,} \quad U-iV=\frac{dW}{dz}=kz=k(x+iy) \quad \therefore \quad U=kx, \; V=-ky$$

一方，壁面近傍の粘性領域において，$\nu[L^2/T]$ と $k[1/T]$ の次元に基づいて長さのスケールを考えると $\sqrt{\nu/k}$ が得られます．これは，粘性の効果が強く生じる範囲の特性長さ，すなわち境界層厚さ δ に相当する長さに対応するものです．そこで相似変数を次式のように仮定し，また連続の式を考慮して

$$\eta=\frac{y}{\delta}=\sqrt{\frac{k}{\nu}}\,y, \quad \frac{u}{U}=f'(\eta) \quad \because \quad f'(\infty)\to 1$$

$$u=Uf'(\eta)=kxf'(\eta), \quad v=-\sqrt{\nu k}\,f(\eta)$$

とします．この変換により，式（3.28），（3.29）は次のように書き換えられます．

$$k^2xf'^2-k^2xff''=-\frac{1}{\rho}\frac{\partial p}{\partial x}+k^2xf''' \quad (3.30)$$

$$k\sqrt{\nu k}\,ff'=-\frac{1}{\rho}\frac{\partial p}{\partial y}-k\sqrt{\nu k}\,f'' \quad (3.31)$$

圧力 p は，壁面近傍については式（3.31）を，遠く離れたところでは式（3.28）を利用して，次のように置くことができます．

$$\frac{p_0-p}{\rho}=\frac{1}{2}k^2x^2+\frac{1}{2}k\nu f^2+k\nu f', \quad \text{ここで } p_0 \text{ は定数} \quad (3.32)$$

$$\therefore \quad -\frac{1}{\rho}\frac{\partial p}{\partial x}=k^2x$$

したがって式（3.30）は次式となります．

$$f'''+ff''+1-f'^2=0 \tag{3.33}$$

境界条件は以下のとおりです．

$$\eta=0: \quad f(0)=f'(0)=0$$
$$y\to\infty: \quad f'(\infty)\to1$$

これで非線形常微分方程式が導かれました．この f から，速度成分 u,v と圧力 p が求まりますので，式（3.33）の解がナビエ・ストークス方程式の**相似解**（similar solution）となります．この流れの特徴は，粘性の影響が及ぶ境界層の厚さが x 方向に変化せず，一定となることです．これは，境界層厚さの，粘性拡散による増加と流れの加速による減少とがつり合うことを示しています．

3.2.3　数値解析

コンピュータの解析速度の向上や容量の著しい拡大に伴い，流体力学の分野でもナビエ・ストークス方程式を直接，数値的に解く研究が飛躍的な発展をし続けています．そのため，数値流体力学あるいは**計算流体力学**（computational fluid dynamics）という分野名も定着し，CAD/CAM とも関連して，モノの設計上必要な手段となってきています．流体問題を解析する手段として，理論，実験および数値シミュレーションの3方法がありますが，著書『乱流の数値シミュレーション，梶島』によれば，「数値シミュレーションは実験と比べ迅速性，安全性，低コストの点で有利であり，また測定や理論解析が困難な複雑な現象をもシミュレートする可能性がある」と述べています．さらに，数値シミュレーションが利用できる分野は，航空機，船舶，流体機械，気象学，海洋学，環境学，分子生命学，生物学と広範囲にわたります．以下に，数値シミュレーションの概要をまず述べ，次に基礎方程式と成分の表示法，離散化等について簡潔に説明しておきます．

A. 数値シミュレーションの概要

流れの数値シミュレーションとは，各方程式系を適切な初期条件や境界条件のもとに数値計算し，流れ場を予測することにあります．流体の問題は連続体を取り扱うものですが，具体的な計算では流れ場の中の任意の点における速度，圧力などを時間的，空間的に順次計算していくもので，離散点におけるデ

3.2 ナビエ・ストークス方程式と解

ータを繋ぎ合わせて流れ場を表現するものです.

結果がうまく予測できたかどうかは, 常に実験値 (確からしい結果) と照らし合わせて比較することが求められます.

数値シミュレーションの具体的手順を述べますと, (1) 基礎方程式はナビエ・ストークス方程式を解くか, 近似した方程式を解くのか, が必要です. 次に, 物理モデルとして何を採用するか, が求められます. (2) 基礎方程式として偏微分方程式が決まれば, 離散化する方法は差分法か, 有限要素法か, 有限体積法か, 等が求められ, 対応した計算格子が設定されます. これより, 代数方程式が導かれ, 数値解法を選択し計算機で解くことになります. (3) 得られた結果は, グラフあるいは動画による流れの可視化などを利用して, 理解しやすい表示に工夫していきます.

B. 流れの基礎方程式

基礎方程式として, 非圧縮流れについて簡単にまとめておきます. 非圧縮性流体では密度 ρ が流体運動の間で保たれるため次式が成立し, 単に $\rho=$ 一定ではありません.

$$\frac{D\rho}{Dt}=\frac{\partial \rho}{\partial t}+\boldsymbol{u}\cdot\nabla\rho=0 \tag{3.34}$$

したがって, 連続の式は次のとおりです.

$$\nabla\cdot\boldsymbol{u}=0 \tag{3.35}$$

運動方程式は, 粘性係数 μ を一定とすると次式となります.

$$\frac{\partial \boldsymbol{u}}{\partial t}+(\boldsymbol{u}\cdot\nabla)\boldsymbol{u}=\frac{1}{\rho}\nabla\cdot\boldsymbol{T}+\boldsymbol{f}=-\frac{\nabla p}{\rho}+\nu\nabla^2\boldsymbol{u}+\boldsymbol{f} \tag{3.36}$$

ここで, p は静圧, 動粘性係数 $\nu=\mu/\rho$, $\boldsymbol{f}$ は単位質量当たりの体積力です. また, 応力 $\boldsymbol{T}$ は次式で表します.

$$\boldsymbol{T}=-p\boldsymbol{I}+2\mu\boldsymbol{D} \tag{3.37}$$

ここで, $\boldsymbol{I}$ は基本テンソル, $\boldsymbol{D}$ はひずみ速度テンソルです. その他, 圧力に関するポアソン方程式, エネルギーに関する方程式など必要に応じて利用します.

C. 計算格子

流れ場を解析する際に, 対象とする領域が決まれば, 離散的に配置された任

意の点における速度や圧力等を決定していきます．その任意の点を囲んで小領域の**格子**（メッシュ，grid）に分割します．代表的な格子配置は，2次元流を例にとれば，デカルト座標格子があり，この場合基礎方程式も簡単であり，計算も容易になります．一方，滑らかな境界を表現するには，境界適合格子あるいは物体適合格子と呼ばれる格子を利用することが必要となります．複雑な格子では，非構造格子と呼ばれる切り方があり，必要に応じて工夫がなされることが大切です．

D．離散化

離散化の方法の代表として，**有限差分法**（finite difference method）と**有限体積法**（finite volume method）の2つがあります．有限差分法は，微分型の流れの方程式を基礎として，格子点上の値を求めるものです．方程式中の微係数，つまり速度や圧力の勾配は差分商で近似されます．有限体積法は，積分型の流れの方程式を基礎とし，変数を格子点上に配置するのではなく，セルの代表値として表すものです．なお，規則的な格子配置である構造格子の方が，1格子当たりの精度と効率は良いとされています．

3.3　力学的相似

3.3.1　代表尺度と無次元変数

流体力学で遭遇する課題は各影響因子が絡み合った流れ場が多く，単純な場合は少ないといえます．このため流れ場の解析において，個別の影響の線形和として解を求めるのは適切ではありません．実験的にしろ，数値解析的にしろ，何らかのモデル化を図って解決の糸口を探りますが，その手法は十分物理的に適ったものでなければなりません．その1つとして，以下に説明する**相似則**（law of similarity）と呼ばれる基本的考え方を利用し，結果を推察する方法があります．本節では円管流を例にあげてこれを説明します．

円管内の流れ場の調査は古典的な問題として広く知られています．しかし，たとえば層流から乱流への遷移に及ぼす非定常性の効果を問題とする場合，調査は一気に難しい局面に遭遇します．この課題を実験的に調べようとすれば小型の流れ場模型を作成しますが，速度やせん断応力の計測法，管直径と全管長

3.3 力学的相似

の大きさ，測定距離の位置と半径方向位置の関係など，決定すべき物理量や数値が多く存在するのが推測されます．つまり，実験条件を適切に変化させて必要とする物理量の効果を見つけ出す方法論が中心課題といえます．考察ではモデルと実物との対比が欠かせませんから，すべての実験条件について何らかの基準に基づいて具体的数値（模型の寸法，流れ場の速度，流体の種類など）を決めることになります．これを利用しているのが力学的相似の考え方で，流体の運動方程式（一般には，ナビエ・ストークス方程式）に基づいて調べることになります．

定常で2次元のナビエ・ストークス方程式は，3.2.1項で述べましたように，ポテンシャル力が働かないとすれば次式と書かれます．

$$u\frac{\partial u}{\partial x}+v\frac{\partial u}{\partial y}=-\frac{1}{\rho}\frac{\partial p}{\partial x}+\nu\left(\frac{\partial^2 u}{\partial x^2}+\frac{\partial^2 u}{\partial y^2}\right)$$

$$u\frac{\partial v}{\partial x}+v\frac{\partial v}{\partial y}=-\frac{1}{\rho}\frac{\partial p}{\partial y}+\nu\left(\frac{\partial^2 v}{\partial x^2}+\frac{\partial^2 v}{\partial y^2}\right) \quad (3.38)$$

上式に従い検討する際に，流体力学では直接物理量を当てはめるのではなく，必ず流速にしろ，距離にしろ，場合によっては時間にしろ，**代表尺度**（representative scale）で無次元化した相対的物理量で議論することが普通です．したがって，代表尺度の取り方が肝心であり，流体解析では相当の経験が必要となります．物理量の選択基準を決めて流れ場の諸々の条件を勘案して，適切な代表尺度が明らかになります．無次元化する際の代表速度 U および代表長さ L は，流れ場の基準となる位置での基準の物理量であることが大切です．

本節で考慮している**円管流**（pipe flow）に議論を戻しますと，代表速度 U は断面平均速度 V ととり，代表長さは管直径 d とすれば妥当であろうと推察できます．考察すべき流れ場が十分発達した領域であれば d の70倍程度の下流位置を対象とすれば妥当であり，普遍的な結果に近いものが得られます．ところが，遷移に及ぼす非定常性を考察するためには，流れ方向位置，レイノルズ数の値，流れ場の乱れ強度などさまざまな因子を総合的に考える必要が生じてきます．

さて，代表速度 U，代表長さ L が選択できれば，距離，速度，圧力，時間について以下に示す無次元量が得られます．

$$\left.\begin{array}{l}距離:x=Lx',\ y=Ly',\quad 速度:u=Uu',\ v=Uv'\\ 圧力:p=\rho U^2 p',\qquad 時間:t=(L/U)t'\end{array}\right\} \quad (3.39)$$

これらの「'」（プライム）がついたものが**無次元変数**（non-dimensional variables）と呼ばれるものです．式 (3.39) を式 (3.38) に代入し，下記のように少しの演算をすれば，無次元化されたナビエ・ストークスの方程式が得られます．

$$\partial/\partial x_i = (1/L)(\partial/\partial x_i'), \quad \partial/\partial t = (U/L)(\partial/\partial t')$$
$$u\partial u/\partial x = Uu'\{(\partial x'/\partial x)(\partial/\partial x') + (\partial y'/\partial x)(\partial/\partial y')\}(Uu')$$
$$= (U^2/L)(u'\partial u'/\partial x')$$

2次元非定常流の場合，x 方向，y 方向について次式と表せます．

$$\frac{\partial u'}{\partial t'} + u'\frac{\partial u'}{\partial x'} + v'\frac{\partial u'}{\partial y'} = -\frac{\partial p'}{\partial x'} + \frac{1}{Re}\left(\frac{\partial^2 u'}{\partial x'^2} + \frac{\partial^2 u'}{\partial y'^2}\right) \quad (3.40)$$

$$\frac{\partial v'}{\partial t'} + u'\frac{\partial v'}{\partial x'} + v'\frac{\partial v'}{\partial y'} = -\frac{\partial p'}{\partial y'} + \frac{1}{Re}\left(\frac{\partial^2 v'}{\partial x'^2} + \frac{\partial^2 v'}{\partial y'^2}\right) \quad (3.41)$$

ここで Re は**レイノルズ数**（Reynolds number）と呼ばれる重要な無次元数です．

$$Re = UL/\nu \quad (\nu は動粘性係数) \quad (3.42)$$

以上述べた無次元変数の導入により，方程式中に変化する量として現れていた L, U, ρ, ν の4つのものから Re の1つに集約できました．

次に境界条件や初期条件について説明します．境界条件は，有次元の場合

円管内壁面上（直径 d の円周上）で，$u=0,\quad v=0$

円管中心軸上で，$u=U_0$ （U の最大値）

となります．一方，無次元の場合

直径 1 の円周上で，$u'=0,\quad v'=0$

円管中心軸上で，$u'(=u/U_0)=1,\quad u/V=2$ （層流），$u/V \approx 1.22$ （乱流），

$v'=0$

となります．

ここで，Re の値が現実的にどの程度の値をもつものか，数例示しておきます．人が大気中を歩行する場合，$Re \sim 10^4$，車の走行では，$Re \sim 10^6$，機械プラントでは $Re \sim 10^6$ から 10^8 程度，航空機の場合，$Re \sim 10^8$ 程度です．さら

に，空間スケールが著しく大きい場合の台風とか，一方，毛細血管内の流れのような非常に小さい場合などの，幅広いスケールの問題を考えることができるようになってきています．

3.3.2 力学的相似

A． 相似則

流体力学上の課題を解決する際に，模型を用いて実際上の問題の解を求めることがしばしば行われます．たとえば，車の周りの流れを解析する場合，クレイモデルや1/5寸法模型による風洞実験の結果と数値計算による結果との比較から，実物の解が予測されます．このとき，モデルと実物との間にはある条件が必要です．これを相似則と呼び，3つの相似則を満足させる必要があります．

（1）**幾何学的相似**（geometric similarity）： モデルと実物との間で，対応する代表長さの比 L_R が等しい場合，同一形状で寸法比のみが異なります．面積比は L_R^2 であり，体積比は L_R^3 となります．

（2）**運動学的相似**（kinematic similarity）： モデルと実物の周囲の流れ場との間で，対応する流線が幾何学的に相似であり，対応する点における速度の比が等しい場合，運動学的に相似となります．

（3）**力学的相似**（dynamic similarity）： モデルと実物の周囲の流れ場との間で，対応する流体要素に作用する力の比が等しいとき，力学的相似が成り立ちます．ここで，流体要素に働く2つの力の比について，代表的なものを紹介しておきます．

  レイノルズ数：$Re=$慣性力/粘性力$=UL/\nu$
  フルード数 ：$Fr=$(慣性力/重力$)^{1/2}=U/(gL)^{1/2}$
  マッハ数 ：$Ma=$(慣性力/弾性力$)^{1/2}=U/a$, a は音速

B． 力学的相似則とレイノルズ数

式（3.40），式（3.41）に示した無次元化されたナビエ・ストークス方程式および境界条件においては，Re のみがパラメータとして現れています．すると，幾何学的に相似な2つの物体（AとBとします）周りの流れは，無次元量で示せば速度，圧力は以下の式となります．

$$u'=u'(x',y'\,;Re), \quad v'=v'(x',y'\,;Re)$$
$$p'=p'(x',y'\,;Re) \qquad (3.43)$$

この関係から，Re のみにより場合ごとに異なることになります．そこで次式
$$Re(A)=U(A)L(A)/\nu(A)=U(B)L(B)/\nu(B)=Re(B)$$
のように，A，B の 2 つの流れ場のレイノルズ数を等しいと置けば，代表速度や代表長さがそれぞれ異なっていても，無次元の速度分布や圧力分布は等しくなります．このように適切に無次元化して諸量の分布が等しくなる流れ場は，**力学的相似**（dynamic similarity）であるといいます．力学的に相似な流れでは，物体に作用する力は速度分布により決定されますから，無次元化された流線は同一となります．揚力や抗力も適切な無次元化（代表動圧×代表面積を基準の力とする）をすれば Re のみにより変化することになります．これらのことから，車や飛行機の周りの流れについて，たとえば水槽中で Re 数を合わせた実験から，実物の流れの予測ができることになります．ここで，代表長さ L，代表速度 U，および動粘性係数 ν で作られる流れのレイノルズ数 $Re=UL/\nu$ について，2，3 の異なる観点から尺度の意味を考えてみます．

（1）上述した力の比（慣性力 F_c／粘性力 F_v）から考えれば，$F_c \sim \rho U^2 L^2$，$F_v \sim \rho \nu UL$ より，$(\rho U^2 L^2)/(\rho \nu UL) \sim UL/\nu = Re$ となります．これは流れ場全体の性質を示す対流速度を U，対流作用が及ぶ距離を L として決定した場合で，管内流の断面平均速度と管直径を用いるような場合です．ただし，ρ は流体の密度です．

（2）時間の尺度の比（粘性拡散時間 T_v／対流時間 T_c）と考えれば，$T_v \sim L^2/\nu$，$T_c \sim (L/U)$ より，$(L^2/\nu)/(L/U) \sim UL/\nu = Re$ となります．これは流れ場全体を対流する時間に対し，壁による摩擦で運動量が拡散する時間を考えたものと解釈できます．

（3）長さ尺度の比（同一の時間内で，対流作用が及ぶ距離 L_c／粘性拡散距離 L_v）と考えれば，$L_c \sim Ut$，$L_v \sim (\nu t)^{1/2}$ より $L_c/L_v^2 \sim U/\nu$ $\therefore$ $L_c/L_v \sim L_v U/\nu = Re$ となります．このように，代表速度や代表長さとしてとる基準量を何にするかが重要です．

3.4 層流と乱流

3.4.1 レイノルズ数による流れの変化

流体の運動を記述する方程式として，**ナビエ・ストークスの方程式**（Navier-Stokes equation）があります．この式は連続体と見なした流体の粒子の運動とそれに作用する外力との関係を表すもので，流体の慣性力＝流体に作用する外力（圧力勾配による力，粘性力や重力による力など）の総和を意味します．この式は速度や長さの次元を代表尺度で無次元化すれば，レイノルズ数のみがパラメータとして現れてきます．このレイノルズ数と流れの状態との関係を明らかにすることが重要です．

レイノルズ数のもつ役割として，主に以下の3点があげられます．
(1) 流れの状態を判別する指標
(2) 2つの流れ場間の相似性の成立を判断
(3) 設計に必要な流れの諸量（たとえば，圧損，抗力や揚力係数など）を決定

ここでは，(1)の観点からレイノルズ数を考えてみます．流れの状態は大別して，**層流**（laminar flow）と**乱流**（turbulent flow）の2つの流動形態があり，状態の特定に**レイノルズ数**（Reynolds number）が利用されます．臨界値を超えたレイノルズ数の場合が乱流，それより低い場合が層流です．レイノルズ数の定義や役割の説明にも種々提案されていますが，ここでは"レイノルズの実験"の結果に沿って説明していきます．

イギリスの数学・物理学者であったレイノルズ（O. Reynolds）は，1883年に流れ場の変化と水の流速，管直径との関係を調査し，レイノルズ数の概念を提唱しました．円管内の水流を可視化するため，管内部に細い管を通し，そこから着色液を注入しました．円管入口形状は流れに乱れを与えないようにベルマウス状に滑らかに整形されています．管径一定における実験結果のスケッチを図3.6に示します．

(a) は流速が遅い場合で，着色液は管軸に対してほぼ平行に流下します．流速を徐々に増加させると，着色液は (b) のように周期的な振動が生じ，さら

に増加させ臨界値を超えると（c）のように，管入口直後から着色液は乱雑に揺れ，管全体にわたり拡散していきます．（a）のように，規則正しく層状をなす流れを層流といい，（c）のように，流れが乱れて不規則になった流れを乱流といいます．層流から乱流へ移行する**遷移**（transition）の場合が（b）です．

その後系統的な実験がなされ，流れ状態の特定，遷移条件等が次式で決定できることが明らかにされました．この式は，$Re = Vd/\nu$ と表示され，レイノルズ数と呼ばれます．

ここで，V は断面平均流速，d は管内径および ν は**動粘性係数**（kinematic viscosity）です．実験結果を Re 数の値で分類しますと，$Re < 2000$ では管入口では流れが乱れていても下流では層流になります．一方，$Re > 2400$ では一旦乱れが生じますと，それが成長して管全体に及び乱流になります．なお，管内流では**遷移臨界レイノルズ数**（critical Reynolds number）Re_c は 2300 としていますが，入口の形状や初期乱れの大きさによっては Re_c の値は変化します．

層流から乱流への遷移の身近な例として，立ち昇る線香の煙の動きがあげられます（図3.7）．この場合は管内流とは異なり，流れを拘束する境界面が存在しない自由流れのため，臨界レイノルズ数は小さい値になります．ここで，自由噴流，管内流および平板境界層の臨界レイノルズ数と流れの分類を表3.1に整理してお

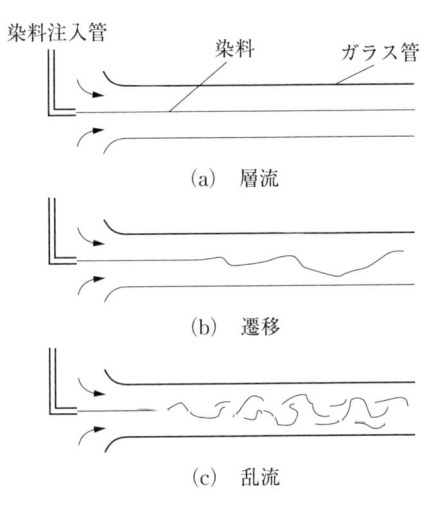

図3.6　レイノルズの実験の概要

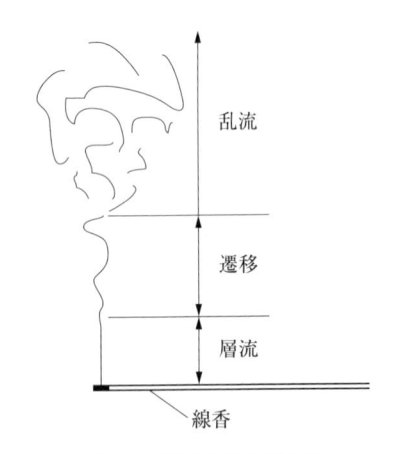

図3.7　線香の煙の模式化

3.4 層流と乱流

表3.1 各流れの臨界レイノルズ数（通常の代表寸法を用いた場合）

	自由噴流	管内流	平板境界層
層流	$Re<5$	$Re<2300$	$Re<5\times10^5$
臨界レイノルズ数	$Re_c=5$	$Re_c=2300$	$Re_c=5\times10^5$
乱流	$Re>5$	$Re>2300$	$Re>5\times10^5$

きます．

次にレイノルズ数の定義式を誘導しておきます．ここでは基礎方程式の各項のオーダー（大きさの程度を表し，〜で示します）の比較から考え方を説明します．ナビエ・ストークスの方程式の表現は，既述しましたように簡潔に示せば，慣性力（1）＝外力の総和＝{圧力勾配による力（2）＋粘性力による力（3）＋重力による力（4）}と表されるものです．

図3.8に示すように，流れの中に辺の長さLの微小立方体をした流体粒子が速度Uの流れに追従して流れているとします．慣性力は質量×加速度ですから，体積L^3の微小立方体の質量はρL^3で，加速度は単位時間当たりの速度の変化率として〜$U/(L/U)$であり，結局慣性力（1）のオーダーは〜$(\rho L^3)\times U/(L/U)=\rho U^2 L^2$となります．

次に圧力勾配力の項（2）のオーダーを考えます．図3.9のように立方体をした流体粒子の左側面には圧力Pが右側面には$P+\partial P/\partial x\cdot L$が作用するとします．側面の圧力差は$(\partial P/\partial x)\cdot L$となり，作用する面積は$L^2$ですから，圧力勾配力は$(\partial P/\partial x)\cdot L\cdot L^2$となり，結局項（2）のオーダーは$PL^2$となります．

粘性力による項（3）のオーダーは，粘性力による力＝せん断応力（$\mu du/dy$）

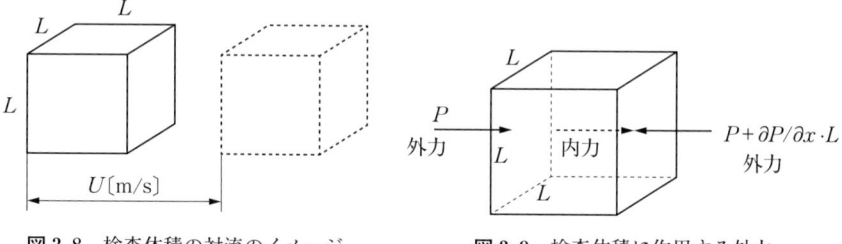

図3.8 検査体積の対流のイメージ

図3.9 検査体積に作用する外力

×作用面積なので，$(\mu U/L) \times L^2 = \mu UL$ となります．

重力による力の項（4）のオーダーは質量×重力加速度ですから，$\rho L^3 \times g = \rho g L^3$ となります．

ナビエ・ストークスの方程式の項のうち，慣性項と粘性項が効く流れ場を考えますと，項(1)/項(3) を考えれば UL/ν となり，レイノルズ数の定義式が得られます．レイノルズ数の定義式から，流速 U が速くても音響ディスク間の流れやジャーナル軸受の場合は，間隙が著しく小さいため，結果として Re が小さく，層流と考える場合もあります．

ところで，図 3.9 の右側面に作用する力について若干の補足をします．検査体積左側面位置を x とすれば，そのときの圧力は $P=P(x)$ と表現されます．同様にして，Δx 離れた位置における圧力は $P(x+\Delta x)$ です．$P(x+\Delta x)$ をテーラー展開すると

$$P(x+\Delta x) = P(x) + \frac{dP}{dx}\Delta x + \frac{1}{2}\frac{d^2P}{dx^2}(\Delta x)^2 + \cdots \tag{3.44}$$

となります．2 次以上の項は小さいとして無視すると，上式は近似的に

$$P(x+\Delta x) = P(x) + \frac{dP}{dx}\Delta x \tag{3.45}$$

となります．Δx を検査体積の長さ L に置換すると，検査体積右側面に作用する内力は $P + \partial P/\partial x \cdot L$ と示せます．作用・反作用の関係から，外力として検査体積右側面には $P + \partial P/\partial x \cdot L$ が作用することになります．

3.4.2　粘性せん断応力の表現

実在流体（粘性流体で非圧縮の場合）と完全流体（非粘性で非圧縮の場合）との差異を，物体表面に接線方向に作用するせん断応力の有無から，簡単に分類しておきます．
(1)　完全流体…粘性せん断応力が働かない（摩擦力を考慮しない）
(2)　実在流体…粘性せん断応力が働く（摩擦力を考慮する）

実在流体の特徴である粘性せん断応力の作用が，流体力学の課題を解決するのを難しくしています．空気や水にも粘性が存在しますが，単に粘性係数の値の大小で粘性力の大きさを判断するのは適切ではありません．粘性が効くと

3.4 層流と乱流

は，むしろ速度勾配が強く影響すると解釈するのが妥当です．そのため考慮した流れ場で，"どこに速度勾配が大きい領域が生じるか"を推測することが重要となります．

さて，空気や水などの粘性流体が壁面上を流れるとき，壁面では速度が0になります．これを**すべりなし条件**（no slip condition）といいます．この様子を説明する可視化写真を図3.10に示します．写真は平板に沿う水の流れを**水素気泡法**（hydrogen bubble method）によって可視化したもので，水は矢印方向へ流れており，直径50ミクロンのタングステン線から水素気泡のタイムラインが印加電圧の時間間隔に従って対流しています．壁からある程度離れた境界層外ではタイムラインの間隔は一様です．一方，壁面近傍の境界層内では，粘性によって速度が減速され，一様流部分よりもタイムラインの間隔が狭くなっています．これが速度勾配の生成を示し，他方，壁面ではタイムラインの間隔は0であり，すべりなし条件を満

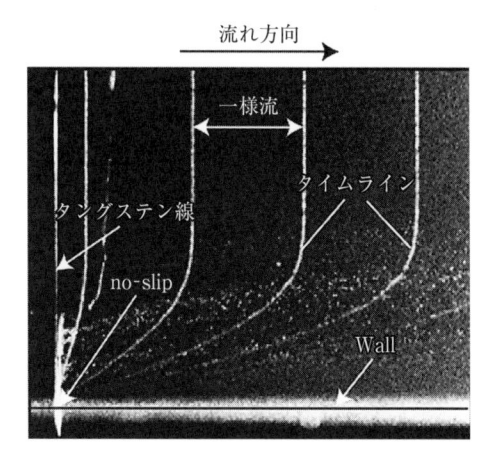

図3.10 no-slip条件の可視化（大島商船高専，角田）

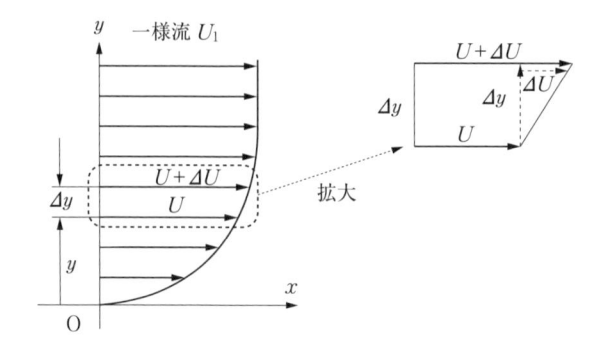

図3.11 境界層内速度分布モデル

図 3.12　せん断応力の概念（トランプのズレ）

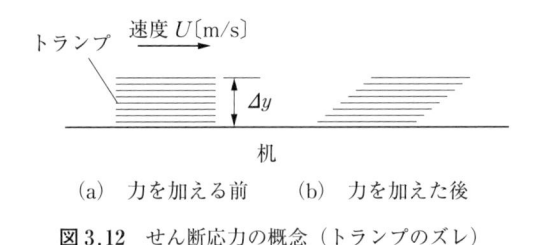

足しています．

　壁面から離れていくと，流体の速度は徐々に増加し，最終的には速度一定の一様流に到達します（図 3.11 参照）．このように，壁面（速度ゼロ）とある局所位置（速度をもつ）の流体との間に速度差が生じれば，その速度勾配に応じた**粘性せん断応力**（viscous shear stress）が発生することになります．壁面のみならず，壁面近傍の速度勾配が生じている任意の 2 層間においても速度勾配に比例したせん断応力が生じます．これを，卓上に重ねて置いたトランプを例に取り説明します（図 3.12 を参照）．トランプの最上面を U の速度となるように卓上面に対して平行に力を作用させてみます．すると，積み重ねたトランプは変形し，Δy の垂直距離で速度 ΔU に対応するすべりを生じます．

A． 層流の場合

　層流の場合の速度勾配とせん断応力との関係は，式（1.46）と同じく**ニュートンの粘性法則**（Newton's law of viscosity）で表示されます．

$$\tau = \lim_{\Delta y \to 0} \mu \frac{\Delta U}{\Delta y} = \mu \frac{dU}{dy} \tag{3.46}$$

ここで，比例定数 μ は**粘性係数**（viscosity）と呼ばれます．なお，空気や水は**ニュートン流体**（Newtonian fluid）に属し，せん断応力 τ は速度勾配に比例します．一方，せん断応力が速度勾配に比例しない流体を**非ニュートン流体**（non-Newtonian fluid）といいます．

B． 乱流の場合

　乱流の場合のせん断応力は，前述した粘性せん断応力の他に，レイノルズせん断応力が付加されます．そこでレイノルズせん断応力について基本的な考え方を説明しておきます．乱流状態では微小な流体粒子（塊）が複雑に混合，拡

3.4 層流と乱流

散しながら乱れを形成していますので，それに付随した物理量，たとえば代表的な速度について考えれば時間的，空間的に変動を生じています．この量について計測機器を用いて出力波形をとれば，よく見かける複雑な（ランダムな）波形が観察されます．流れ場を2次元の速度勾配をもつ流れとすれば，流れ方向および直角方向の瞬時速度 $\tilde{u}$ および $\tilde{v}$ はそれぞれ時間平均速度 U, V と変動速度 u, v の和と表されます．すなわち，$\tilde{u}=U+u$，$\tilde{v}=V+v$ です．図3.13のような流れを考えると，ある単位時間に図の検査体積（面積 $\Delta A=1\,\mathrm{m}^2$）内に下面から流入する質量は $\rho v \times 1$ であり，このときの流体粒子のもつ x 方向の運動量は $\rho v\tilde{u}=\rho v(U+u)$ となります．この式の時間平均をとると，以下となります．

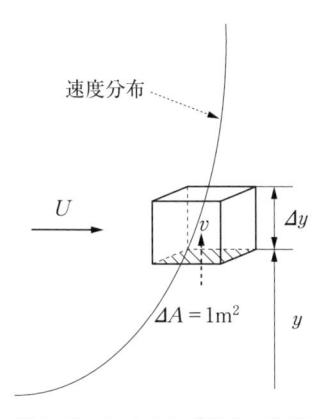

図3.13 レイノルズ応力の物理的解釈

$$\overline{\rho v\tilde{u}}=\overline{\rho v(U+u)}=\overline{\rho v U}+\overline{\rho u v}=\overline{\rho u v} \tag{3.47}$$

一方，検査体積の上面から流入する流体粒子のもつ x 方向の運動量は以下となります．

$$\left\{\overline{\rho uv}+\frac{\partial}{\partial y}(\overline{\rho uv})\right\}\Delta y \tag{3.48}$$

したがって，単位高さ当たりの検査体積の上下面の運動量の差は次式となります．

$$\frac{\partial}{\partial y}(\rho\overline{uv}) \tag{3.49}$$

この項は流体が受ける力です．作用・反作用の関係から流体が検査体積に作用する力は

$$-\frac{\partial}{\partial y}(\rho\overline{uv})=\frac{\partial}{\partial y}(-\rho\overline{uv})=\frac{\partial}{\partial y}(\tau_t) \tag{3.50}$$

です．ここで

$$\tau_t=-\rho\overline{uv} \tag{3.51}$$

を**レイノルズせん断応力**（Reynolds shear stress）と呼びます．以上のことを

まとめると，乱流におけるせん断応力の表現は粘性せん断応力とレイノルズせん断応力の和として，次式で表現されます．

$$\tau = \mu \frac{\partial U}{\partial y} + (-\rho \overline{uv}) \qquad (3.52)$$

実際上，壁近傍では粘性せん断応力が効く領域ですから式（3.52）の右辺の両者の項を考慮します．一方，壁から離れるにつれ，右辺第2項のみ考慮します．

次にレイノルズせん断応力と平均速度の関係について説明します．平均速度 U とレイノルズせん断応力 $-\rho\overline{uv}$ との関係をモデル化して基礎方程式を解く方法論を**打ち止め仮説**といいます．ここでは最も簡便な方法である2種類について説明をします．

第1の方法は**渦動粘性係数**（eddy viscosity）ν_T の導入です．これは層流の場合に類似した表現でせん断応力を表すもので，以下に示すものです．

$$-\rho\overline{uv} = \rho \nu_T \frac{\partial U}{\partial y} \qquad (3.53)$$

ν_T はモデル化の際に新たに導入される量で，局所の流れ場により変化しますから，あらかじめ既知の必要があります．

第2の方法はプラントルの**混合距離**（mixing length）理論の導入です．これは流体塊の混合に対し，気体の分子運動論の平均自由行程の類推から混合距離 l の概念を導入したものです．

図3.14において，流体塊が速度変動 v によって y 方向に距離 l だけ移動する間は運動量を保持するとしたものです．つまり，混合の初期状態が維持し続ける距離と仮定していますから，次式と仮定できます．

$$|u| \approx |v| \approx l \left|\frac{dU}{dy}\right| \qquad (3.54)$$

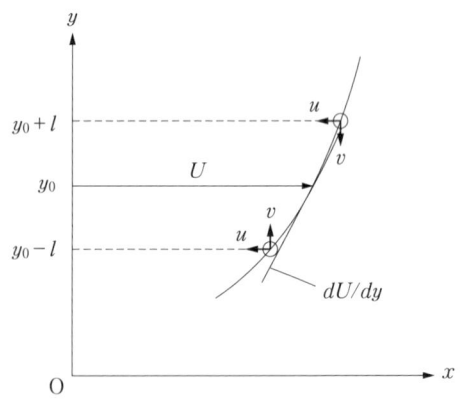

図3.14 混合距離理論の概念図

一方，レイノルズ応力に関連する量 $\overline{uv}$ について考えれば，速度勾配の正負，u および v の正負の関係を考慮する必要があります．以上から，比例定数 C を l に含めて表現すると，以下となります．

$$\tau_t = \rho l^2 \left|\frac{dU}{dy}\right|\left(\frac{dU}{dy}\right) \tag{3.55}$$

注意する点は，l は密度や粘性係数のような物性値ではなく，速度勾配や壁からの距離により変化する量であることです．

3.4.3 乱流の取り扱い

乱流のような不規則で複雑な流れについて，時々刻々と変化する瞬時量を求めることは容易ではありません．一方，実用上第1に問題になるのは平均速度，平均圧力，平均壁面せん断応力などの時間平均値です．このような場合，各瞬時の物理量を適切にとられたアンサンブル平均とそれからのズレ（変動と呼ぶ）に分けて，処理することが一般的です．乱流の流れ場では，時間平均値とそれからの変動分に分ける**レイノルズ分解**（Reynolds decomposition）と呼ばれる取り扱いをします．図 3.15 は，流れ場の任意の位置での i 方向の瞬時速度 $\tilde{u}_i$ の信号を示したもので

$$\tilde{u}_i = U_i + u_i \tag{3.56}$$

の関係で示すことができます．ここで，$\tilde{u}_i$ は**瞬時速度**（instantaneous velocity），U_i は**時間平均速度**（time mean velocity），u_i は**変動速度**（fluctuating velocity）です．

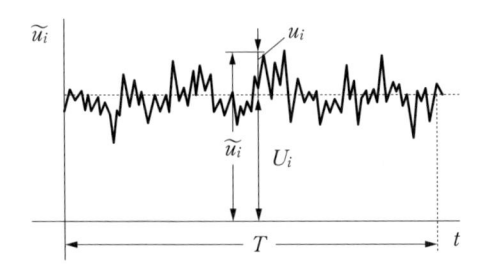

図 3.15 乱流の速度変動

瞬時速度 $\tilde{u}_i$ は，時間と空間座標の関数であることに注意すれば

$$\tilde{u}_i = \tilde{u}_i(x_1, x_2, x_3, t) \tag{3.57}$$

と書けます。$\tilde{u}_i$ の時間平均値，すなわち時間平均速度 U_i は，次式で定義されます。

$$U_i(x_1, x_2, x_3) = \overline{\tilde{u}_i} = \lim_{T \to \infty} \frac{1}{T} \int_0^T \tilde{u}_i(x_1, x_2, x_3, t) dt \tag{3.58}$$

ここで，時間平均をとる操作を上付きバーで示しています。また $T \to \infty$ は，通常の乱流では数十秒程度で十分であることが知られています。変動速度 u_i は瞬時速度と時間平均速度との差から，次式と表します。

$$u_i(x_1, x_2, x_3, t) = \tilde{u}_i(x_1, x_2, x_3, t) - U_i(x_1, x_2, x_3) \tag{3.59}$$

これを簡潔に書き直せば，式 (3.56) の関係であることがわかります。U_i が時間の関数でないことを考慮しながら，式 (3.59) の時間平均をとれば

$$\overline{\tilde{u}_i} = U_i, \quad \overline{U_i} = U_i \quad \therefore \quad \overline{u_i} = 0 \tag{3.60}$$

となることがわかります。

乱流の取り扱いにおいて，2つ以上の変動量を扱う場合，任意の量を

$$\tilde{f} = F + f, \quad \tilde{g} = G + g$$

とすると，次のような演算となります。

$$\overline{F} = \overline{\overline{\tilde{f}}} = \overline{\overline{\tilde{f}}} = F, \quad \overline{f} = 0 \tag{3.61}$$

$$\overline{(\tilde{f} \pm \tilde{g})} = F \pm G, \quad \overline{F \cdot g} = \overline{F} \cdot \overline{g} = 0 \tag{3.62}$$

$$\overline{F \cdot \bar{g}} = F \cdot G, \quad \overline{\tilde{f} \cdot \tilde{g}} = F \cdot G + \overline{fg}, \quad \overline{fg} \neq \overline{f} \cdot \overline{g} \tag{3.63}$$

なお，$\overline{fg}$ は2変量の相関であり，両者に相関がない場合はゼロとなります。また f が，時間 t と時間以外の関数であるとき，時間以外の関数を s とすれば

$$\frac{\overline{\partial \tilde{f}}}{\partial s} = \frac{\partial \overline{\tilde{f}}}{\partial s} = \frac{\partial F}{\partial s} + \frac{\partial \overline{f}}{\partial s} = \frac{\partial F}{\partial s}, \quad \overline{\int \tilde{f} ds} = \int \overline{\tilde{f}} ds = \int F ds \tag{3.64}$$

の関係が成立します。変動 f については，$\overline{f} = 0$ であるため，その大きさは $\overline{f^2}$ あるいは **rms 値** (root mean square)，すなわち標準偏差として次式で表されます。

$$f_{rms} = f' = \sqrt{\overline{f^2}} \tag{3.65}$$

3.4.4 乱流の運動方程式

乱流の運動を記述する場合，ナビエ・ストークス方程式で表すのが普通です．いま，体積力など外力がない場合，式（3.10）から次式と表示できます．

$$\frac{\partial u_i}{\partial t}+u_j\frac{\partial u_i}{\partial x_j}=-\frac{1}{\rho}\frac{\partial p}{\partial x_i}+\nu\frac{\partial^2 u_i}{\partial x_j \partial x_j} \tag{3.66}$$

乱流の場合には，この方程式中の速度と圧力は，瞬時速度 $\tilde{u}_i$ と瞬時圧力 $\tilde{p}$ を意味していることに注意する必要があります．乱流の瞬時量を取り扱うことは，測定する際にも，理論的に考察を加える場合にも容易ではありません．便宜上，乱流場を取り扱うには方程式を工夫して，時間平均値とそれからの変動値に分けて取り扱うことがなされてきました．これは，実用上は時間平均的な運動がわかれば工学上十分であること，変動値については2変量の相関値から運動状態を類推する手法が統計学から発展してきたことにより，ある程度の推測が可能となったためです．すなわち，前述したレイノルズ分解を各瞬時値に適用することにより，平均値を記述する運動方程式を導くことができました．以下に説明を加えておきます．

まず連続の式は，瞬時速度を $\tilde{u}_i(x_1, x_2, x_3, t)$ としてレイノルズ分解を施せば

$$\frac{\partial \tilde{u}_i}{\partial x_i}=\frac{\partial U_i}{\partial x_i}+\frac{\partial u_i}{\partial x_i}=0 \tag{3.67}$$

です．ここで，式（3.61），（3.64）の関係を考慮しながら時間平均をとれば

$$\frac{\partial U_i}{\partial x_i}=0 \quad \therefore \quad \frac{\partial u_i}{\partial x_i}=0 \tag{3.68}$$

となり，平均および変動速度は連続の式を満足することがわかります．

次に，瞬時速度 $\tilde{u}_i(x_1, x_2, x_3, t)$，瞬時圧力 $\tilde{p}(x_1, x_2, x_3, t)$ で置き換えたナビエ・ストークス方程式 $NS[\tilde{u}_i, \tilde{p}]$ をテンソル記号で書くと次式となります．

$$NS[\tilde{u}_i, \tilde{p}] : \frac{\partial \tilde{u}_i}{\partial t}+\tilde{u}_j\frac{\partial \tilde{u}_i}{\partial x_j}=-\frac{1}{\rho}\frac{\partial \tilde{p}}{\partial x_i}+\nu\frac{\partial^2 \tilde{u}_i}{\partial x_j \partial x_j} \tag{3.69}$$

この式のレイノルズ分解を，$NS[U_i+u_i, P+p]$ と書いて，時間平均 $\overline{NS[U_i+u_i, P+p]}$ をとれば，乱流の時間平均量に対する運動方程式が得られます．時間平均流が定常流 $\partial U_i/\partial t=0$ であるとすると，次式となります．

$$\overline{NS[U_i+u_i,P+p]}: \quad U_j\frac{\partial U_i}{\partial x_j}+\overline{u_j\frac{\partial u_i}{\partial x_j}}=-\frac{1}{\rho}\frac{\partial P}{\partial x_i}+\nu\frac{\partial^2 U_i}{\partial x_j \partial x_j} \quad (3.70)$$

ここで，左辺第2項については，式 (3.68) で示した変動速度の連続の式から，次式のように書き直せます．

$$\frac{\partial}{\partial x_j}(u_i u_j)=u_i\frac{\partial u_j}{\partial x_j}+u_j\frac{\partial u_i}{\partial x_j}=u_j\frac{\partial u_i}{\partial x_j} \quad (3.71)$$

この時間平均について，式 (3.64) の関係を利用すると以下となります．

$$\overline{u_j\frac{\partial u_i}{\partial x_j}}=\overline{\frac{\partial}{\partial x_j}(u_i u_j)}=\frac{\partial}{\partial x_j}(\overline{u_i u_j}) \quad (3.72)$$

したがって，式 (3.70) は，次式となります．

$$U_j\frac{\partial U_i}{\partial x_j}=-\frac{1}{\rho}\frac{\partial P}{\partial x_i}+\nu\frac{\partial^2 U_i}{\partial x_j \partial x_j}+\frac{1}{\rho}\frac{\partial}{\partial x_j}(-\rho\overline{u_i u_j}) \quad (3.73)$$

これが，乱流の時間平均量 U_i, P に対する基礎方程式で，**レイノルズ方程式** (Reynolds equation) と呼ばれます．元の方程式 (3.69) と比較すると，右辺第3項に

$$\frac{1}{\rho}\frac{\partial}{\partial x_j}(-\rho\overline{u_i u_j})$$

なる項が加わっていることが大きな特徴です．$-\rho\overline{u_i u_j}$ は，**レイノルズ応力テンソル** (Reynolds stress tensor) あるいはレイノルズ応力と呼ばれます．レイノルズ応力の次元は，kg/m³·(m/s)² = N/m² となっていることから，$\partial(-\rho\overline{u_i u_j})/\partial x_j$ は (N/m²)/m = N/m³ となり，単位体積当たりの応力による力であると理解できます．つまり，乱流の変動速度の相関が，応力による力として平均流に作用を及ぼすことを意味します．この項は壁の近くとか，速度勾配がある領域とかにおいて粘性応力項よりはるかに大きく，乱流運動を理解する上で，実験的にも，数値計算的にも解法のモデル化を考える際に，重要な手がかりを与えてくれます．

　2次元流の場合について，レイノルズ方程式と連続の式を具体的に書けば次式となります．

$$U\frac{\partial U}{\partial x}+V\frac{\partial U}{\partial y}=-\frac{1}{\rho}\frac{\partial P}{\partial x}+\frac{\partial}{\partial x}(-\overline{u^2})+\frac{\partial}{\partial y}(-\overline{uv})+\nu\nabla^2 U \quad (3.74)$$

$$U\frac{\partial V}{\partial x}+V\frac{\partial V}{\partial y}=-\frac{1}{\rho}\frac{\partial P}{\partial y}+\frac{\partial}{\partial x}(-\overline{uv})+\frac{\partial}{\partial y}(-\overline{v^2})+\nu\nabla^2 V \quad (3.75)$$

3.5 境界層

$$\frac{\partial U}{\partial x}+\frac{\partial V}{\partial y}=0 \qquad (3.76)$$

これら3つの方程式を用いて平均速度と圧力を求めようとすると，レイノルズ応力テンソルがわからなければ，全体として6個の未知量（U, V, P, $\overline{u'^2}, \overline{v'^2}, \overline{u'v'}$）となるため，方程式は閉じていないことがわかります．レイノルズ応力は，ナビエ・ストークス方程式を時間平均化する際に現れたものですから，このままで方程式から決定することはできません．

この方程式系を解くためには方程式の数を増やすか，何らかの仮定をおいて未知量を減少させる（モデル化を行う）必要があります．つまり，平均速度と圧力を瞬時量から求めることが困難であるため，時間平均の方程式を用いて解こうとしたにも拘らず，レイノルズ応力の決定という新たな問題が生じたことになります．これを**打ち止め問題**（closure problem）といいます．

現在では多くの研究者によってさまざまなモデル化が行われていますが，工学上の複雑な乱流場においては許容される程度に正確に求められる状況までには至っていません．しかし，モデル化なしで式（3.66）の瞬時速度場を解く，いわゆる直接数値シミュレーションも計算機の発展（容量の拡大，計算速度の向上など）に伴いかなりのレベルにまで可能となってきています．実用上は，k-ε モデルや LES モデルが相当利用されています．

3.5 境界層

3.5.1 境界層の性質

境界層（boundary layer）とは，簡単にいえば航空機，高速列車，船舶等の移動物体表面近傍に形成される減速された流れの領域を指します．図3.16に航空機翼面上に沿う流れを模式的に示します．絶対座標系で航空機を観察すれば巡航速度 U で移動（図3.16では左向きとな

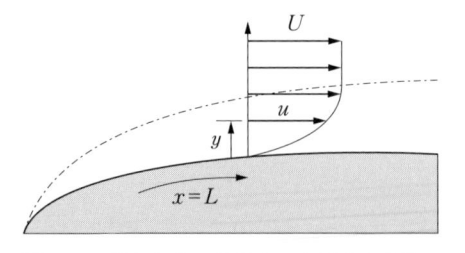

図3.16 翼とともに移動する座標系から眺めた翼面上に沿う流れ

ります）しますが，ここでは航空機とともに移動する相対座標系で流れを観察しています．したがって，翼から十分離れたところで流体は相対的に巡航速度 U の大きさで右向きに流れているように見えます．

U の大きさをもつ流れを**主流**（main stream）といいます．翼の前縁から翼表面に沿った座標方向を x，壁面に垂直な座標方向を y とします．$x=L$ の位置において x 方向速度の y 方向分布が描かれています．壁面上では**粘着条件**（既述のすべりなしの条件，no slip condition）のため相対速度はゼロであり，y の上方に向かうに従い U の大きさに近づいていきます．このように物体表面上で相対速度が変化する領域が境界層と呼ばれるものです．

境界層内では粘着条件を起因とする速度勾配によって紙面に垂直な方向（z 方向）に軸をもつ反時計回り（右手系の場合）の渦度 Ω_z が生じます．この場合，Ω_z は以下と表せます．

$$\Omega_z = \frac{\partial v}{\partial x} - \frac{\partial u}{\partial y} \approx -\frac{\partial u}{\partial y} \tag{3.77}$$

ここで，境界層内の x および y 方向の速度を u, v とします．壁面近傍で生じた渦度は y 方向に拡散され，境界層はその厚さを x 方向に増加させていきます．この**境界層厚さ**（boundary layer thickness）δ は，実験的には壁面から U に対する u の値が 0.99 あるいは 0.995 となる高さまでの距離として定義され，高レイノルズ数であれば δ/L は 1/50〜1/100 程度です．さらに，この壁面近傍の速度勾配による粘性せん断応力を**壁面せん断応力**（wall shear stress）τ_w と呼び，以下と表します．

$$\tau_w = \mu \frac{\partial u}{\partial y}\bigg|_{y=0} \tag{3.78}$$

翼表面に沿って面積積分された壁面せん断応力の x 方向成分は**摩擦抗力**（friction drag）であり，翼の推進運動を妨げる方向に作用します．この力と巡航速度の積は負の仕事（work）をなすため，翼の運動エネルギーの減少を引き起こします．そのため，航空機では推力により正の仕事を付加して巡航速度を得ます．さらに境界層の流れは，後述する流れの**遷移**（transition）や**はく離**（separation）の現象と密接に関連しており，工学上解決すべき重要な流れです．

3.5.2 境界層方程式と運動量積分方程式

　境界層厚さは高レイノルズ数においては流れ方向距離に対し相対的に薄いため，粘性せん断応力が及ぼす影響は境界層内に限定されます．一方，主流では速度勾配はゼロであるため，粘性の影響を無視することができます．このことから，境界層の流れは2つの領域に分けてナビエ・ストークス方程式を取り扱います．この考えを**境界層理論**（boundary layer theory）といい，1904年にプラントルにより考案されました．模式的に図3.17に示すように速度 U の一様流に平行に置かれた無限に広い平板上に発達する**層流境界層**（laminar boundary layer）について考えてみます．流れは**定常流**（steady flow）とし，一様流方向を x，平板に垂直方向を y とする2次元直交座標系で考えます．ナビエ・ストークス方程式と連続の方程式は，3.2.1項で述べたように以下のように書き表すことができます．

$$x: \quad u\frac{\partial u}{\partial x}+v\frac{\partial u}{\partial y}=-\frac{1}{\rho}\frac{\partial p}{\partial x}+\nu\left(\frac{\partial^2 u}{\partial x^2}+\frac{\partial^2 u}{\partial y^2}\right)$$
$$y: \quad u\frac{\partial v}{\partial x}+v\frac{\partial v}{\partial y}=-\frac{1}{\rho}\frac{\partial p}{\partial y}+\nu\left(\frac{\partial^2 v}{\partial x^2}+\frac{\partial^2 v}{\partial y^2}\right)$$
(3.79)

$$\frac{\partial u}{\partial x}+\frac{\partial v}{\partial y}=0 \tag{3.80}$$

粘性の影響が平板近傍の薄い層内に限定されることを反映させるために，式(3.79)の各項をオーダー評価から調べてみます．**オーダー評価**（order estimation）とは，ある物理量の大きさをその物理量に関する代表的な値（代表尺度）を利用して概算値や桁数を推定する方法です．ある物理量を q としてそ

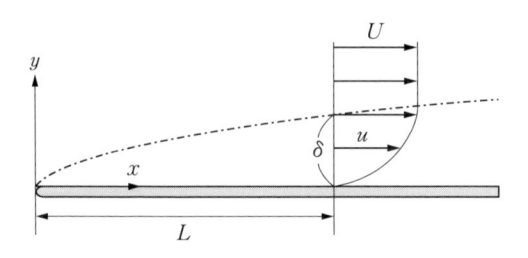

図3.17　一様流れ中に置かれた平板上の流れ

の物理量の代表値を Q とすると，q のオーダーは $O.(q) \sim Q$ と示されます．なお，オーダーの加法と減法については符号が明確な場合には行うことができます．ここでは，乗除法をオーダーの演算に適用し，符号は考慮しません．

　平板前縁から x 位置までの距離の代表長さを L，境界層内の流れ方向速度 u は最大値 U を代表速度として選ぶことにします．また，層厚さの代表長さは境界層厚さ δ とします．まず，垂直方向速度 v の概算値 V を式（3.80）から見積ります．式（3.80）から

$$O.\left(\frac{\partial u}{\partial x}\right) \sim O.\left(\frac{\partial v}{\partial y}\right) \tag{3.81}$$

の関係が成立します．両辺の微分係数を差分（x および y 方向について差分間隔と速度差をそれぞれ Δx と Δu および Δy と Δv とします）で表してオーダー評価を行うと

$$O.\left(\frac{\partial u}{\partial x}\right) \sim O.\left(\frac{\Delta u}{\Delta x}\right) \sim \frac{U}{L}, \quad O.\left(\frac{\partial v}{\partial y}\right) \sim O.\left(\frac{\Delta v}{\Delta y}\right) \sim \frac{V}{\delta} \tag{3.82}$$

となります．式（3.82）の評価に当たって，$O.(\Delta x) \sim L$，$O.(\Delta y) \sim \delta$，$O.(\Delta u) \sim U$ および $O.(\Delta v) \sim V$ としています．式（3.81），（3.82）および境界層厚さが相対的に薄い（$\delta/L \ll 1$）ことから

$$\frac{V}{U} \sim \frac{\delta}{L} \ll 1 \tag{3.83}$$

となり，境界層内の速度ベクトルは壁面にほぼ平行と考えてよいことになります．同様な方法で式（3.79）の各項のオーダーを評価します．その際，式（3.79）中の圧力 p のオーダーは未定として取り扱います．以下に，x 方向の方程式の各項のオーダーを示しておきます．

$$O.\left(u\frac{\partial u}{\partial x}\right) \sim U\frac{U}{L} = \frac{U^2}{L}, \quad O.\left(v\frac{\partial u}{\partial y}\right) \sim V\frac{U}{\delta}\frac{U}{L} = \frac{U^2}{L}, \quad O.\left(-\frac{1}{\rho}\frac{\partial p}{\partial x}\right) \sim ?$$

$$O.\left(\nu\frac{\partial^2 u}{\partial x^2}\right) \sim \nu\frac{U}{L^2} = \frac{U^2}{L}\frac{\nu}{LU}, \quad O.\left(\nu\frac{\partial^2 u}{\partial y^2}\right) \sim \nu\frac{U}{\delta^2} = \frac{U^2}{L}\frac{\nu}{LU}\left(\frac{L}{\delta}\right)^2$$

x 方向の慣性項のオーダー U^2/L で x と y 方向のすべての項を除して，$\delta/L \ll 1$ の下でおのおのの項のオーダーを見積ります．4つの粘性項の中で $O.(\nu \partial^2 u/\partial y^2)$ が最も大きく（他の粘性項の100倍程度），他の粘性項は無視できます．同様に，y 方向の方程式の慣性項は x 方向のそれらに対して1/100 程

3.5 境界層

度となるので無視します．したがって，境界層内の流体の対流運動（x方向の慣性力）に対して粘性項の（$\nu \partial^2 u/\partial y^2$）が主たる外力の1つであるとすると，以下の関係が導き出されます．

$$\frac{\delta}{L} \sim \sqrt{\frac{\nu}{LU}} = \frac{1}{\sqrt{Re_L}}, \quad Re_L = \frac{LU}{\nu} \tag{3.84}$$

式（3.84）から，$\delta/L \ll 1$ となるためには，$Re_L = 10000$ 程度のレイノルズ数が必要です．以上を考慮すると，式（3.79）は次式のように簡略化されます．

$$\begin{aligned} x: & \quad u\frac{\partial u}{\partial x} + v\frac{\partial u}{\partial y} = -\frac{1}{\rho}\frac{\partial p}{\partial x} + \nu\frac{\partial^2 u}{\partial y^2} \\ y: & \quad 0 = -\frac{1}{\rho}\frac{\partial p}{\partial y} \end{aligned} \tag{3.85}$$

式（3.85）の y 方向の式を積分し，壁面での境界条件（$y=0$ で $p=P_w(x)$）を適用すると

$$p = P_w(x) \tag{3.86}$$

が得られます．式（3.86）は境界層内で圧力が一定となることを示す重要な事柄です．

一方，主流では粘性の影響が無視されるので，式（3.79）の粘性項を無視したオイラーの方程式が成立します．主流の流れは y 方向に一様で，かつ y 方向速度 v は境界層が薄いという条件（$\delta/L \ll 1$）より x 方向速度 u に対してごく小さくなるので，結局，オイラーの方程式は次式となります．

$$\begin{aligned} x: & \quad u\frac{\partial u}{\partial x} = -\frac{1}{\rho}\frac{\partial p}{\partial x} \\ y: & \quad 0 = -\frac{1}{\rho}\frac{\partial p}{\partial y} \end{aligned} \tag{3.87}$$

式（3.87）の y 方向の式から，境界層内と同様に主流の圧力は y 方向に一定となります．主流の流れはオイラーの方程式に従うことを考慮して，圧力および x 方向速度に下付添え字 e を添えて，それぞれ P_e および U_e と表すことにします．主流の圧力 P_e は境界層内の圧力との連続性から壁面静圧 P_w で近似されるので，式（3.87）は次式となります．

$$-\frac{1}{\rho}\frac{dP_w}{dx}\left(=-\frac{1}{\rho}\frac{dP_e}{dx}\right) = U_e\frac{dU_e}{dx} \tag{3.88}$$

壁面は便宜上流線と見なせますので，式 (3.88) から壁面静圧の測定値に基づいて主流速度 U がオイラーの方程式から U_e として求められます．

次に境界条件を考えてみます．壁面では粘着条件により速度はゼロになります．一方，境界層の主流側では x 方向速度 u は主流に向かうにつれて U_e に近づいていくので，$u \to U_e$ と見なします．$u \to U_e$ となる y は境界層と主流の境界である δ の距離ですが，この値は厳密に知られていないため，便宜上 $y \to \infty$ とします．

以上より，レイノルズ数 Re_L が十分大きく $\delta/L \ll 1$ となるとき，ナビエ・ストークス方程式を簡略化した**境界層方程式**（boundary layer equation），連続の式および境界条件は

$$u\frac{\partial u}{\partial x} + v\frac{\partial u}{\partial y} = U_e\frac{dU_e}{dx} + \nu\frac{\partial^2 u}{\partial y^2}$$
$$\frac{\partial u}{\partial x} + \frac{\partial v}{\partial y} = 0 \tag{3.89}$$

境界条件： $y=0: \quad u=v=0$
$\qquad\qquad y\to\infty: \quad u\to U_e$

となります．境界層の流れは式 (3.89) と境界条件の下で解かれ，その解と実験値はきわめてよく一致することが知られています．

境界層の流れを解くために，**相似な流れ**（similar flow）が利用されます．相似な流れとは，代表速度 U_e および代表長さ $l(\propto \delta)$ を用いて速度分布を無次元化したとき

$$\frac{u}{U_e} = f\left(\frac{y}{l}\right) \tag{3.90}$$

が成立する場合です．速度分布は式 (3.90) の形で表すと，各 x 断面の速度分布は x に関係なく 1 つの曲線に重なることになります．式 (3.90) の解を**相似解**（similar solution）といいます．解の導出については，煩雑な計算を必要としますから，他の専門書に譲ります．ここでは，得られた解あるいは測定値を利用して，評価できる境界層の発達や壁面に働く力に注視します．境界層の発達は層厚さの x 方向変化をみていくことになります．境界層厚さ δ は物理的に厳密な解釈を与えることができず，便宜的に定義されています．そのため，以下に定義される**排除厚さ** δ^*（displacement thickness）と**運動量厚さ** θ

（momentum thickness）が定量的な評価には用いられます．

$$\delta^* = \int_0^\infty \left(1 - \frac{u}{U_e}\right) dy, \quad \theta = \int_0^\infty \frac{u}{U_e}\left(1 - \frac{u}{U_e}\right) dy \tag{3.91}$$

δ^* は壁面での粘着条件による速度の欠損によって流体が排除された流量であり，θ は壁面せん断応力によって欠損した流体の運動量と関係するものです．ゼロ圧力勾配（$dP_e/dx=0$）における相似解を利用すると，δ（$0.99U$ となる壁面からの距離），δ^* および θ は以下の関係となります．

$$\delta \cong 5.0\sqrt{\frac{\nu x}{U_e}}, \quad \delta^* = 1.72\sqrt{\frac{\nu x}{U_e}}, \quad \theta = 0.664\sqrt{\frac{\nu x}{U_e}} \tag{3.92}$$

式（3.92）より，境界層の厚さに関する量は，$x^{1/2}$ に比例して大きくなります．壁面せん断応力 τ_w の無次元形は**局所壁面摩擦抵抗係数** c_f（local skin friction coefficient）と呼ばれ

$$c_f = \frac{\tau_w}{1/2 \rho U_e^2} \tag{3.93}$$

と定義されます．τ_w は壁面での速度勾配（式（3.78））あるいは**運動量積分方程式**（momentum integral equation）から算出されます．

運動量積分方程式は，式（3.89）を境界層内で積分して求められます．ここで，主流に乗ってみた境界層内の流れの速度欠損量 u_d（$=u-U_e$）を導入します．u_d（式（3.124）の U_d とは異なり，u_d は負値で定義）を用いて式（3.89）の境界層方程式中の慣性項を次のように変形します．

$$u\frac{\partial u}{\partial x} + v\frac{\partial u}{\partial y} = \frac{\partial(uu_d)}{\partial x} + \frac{\partial(vu_d)}{\partial y} + u\frac{dU_e}{dx} \tag{3.94}$$

この変形には，U_e が x の関数であることと連続の式を使用しています．式（3.94）を境界層方程式に代入し，$y=0$ から δ の範囲における y に関する積分式で表すと

$$\int_0^\delta \frac{\partial(uu_d)}{\partial x}dy + \int_0^\delta \frac{\partial(vu_d)}{\partial y}dy + \frac{dU_e}{dx}\int_0^\delta u_d dy = \int_0^\delta \nu\frac{\partial^2 u}{\partial y^2}dy \tag{3.95}$$

となります．左辺第1項に次式で表されるライプニッツの定理

$$\frac{d}{dt}\int_{x=a(t)}^{b(t)} F(x,t)dx = \int_{a(t)}^{b(t)} \frac{\partial F(x,t)}{\partial t}dx + \frac{db(t)}{dt}F(b(t),t) - \frac{da(t)}{dt}F(a(t),t) \tag{3.96}$$

と境界条件（$y=0$ で $u=0$ および $y=\delta$ で $u_d=0$）を適用すると，微分と積分

を入れ替えて

$$\int_0^\delta \frac{\partial(uu_d)}{\partial x}dy = \frac{d}{dx}\int_0^\delta (uu_d)dy \qquad (3.97)$$

となります．式（3.97）を式（3.95）に代入し，若干の演算を施せば運動量積分方程式は

$$\frac{d\theta}{dx} + \frac{\theta}{U_e}\frac{dU_e}{dx}(2+H) = \frac{\tau_w}{\rho U_e^2} \quad \left(=\frac{c_f}{2}\right) \qquad (3.98)$$

と表せます．式（3.98）の $H(=\delta^*/\theta)$ は**形状係数**（shape parameter）であり，速度分布形状を表す指標として利用されています．ゼロ圧力勾配の場合，式（3.98）は次式となります．

$$\frac{d\theta}{dx} = \frac{\tau_w}{\rho U_e^2} \quad \left(=\frac{c_f}{2}\right) \qquad (3.99)$$

これに相似解から得られた式（3.92）を代入すると

$$c_f = \frac{0.664}{\sqrt{Re_x}} \quad \left(Re_x = \frac{U_e x}{\nu}\right) \qquad (3.100)$$

となります．ここで誘導した摩擦係数（局所あるいは全）は，境界層の発達の評価や流体工学上の設計情報の把握にとり必要不可欠なものです．

3.5.3 平板上の境界層と遷移

平板上の境界層の流れを模式的に図 3.18 に示します．平板前縁付近には層流境界層が形成され，**遷移**（transition）を経た後に**乱流境界層**（turbulent boundary layer）に移行します．流れの遷移には，レイノルズ数に加えて，壁面粗さ，主流の乱れ強さや圧力勾配など因子が関係します．ここでは，レイノルズ数に限定して議論を進めていきます．図 3.19 に実験で得られた遷移過程の模式図（Schlichting と Gersten の本から引用）を示します．遷移は平板前縁から距離 x で生じますから，その過程はレイノルズ数 Re_x に基づいて議論される場合が普通です．層流から乱流となる**臨界レイノルズ数** $(Re_x)_{\text{crit}}$（critical Reynolds number）は，$(Re_x)_{\text{crit}} = 3.5\times 10^5 \sim 10^6$ となるこ

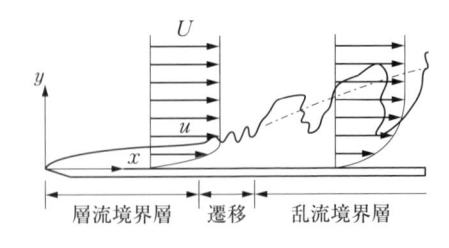

図 3.18 平板上の境界層

3.5 境界層

とが実験的に知られています．図3.19に示す遷移過程は，以下の説明のように進行過程が明らかになっています．

(1) 層流中に T-S 波（Tollmien-Schlichting wave：横方向に均一な正弦波状の2次元的な波）が発生し，下流に行くに従い波の振幅が増幅する．

(2) 下流に行くと，T-S 波は変形して3次元化する．

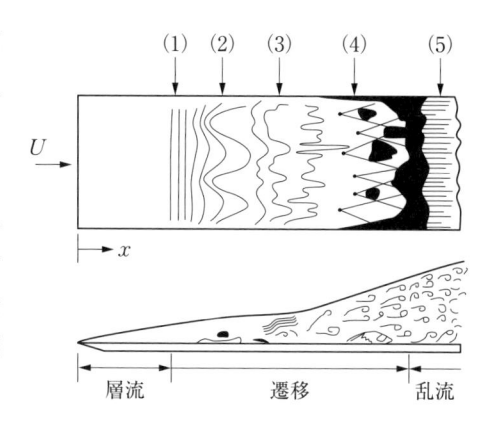

図3.19 遷移過程の模式図（H. Schlichting and K. Gersten：Boundary Layer Theory から引用）

(3) 非線形の作用で波に高調波成分が現れ，不規則となる．

(4) 乱流化した流体の塊（**乱流斑点**：turbulent spot）は，時空間的に不規則に形成し流下する．

(5) 多数の乱流斑点が互いに重なり合い，層全体に乱流領域が拡大し遷移が完了する．

このような遷移過程の解析は意図的に流れに対して微小な撹乱を導入し，その撹乱の振幅の増幅度に着目してなされます．その解析手法の基本は**線形安定性理論**（linear stability theory）といわれます．いま，層流の各座標方向の速度成分と圧力をそれぞれ $U(y)$, $V=W=0$ および $P(x,y)$ とします．層流の流れに次式のように微小撹乱を加えます．

$$u=U+u', \quad v=v', \quad w=0, \quad p=P+p' \quad (3.101)$$

式（3.101）を非定常流れのナビエ・ストークス方程式に代入し，若干の演算の後に撹乱の2次の項を無視します．さらに，導出された式と定常流のナビエ・ストークス式との差から

$$\begin{aligned}\frac{\partial u'}{\partial t}+U\frac{\partial u'}{\partial x}+v'\frac{dU}{dy}+\frac{1}{\rho}\frac{\partial p'}{\partial x}&=\nu\left(\frac{\partial^2 u'}{\partial x^2}+\frac{\partial^2 u'}{\partial y^2}\right)\\ \frac{\partial v'}{\partial t}+U\frac{\partial v'}{\partial x}+\frac{1}{\rho}\frac{\partial p'}{\partial y}&=\nu\left(\frac{\partial^2 v'}{\partial x^2}+\frac{\partial^2 v'}{\partial y^2}\right)\end{aligned} \quad (3.102)$$

の撹乱に関する線形方程式が導かれます．ここで，速度の撹乱を次の流れ関数

$$\psi(x, y, t) = \varphi(y) \cdot \exp[i(\alpha x - \beta t)] \quad (3.103)$$

で表します．$\varphi(y)$ は撹乱の振幅の大きさ，α は波数および β は虚数（$=\beta_r + i\beta_i$）です．β の実部と虚部は α に対する比で表すと，β_r/α は導入された撹乱が x 方向に伝播する位相速度および β_i/α はその符号により撹乱の減衰（$\beta_i/\alpha < 0$）あるいは増幅（$\beta_i/\alpha > 0$）を意味します．なお，$\beta_i/\alpha = 0$ は撹乱が減衰も増幅もせず下流に伝播されます．このことを**中立安定**（natural stability）と呼びます．さて，式（3.103）を式（3.102）に代入して整理すると，**オア・ゾンマーフェルト方程式**（Orr-Sommerfeld equation）と呼ばれる撹乱振幅 $\varphi(y)$ に関する4次の常微分方程式が導かれます．

$$(U-c)(\varphi'' - \alpha^2\varphi) - U''\varphi = -\frac{i}{\alpha Re_{\delta^*}}(\varphi'''' - 2\alpha^2\varphi'' + \alpha^4\varphi), \quad c = \frac{\beta}{\alpha}$$

$$(3.104)$$

式（3.104）の上付きのダッシュ記号は y/δ^* に関する微分を，またダッシュの数は微分回数を意味します．また，Re_{δ^*} はレイノルズ数（$= U\delta^*/\nu$）です．この式の計算結果を図 3.20 に示します．図中の実線は中立安定に対応します．この曲線の内側では撹乱の振幅は増幅し，一方外側では減衰します．図 3.20 から明らかなように撹乱は，あるレイノルズ数とある波長の範囲で選択的な増幅をします．なお，$Re_{\delta^*} < 520$ ではどのような撹乱に対しても安定であるので，層流を維持することになります．

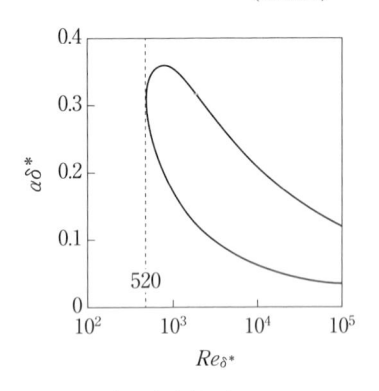

図 3.20 線形安定性（H. Schlichting and K. Gersten：Boundary Layer Theory から引用）

3.5.4 乱流境界層とその構造

平板上に形成される境界層は，レイノルズ数 Re_x が $3.5 \times 10^5 \sim 10^6$ 以上になると乱流になります．2次元定常流のレイノルズ方程式と連続の式は，通常の表示では以下となります．

3.5 境界層

$$x: \quad U\frac{\partial U}{\partial x} + V\frac{\partial U}{\partial y} = -\frac{1}{\rho}\frac{\partial P}{\partial x} + \frac{\partial(-\overline{u^2})}{\partial x} + \frac{\partial(-\overline{uv})}{\partial y} + \nu\left(\frac{\partial^2 U}{\partial x^2} + \frac{\partial^2 U}{\partial y^2}\right)$$

$$y: \quad U\frac{\partial V}{\partial x} + V\frac{\partial V}{\partial y} = -\frac{1}{\rho}\frac{\partial P}{\partial y} + \frac{\partial(-\overline{uv})}{\partial x} + \frac{\partial(-\overline{v^2})}{\partial y} + \nu\left(\frac{\partial^2 V}{\partial x^2} + \frac{\partial^2 V}{\partial y^2}\right)$$

(3.105)

$$\frac{\partial U}{\partial x} + \frac{\partial V}{\partial y} = 0 \qquad (3.106)$$

これらの式に対して境界層理論を適用して簡略化が行われます．x 方向および y 方向の距離に関するオーダーを L および δ，x 方向の平均速度 U のオーダーを主流速度 U_∞ とします．すると，y 方向の平均速度 V のオーダーは，式 (3.106) から

$$O.(V) \sim U_\infty \frac{\delta}{L} \qquad (3.107)$$

です．一方，レイノルズ応力 $-\overline{u_i u_j}$ についてのオーダーは，$O.(-\overline{u_i u_j}) \sim u'^2 \sim u_\tau^2$ とおきます．u' は変動速度の代表速度であり，その大きさは**摩擦速度** (friction velocity) u_τ と同程度であることが実験的に確かめられています．u_τ は

$$u_\tau = \sqrt{\frac{\tau_w}{\rho}} \qquad (3.108)$$

と定義されます．これらを踏まえて，式 (3.105) の各項のオーダーを層流境界層の場合と同様に評価します．なお，各項のオーダーについては他の専門書を参照して下さい．x 方向の慣性項のオーダー U_∞^2/L ですべての項を除して，粘性項の一部が残るとすれば

$$\frac{\delta}{L} \sim \frac{\nu}{\delta U_\infty} \quad \left(=\frac{1}{Re_\delta}\right) \ll 1 \qquad (3.109)$$

が得られます．$\delta/L \ll 1$ となるために，$Re_\delta = 100$ 程度は必要になります．なお，レイノルズ数の長さ尺度として δ が選択されているのは，乱流境界層が平板先端から形成されないため x 方向距離の尺度が適切でないためです．一方，U_∞^2/L で除したレイノルズ応力項，たとえば x 方向のレイノルズ方程式の右辺第 2 項のオーダーは，u_τ^2/U_∞^2 となります．速度比 u_τ/U_∞ は乱流境界層における実験結果から，$u_\tau/U_\infty < 1$ です．これらを考慮すると，式 (3.105) は

$$x: \quad U\frac{\partial U}{\partial x}+V\frac{\partial U}{\partial y}=-\frac{1}{\rho}\frac{\partial P}{\partial x}+\frac{\partial(-\overline{uv})}{\partial y}+\nu\frac{\partial^2 U}{\partial y^2}$$
$$y: \quad 0=-\frac{1}{\rho}\frac{\partial P}{\partial y}+\frac{\partial(-\overline{v^2})}{\partial y} \tag{3.110}$$

と近似されます．式 (3.110) の y 方向の方程式を y に関して積分した後，壁面での境界条件 ($y=0$ で $P=P_w$ および $\overline{v^2}=0$) を適用すると

$$P=P_w-\rho\overline{v^2} \tag{3.111}$$

となります．主流では $\overline{v^2}=0$ となるので，式 (3.111) の P_w は主流の圧力 P_∞ と置き換えられます．式 (3.111) の x に関する微分値

$$\frac{\partial P}{\partial x}=\frac{dP_w}{dx}+\rho\frac{\partial(-\overline{v^2})}{\partial x} \tag{3.112}$$

を式 (3.110) の x 方向の方程式に代入し，式 (3.112) の右辺第 2 項のオーダーが x 方向の慣性項のオーダーに対して十分小さいことを考慮した乱流境界層の境界層方程式と境界条件は

$$U\frac{\partial U}{\partial x}+V\frac{\partial U}{\partial y}=-\frac{1}{\rho}\frac{dP_\infty}{dx}+\frac{\partial(-\overline{uv})}{\partial y}+\nu\frac{\partial^2 U}{\partial y^2}$$
$$\frac{\partial U}{\partial x}+\frac{\partial V}{\partial y}=0 \tag{3.113}$$

$$\text{境界条件；}\begin{array}{l} y=0 \;:\; U=V=0, \;\; -\overline{uv}=0 \\ y\to\infty \;:\; U\to U_\infty, \;\; -\overline{uv}=0 \end{array}$$

です．

導出した式 (3.113) に基づいて，ゼロ圧力勾配下の乱流境界層の構造についてみていきます．壁面近傍では平均流が壁に沿って流れる（流線は壁面にほぼ平行）ため，式 (3.113) は

$$0=\frac{\partial(-\overline{uv})}{\partial y}+\nu\frac{\partial^2 U}{\partial y^2}\left(=\frac{\partial}{\partial y}\left(\frac{\tau}{\rho}\right)\right), \quad \tau=-\rho\overline{uv}+\mu\frac{\partial U}{\partial y} \tag{3.114}$$

となります．式 (3.114) の y に関する積分式

$$\tau\left(=-\rho\overline{uv}+\mu\frac{dU}{dy}\right)=\tau_w \tag{3.115}$$

から，せん断応力と壁面せん断応力が等しい**一定応力層**（constant stress layer）が存在します．この領域の速度分布に対する代表的な物理量は，式

(3.115) から y, ρ, μ および τ_w が考えられます．次元解析を適用すると**壁法則**（the law of the wall）と呼ばれる無次元速度分布は

$$\frac{U}{u_\tau} = f\left(\frac{y}{\nu/u_\tau}\right) \tag{3.116}$$

となります．式（3.116）の ν/u_τ は**粘性長さ**（viscous length）です．したがって，壁近傍の流れでは u_τ と ν/u_τ が代表尺度として選ばれます．これらの尺度のことを**内部尺度**（inner scales）といいます．ここで，式（3.116）の関数形をレイノルズ応力と粘性応力がせん断応力に占める割合から領域分けしてみます．

(1) **直線底層**（linear sub-layer）： $-\rho\overline{uv} \ll \mu\dfrac{dU}{dy}$

乱流境界層の最下層の流れは壁面での粘着条件を強く受けるため，式（3.115）は

$$\mu\frac{dU}{dy} = \tau_w \quad (=\rho u_\tau^2) \tag{3.117}$$

となります．式（3.117）を y に関して積分して境界条件（$y=0$ で $U=0$）を適用すると

$$\frac{U}{u_\tau} = \frac{y}{\nu/u_\tau} \quad \text{or} \quad U^+ = y^+ \tag{3.118}$$

となります．なお，上付きの + は内部尺度による無次元化を意味します．

(2) **バッファー底層**（buffer sub-layer）： $-\rho\overline{uv} \approx \mu\dfrac{dU}{dy}$

レイノルズ応力と粘性応力は同程度ですが，y に対してその比率は変化します．この領域において，van Driest（1956）は式（3.115）と混合距離仮説

$$-\rho\overline{uv} = \rho l^2 \left|\frac{dU}{dy}\right|\frac{dU}{dy} \tag{3.119}$$

から式（3.120）を提案しています．

$$U^+ = \int_0^{y^+} \frac{2}{1+\{1+4l_m^+(y^+)^2\}^{1/2}} dy^+, \quad l^+ = ky^+\left\{1-\exp\left(-\frac{y^+}{A}\right)\right\} \tag{3.120}$$

ここで，l は**混合距離**（mixing length），κ は**カルマン定数**（Kármán constant）および A は**ファン・ドリースト**（van Driest）の係数（$\kappa=0.41$ のとき $A=26$）です．

(3) **対数層**（logarithmic layer）： $-\rho\overline{uv} \gg \mu \dfrac{dU}{dy}$

この領域では粘性の影響は無視され，レイノルズ応力が主となります．式 (3.115) は

$$-\rho\overline{uv} = \tau_w \quad (=\rho u_\tau^2) \tag{3.121}$$

となります．式 (3.121) と $l=\kappa y$ とした式 (3.119) から

$$\frac{dU^+}{dy^+} = \frac{1}{\kappa y^+} \tag{3.122}$$

が導かれます．式 (3.122) を y^+ に関して積分すると

$$U^+ = \frac{1}{\kappa}\ln(y^+) + C_1 \tag{3.123}$$

となり，対数関数で表されます．定数値 κ および C_1 は 1968 年のスタンフォード会議でそれぞれ 0.41 および 5.0 が推奨されました．近年の研究（2008）によるとレイノルズ数が著しく大きい場合，0.385 および 4.17 という報告がみられるものの，これらの値について未だ結論は得られていません．

これら 3 つの層から成る領域を**内層**（inner layer），粘性の影響がある直線底層とバッファー底層を合わせて**粘性底層**（viscous sub-layer）といいます．内層が乱流境界層の壁から $0.15\delta \sim 0.2\delta$ 以内の範囲であり，それより外側の**外層**（outer layer）では式 (3.116) が成立しません．

外層では，主流から流れを観察します．外層の流れは壁面せん断応力によって欠損し，欠損量 $U_d(=U_\infty - U) > 0$ を**速度欠損**（velocity defect）と呼びます（式 (3.94) の定義とは逆に注意）．$Re_\tau(=\delta u_\tau/\nu) \gg 1$，$U_d/U_\infty < 1$ および $U_d \sim u_\tau$ のもとで，U_d を用いて式 (3.113) を書き表すと

$$-U_\infty \frac{\partial U_d}{\partial x} \cong \frac{\partial(-\overline{uv})}{\partial y} \tag{3.124}$$

となります．式 (3.124) に基づいて速度欠損 U_d 分布に対する重要な物理量を推察すると，$y, \rho, \tau_w, U_\infty$ および δ が考えられます．次元解析から無次元速度欠損分布は

$$\frac{U_d}{u_\tau} = g_0\left(\frac{y}{\delta}, \frac{u_\tau}{U_\infty}\right) \quad \text{or} \quad U_\infty^+ - U^+ = g_0(\eta, \omega), \quad \eta = \frac{y}{\delta} \quad \text{and} \quad \omega = \frac{u_\tau}{U_\infty} \tag{3.125}$$

3.5 境界層

となり，これを**速度欠損法則**（velocity defect law）といいます．ω は**摩擦パラメータ**（friction parameter）で，高レイノルズ数では $g_0(\eta, \omega)$ に対してその影響を無視でき，式（3.125）は

$$\frac{U_d}{u_\tau} = g\left(\frac{y}{\delta}\right) \quad \text{or} \quad U_\infty^+ - U^+ = g(\eta) \tag{3.126}$$

と表されます．この関数形について，浜教授によって実験結果とよく一致する式

$$\frac{U_\infty - U}{u_\tau} = 9.6\left(1 - \frac{y}{\delta}\right)^2, \quad y/\delta > 0.15 \tag{3.127}$$

が提案されています．

次元解析により導出された壁法則と速度欠損法則は，物理現象を考慮すると滑らかに接合される必要があります．数学的には U の y に関する n 階微分係数が等しくなることですが，ここでは1階の微分値に着目します．式（3.116）および式（3.126）から，式変形の後

$$y^+ \frac{df}{dy^+} = -\eta \frac{dg}{d\eta} = \text{Const.} \quad \left(= \frac{1}{\kappa}\right) \tag{3.128}$$

が得られます．式（3.128）を積分すると，両法則の接合領域では

$$f(y^+) = \frac{1}{\kappa} \ln(y^+) + C_1 \tag{3.129}$$

$$g(\eta) = -\frac{1}{\kappa} \ln(\eta) + C_2 \tag{3.130}$$

となります．この領域のことを**重なり領域**（overlap region）と呼びます．なお，δ を精度よく決定することは難しいので，δ の代わりに Rotta は規格化長さ Δ を用いて

$$\begin{aligned}\frac{U_\infty - U}{u_\tau} &= -\frac{1}{\kappa}\ln\left(\frac{y}{\Delta}\right) + C_3, \quad \kappa = 0.1 \quad \text{and} \quad C_3 = -0.9 \\ \Delta &= \frac{\delta^* U_\infty}{u_\tau} \quad \left(= \int_0^\infty \frac{U_\infty - U}{u_\tau} dy\right)\end{aligned} \tag{3.131}$$

を提案しています．なお，前述の外層の用語は，「重なり領域も含めた境界層の外側」を指して使われる場合もありますので（H. Tennekes and J. L. Lumley 1972, S. B. Pope 2000 など），注意してください．

一方，Coles は粘性底層を除く層内全域を表す分布として，圧力勾配を示す

後流パラメータ Π を用い

$$\frac{U}{u_\tau} = f(y^+) + \frac{\Pi}{\kappa} W(\eta) \tag{3.132}$$

を提案しています．$W(\eta)$ は**後流関数**（wake function）であり，その関数形の一例として

$$W(\eta) = 1 - \cos(\pi\eta) \tag{3.133}$$

が知られています．また，**べき法則**（power law）による近似式

$$\frac{U}{U_\infty} = \eta^{1/7}, \quad 5.0 \times 10^5 < Re_x < 10^7 \tag{3.134}$$

が簡便な方法として知られており，1/7乗則といいます．

　図 3.21 は乱流境界層内の流れ方向平均速度分布で，各層を分類して合わせて示しています．縦軸は内部尺度による高さ方向距離 y^+ を，横軸は流れ方向平均速度を摩擦速度で無次元化した U^+ です．対数層の範囲として $30 \leq y^+ \leq 0.15 Re_\tau$ としていますが，最近では高レイノルズ数の場合を含め，対数層の下限値は $y^+ \sim 200$ と報告されています．内層は乱流で覆われていますが，外層ではある空間座標点で瞬時速度を計測すると，波形が不規則な変化をする領域（乱流である時間）と変化が緩やかな領域（非乱流である時間）が交互に間欠的に存在するのがわかります．

　空間構造はこのように複雑な領域を示し，両者は粘性厚さ程度のきわめて薄い層（**スーパーレイヤー**，super layer）で境界づけられています．その可視化写真（スモークワイヤ法による）を図 3.22 に示しています．この層を介して非乱流の流体を取り込んで乱流化し，乱流領域は拡大していきます．全観測時間に対する乱流時間の比の間欠係数 γ の分布を

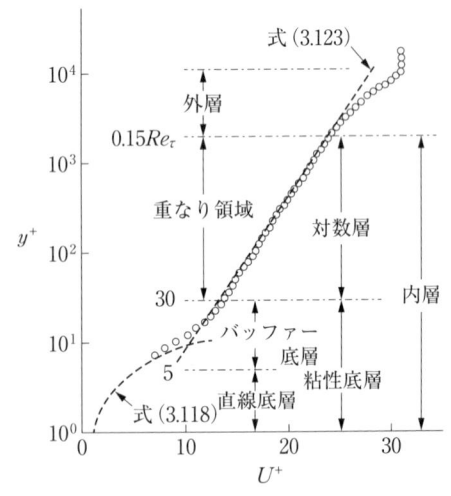

図 3.21 乱流境界層内の平均速度分布

3.5 境界層

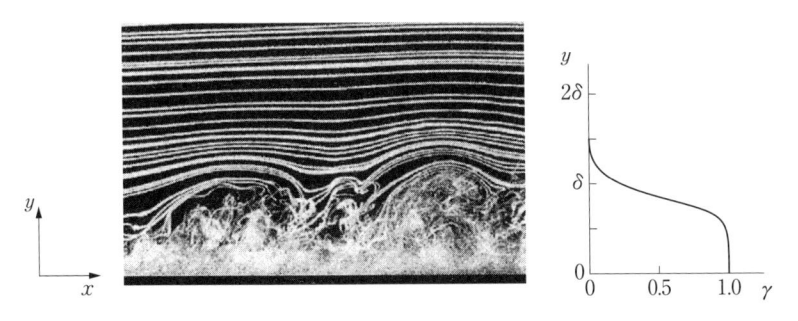

図 3.22 粗面上の乱流境界層の可視化（煙注入法：山口大学 望月ら）

同図に掲載しています．γ は内層領域で"1"から外層に向かって減少していき，主流中で"0"に漸近していきます．

図 3.23 には代表的なゼロ圧力勾配下の滑面乱流境界層について，平均速度と各種の乱流量分布を示します．下付の rms は変動速度の 3 成分 (u, v, w) の二乗平均根号（root mean square）です．内層については，対数層でレイノルズせん断応力は一定であり，壁面せん断応力とほぼ等しく式（3.121）の成立が確認できます．そこから下層の粘性底層では粘性応力のせん断応力に占める割合が増加し，レイノルズせん断応力は減少します．

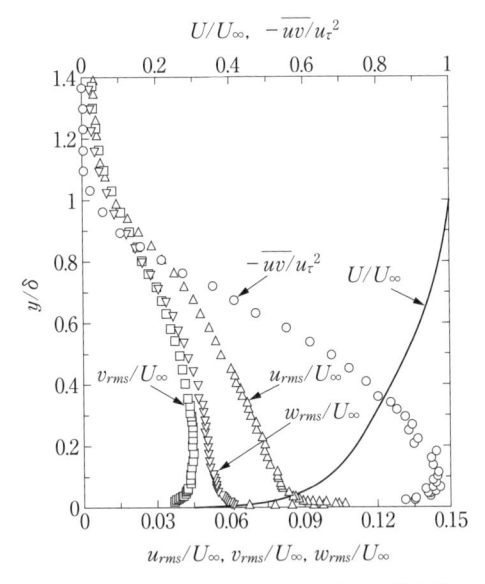

図 3.23 平均速度および乱流量分布（近畿大学，亀田ら）

なお，流れ方向の乱れ強さは主流速度の 10%を超える大きさです．この領域では，乱れエネルギー生成項である $-\overline{uv}\,\partial U/\partial y$ により平均流エネルギーが乱れエネルギーへ変換されます．その変換プロセスは，まず流れ方向の乱れを作り出し，次に変動圧力と変動速度の相関項によって他方向変動成分の乱れに

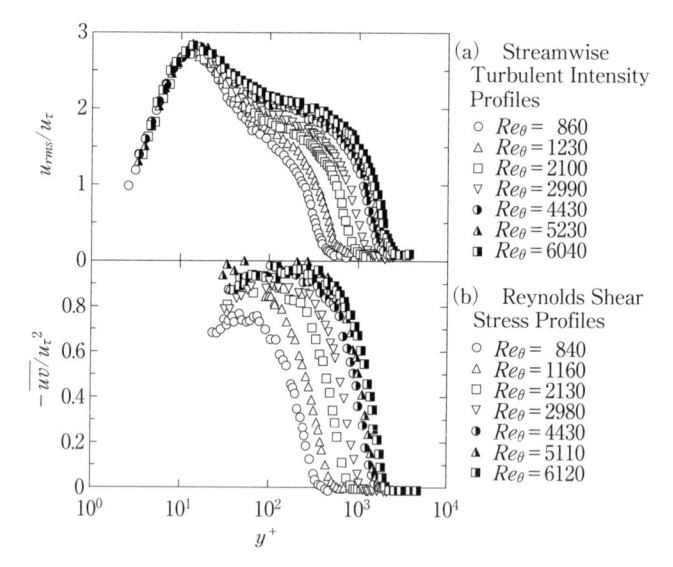

図3.24 各乱流量分布のレイノルズ数依存性（近畿大学，亀田ら）

成分間輸送されます．そのため，図3.23に示したように，乱れの大きさは流れ方向成分が最も大きく，スパン方向，垂直方向成分の順になります．垂直方向変動成分は壁近傍において運動が壁面の拘束を受けるため小さくなります．

外層では，レイノルズせん断応力は主流に向かい減少しますが，この領域ではレイノルズせん断応力による仕事と解釈される $\partial(-\overline{uv}U)/\partial y$ により乱流境界層は維持されています．この項は，平均流エネルギーの減少を伴い，一方主流に向かい乱流境界層を拡大させていきます．また，この領域は平均速度勾配は小さく乱れ成分も低いため，乱れの維持は内層で生成された乱れの外層への拡散作用によりなされます．

図3.24に内部尺度で無次元化された流れ方向乱れ強さとレイノルズせん断応力の変化を，運動量厚さに基づくレイノルズ数 $Re_\theta(=\theta U_\infty/\nu)$ について示します．流れ方向乱れ強さは粘性底層の $y^+ \leq 10$ において Re_θ の値によらず相似な分布となります．最大値とその位置は，Re_θ の増加でわずかに増加する傾向です．なお，最大となる位置は，$y^+=13\sim 15$ となっています．レイノルズせん断応力は対数層において一定ですが，その値は Re_θ の減少により低下する

3.5 境界層

傾向をとります．その理由として，一般的にはせん断応力に対する粘性応力の寄与の増加が挙げられます．一方，$Re_\theta \geq 5110$ の範囲ではレイノルズせん断応力は壁面せん断応力とほぼ等しくなっています．

これまで紹介しました U 分布から設計上重要な抵抗則が導出されます．いくつかの提案式を以下にあげておきます．

(1) Coles の後流法則 (Coles' wake law)

式 (3.123) と (3.132) から

$$\sqrt{\frac{2}{c_f}} = \frac{1}{\kappa}\ln(Re_\theta) + \frac{1}{\kappa}\ln\left(\frac{\delta}{\theta}\right) + \frac{1}{\kappa}\ln\left(\sqrt{\frac{c_f}{2}}\right) + C_1 + 2\frac{\Pi}{\kappa}, \quad Re_\theta = \frac{\theta U_\infty}{\nu} \quad (3.135)$$

が導かれます．式 (3.135) の右辺第 2 項以降は，高レイノルズ数においてレイノルズ数に対する依存性が弱いので定数値 C_3 として整理すると，以下となります．

$$\frac{1}{c_f} = \frac{1}{2\kappa^2}\{\ln(Re_\theta)\}^2 + \frac{C_3}{\kappa}\ln(Re_\theta) + \frac{C_3^2}{2} \quad (3.136)$$

式 (3.136) の形で表した式として**カルマン・シェーンヘルの式**（Kármán-Schoenherr equation）(3.137) があり，広範囲のレイノルズ数でよい結果を示すことが知られています．

$$\frac{1}{c_f} = 17.08\{\log(Re_\theta)\}^2 + 25.11\log(Re_\theta) + 6.012 \quad (3.137)$$

これに関し，山口大学グループによりさらに高精度の測定値（式 (3.138)）が発表されており，$800 \leq R_\theta \leq 6000$ で数値計算データ等との優れた一致が確認されています．

$$\frac{1}{c_f} = 20.03\{\log(Re_\theta)\}^2 + 17.24\log(Re_\theta) + 3.71 \quad (3.138)$$

(2) 1/7 乗則

式 (3.134)，式 (3.99) およびブラジウスの式

$$\tau_w = 0.0225 \rho U_\infty^2 \left(\frac{U_\infty \delta}{\nu}\right)^{-1/4} \quad (3.139)$$

を用います．式 (3.134) と式 (3.91) から，運動量厚さ θ は

$$\theta = \frac{7}{72}\delta \quad (3.140)$$

です．式 (3.139) および (3.140) を運動量積分方程式に代入した式と境界条件（$x=0$ で $\delta=0$：乱流境界層が平板先端から発達すると仮定）から

$$\delta = 0.370 x \left(\frac{U_\infty x}{\nu} \right)^{-1/5} \tag{3.141}$$

が得られます．乱流境界層の境界層厚さは $\delta \propto x^{4/5}$ であり，層流境界層（$\delta \propto x^{1/2}$）に比べ層厚さの発達が早いことがわかります．式 (3.141) を式 (3.139) に代入し，式変形すると

$$c_f = 0.0577 \, Re_x^{-1/5} \tag{3.142}$$

が導出されます．適用レイノルズ数範囲は $5.0 \times 10^5 < Re_x < 10^7$ です．

3.5.5 境界層のはく離と各種の効果

境界層は平板上のみではなく鈍頭物体である球，円柱などの物体表面上にも形成されます．円柱体周りの流れの概要図を図 3.25 に示します．円柱上流から流下してきた流れは，物体に近づくと速度は減少し，圧力は上昇していきます．物体に衝突（衝突した位置は**淀み点**，stagnation point）すると，流体の速度はゼロとなり，流体のもつ運動エネルギーがすべて圧力エネルギーに変換されます．その圧力を**淀み圧**（stagnation pressure）といいます．

その後，衝突した流れは円柱上下に分岐し，流路断面積の減少に伴い順圧力勾配の影響を受け加速しながら円柱表面に沿って流れます．円柱下流では流路断面積が拡大回復するため逆圧力勾配となります．このとき，円柱表面近傍の流体の運動エネルギーは壁面摩擦力と圧力による力による負の仕事により減少するため，円柱表面のあるところで流れは剥がれてしまいます．この現象を**はく離**（separation）といい，それが生じる位置を**はく離点**（separation point）

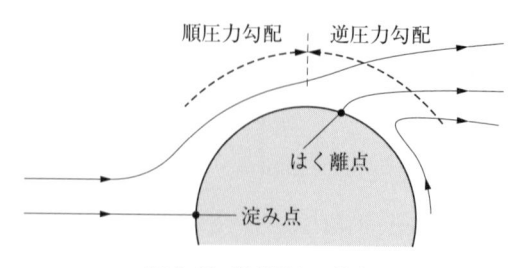

図 3.25 円柱周りの流れ

3.5 境界層

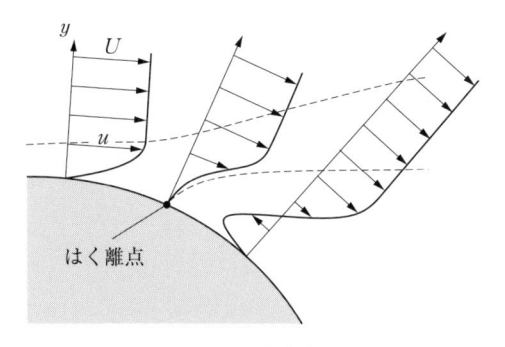

図 3.26 はく離近傍の流れ

といいます．円柱表面に垂直な方向座標を y，流れ方向の速度を u とすると，はく離点は

$$\frac{\partial u}{\partial y}=0 \quad \text{あるいは} \quad \tau_w=0 \tag{3.143}$$

の位置で定義されます．図 3.26 にはく離点前後の速度分布を示します．はく離点前では境界層内の速度分布は順流です．はく離点位置ではある高さで**変曲点** (inflection point) が生じ，流れは主流に向かって流れるとともに境界層内の渦度も放出していきます．はく離点後方において物体表面近くの流れははく離点に向かう逆流を生じ，その範囲を拡大させます．境界層の厚さははく離点近傍から急激に増加していき，境界層理論は適用できなくなります．

物体表面上ではく離が生じると，工学上さまざまな問題が生じます．まず抗力の増大です．航空機の翼では抗力の増大に伴い揚力の減少（失速）を引き起こします．次に圧力変換機構である**ディフューザ**（diffuser）でのエネルギー損失です．これらを抑制する方法として，たとえばゴルフボールにみられる表面状態の凹凸です．凹凸の役割はゴルフボール上流側表面上の境界層の乱流化を促進させます．

乱流の促進は，壁面近傍の流体のもつ運動エネルギーを増加させてはく離点を後方に後退させます（図 3.27 参照）．これにより，ゴルフボールに作用する抗力が減少します．他の方法としては，境界層内の低速の流体に対して運動量を付加する吹き出しや渦発生器の設置，一方低速の流体を除去する吸い込み等

(a) ディンプル無   (b) ディンプル有

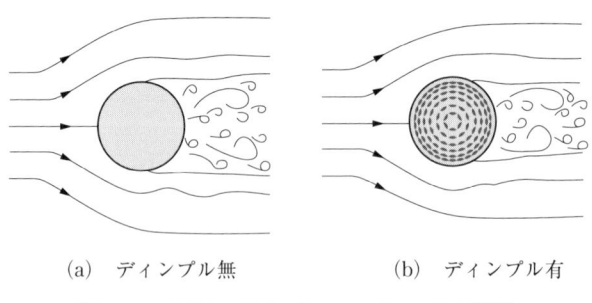

図 3.27　球周りの流れ（ディンプルによる影響）

があります．このようにはく離を抑制あるいは防止する方法は総称して**境界層制御**（boundary layer control）と呼ばれます．

3.6　管内流れ

3.6.1　レイノルズ数と速度分布

A．助走区間

図 3.28 に示すように，タンクの側壁から直管を通して水が流下している場合を考えます．円管内壁では摩擦応力により壁近くの流体は減速され，境界層が発達しながらその領域は下流に次第に広がります．速度分布は下流に変化していきますが，ある程度の距離で変化しなくなります．これ以降を**十分発達した流れ**（fully developed flow）といいます．この領域では，3.2 節で述べたように圧力勾配力（下流向き）と壁面摩擦力（上流向き）とが力学的につり合う状態となります．一方，流れ場が変化発達する領域は**助走区間**（inlet length）と呼ばれ，その距離は層流と乱流とで概ね下記のとおりです．

　層流の場合：0.03×直径×レイノルズ数（およそ直径の 150〜300 倍）

　乱流の場合：直径の 50〜100 倍（入り口形状により変化）

　助走区間は，タンクから円管への流入時に限らず，曲り部の下流，弁やオリフィスの背後のような運動量変化が大きい場合にも長い距離を必要とします．そのため，工業上では整流装置の設置等により助走区間の短縮化を図ります．

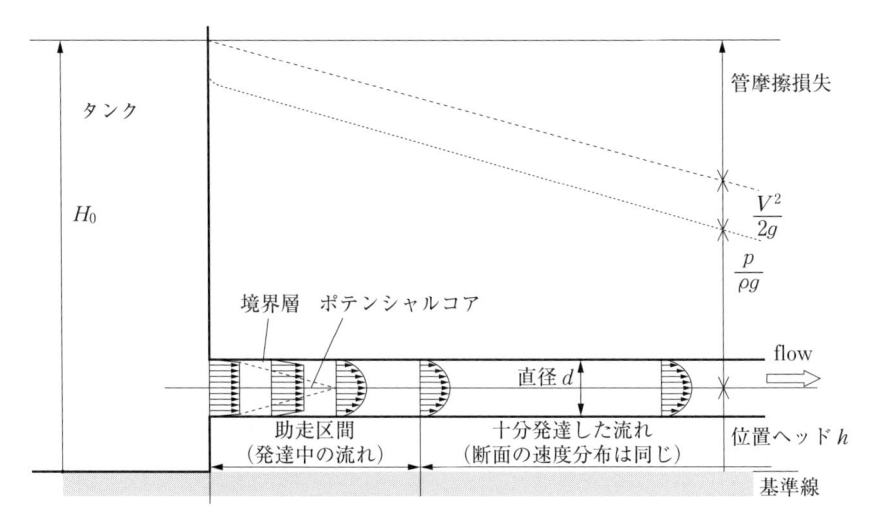

図3.28 タンク側壁からの直管内を流下する流れ

B. 円管内流れの状態とレイノルズ数

3.4.1項においてレイノルズによる円管流の可視化実験の結果から，流れの状態とレイノルズ数との関係を説明しました．そこで，流れ状態には層流と乱流があり，中途段階では攪乱の強さにより遷移状態の流れ場が出現することを述べました．以下において，レイノルズ数の値による流れ場の分類，速度分布と圧力損失との関係を説明します．

レイノルズ数は円管流の場合，代表速度は面積平均速度 $V = Q/\{(\pi/4)d^2\}$（Q は流量，d は管直径），代表長さは管直径 d ととれば，$Re = Vd/\nu$ となります．これはもっぱら，粘性力が効く流れを想定したものです．これまでに集積された実験結果をまとめますと，以下のように分類できることが知られています．

$Re < 2000 \cdots$ 層流（管入口で乱れても，下流で層流）

$Re > 2400 \cdots$ 乱流（乱れが生じると，成長し管全体に及ぶ）

臨界レイノルズ数は一定値ではなく，上流側の攪乱の大きさに依存するもので，滑らかに流入させると $Re = 10^5$ まで層流を維持することが報告されています．ただ層流から乱流へ遷移する**臨界レイノルズ数** Re_c（critical Reynolds number）の値は，2300が多用されています．したがって，日常あるいは工学

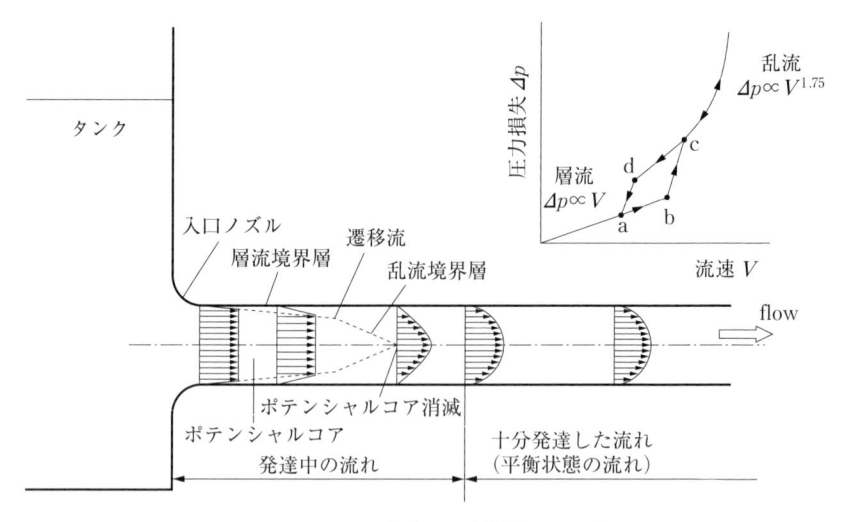

図 3.29 流れの状態と圧力損失との関係

上遭遇する管内流れの多くは，乱流の場合がほとんどであると見なして構いません．

次に，流れの状態と圧力損失の関係をレイノルズの実験（図 3.6 を参照）を参照して説明しておきます．直線管路内を水が流下している場合，直線管路の任意の 2 点間（距離を l とします）で圧力損失 Δp を計測します．すると，管内平均流速 V に対して $\Delta p/l$ の値が変化（図 3.29）していきます．まず V が小さい場合（層流の流れ），圧力損失と平均速度との関係は $\Delta p \propto V$ の関係をもつことが知られています．そこから流速 V を上げます（乱流の流れ）と $\Delta p \propto V^{1.75}$ の関係が得られます．一方，この状態から速度を下げますと，速度の増加の経路と異なる経路をたどり，速度は減少します．つまり，圧力損失と管内平均流速との関係は，遷移過程では異なる道筋（ヒステリシス現象）をたどり，不安定な流れ状態にあると推察されます．さらに速度を下げると，元の層流状態に戻っていきます．このように，流れの状態-圧力損失との間には密接な関連があるのが理解されます．

C. せん断応力と平均速度分布の関係

粘性流体が固体壁に沿い流れるとき，壁面で**すべりなしの条件**（no slip condition）から速度はゼロですが，壁面から離れるにつれ速度は増していきます．このように流体と壁面との間で粘性に基づくせん断応力（shearing stress）が生じています．流体と壁面との間の相対速度差は外部摩擦を生じ，近接した流体内部間での相対速度差は内部摩擦を生じさせます．結果として速度勾配をもつ流れではせん断応力は流れに対して抵抗を示す向きに働き，実際の流体の流れでは渦領域や速度の不連続面が生じることがあります．

（1） 層流の場合： 層流におけるせん断応力は，ニュートンの粘性法則で表現でき，流れ方向のせん断応力は速度成分を U とすれば，次式で表せます．

$$\tau = \mu \left(\frac{dU}{dy} \right) \tag{3.144}$$

簡単にいえば，層流においてはせん断応力は速度勾配 dU/dy に比例します．

（2） 乱流の場合： 乱流の場合，流れの状態は流体粒子（さまざまな大きさの渦塊）が複雑に混合している流れ場ですから，変動速度に基づくせん断応力を考える必要があります．これは3.4節で述べましたように，乱流場ではレイノルズ応力が重要なせん断応力です．すなわち，乱流におけるせん断応力は，時間平均速度勾配に関わるものと**レイノルズせん断応力**（Reynolds shear stress）に関わる量の和として以下のように表現されます．

$$\tau = \mu dU/dy + (-\rho \overline{uv}) \tag{3.145}$$

実験によれば，上式の右辺第1項は壁面付近を除けば第2項と比べきわめて小さい値であるため，乱流の場合のせん断応力は簡単に以下と表現します．

$$\tau = -\rho \overline{uv} \tag{3.146}$$

さて，乱流の場合レイノルズ方程式を閉じた形で表現するためには，せん断応力と平均速度との関係をモデル化して表現します．ここでは，従来よく知られた簡単な2つの方法を示します．

① **渦動粘性係数**（eddy viscosity）ν_T による表示

$$\tau = -\rho \overline{uv} = \rho \nu_T dU/dy \tag{3.147}$$

渦粘性係数は流れの状態に依存し，流れ場ごとに決定する状態変数です．

② プラントルによる**混合距離**（mixing length）l による表示

これは乱流場の流体塊の混合に気体分子の平均自由行程から類推した混合距離を導入したものです．混合距離 l は，流体の運動量が距離 l だけ輸送される

と周囲流体の物理量に従うとしたモデルです．これより，$u \sim \pm l\, dU/dy$，$v \sim -u$ と仮定し，レイノルズ応力を次式と表現します．

$$\tau = \rho l^2 |dU/dy| dU/dy \tag{3.148}$$

l は定数ではなく，流れの状態に依存するもの，境界層の場合壁近くで $l = \kappa y$ （$\kappa = 0.4$ でカルマン定数と呼びます）であり，自由噴流の場合自己保存領域では噴流幅に比例する量です．

D．流れ状態と速度分布

(1) **層流の場合：** 図 3.30 に示した直径 d （半径 R）の水平滑面円管内を定常で，十分発達した流れが流下しているとします．管軸中心に，半径 r，微小長さ dx をもつ微小円筒の流体部分をとると，加速度はありませんから，微小円筒に働く力のつり合いのみを考えます．微小円筒には圧力による力と粘性摩擦力の2つが作用します．圧力勾配力は x 方向に変化する量を考慮すれば，流れの方向を正にとると次式となります．

$$\pi r^2 \left\{ p - \left(p + \frac{dp}{dx} dx \right) \right\} = -\pi r^2 \frac{dp}{dx} dx$$

一方，粘性摩擦力はせん断応力を τ とおけば，流れとは逆方向に $\tau \cdot 2\pi r dx$ が作用します．したがって，両者の力のつり合いから次式が得られます．

$$\pi r^2 \frac{dp}{dx} dx + \tau \cdot 2\pi r dx = 0 \tag{3.149}$$

これより，せん断応力 τ は次式と表現できます．

$$\tau = -\frac{r}{2} \frac{dp}{dx} \tag{3.150}$$

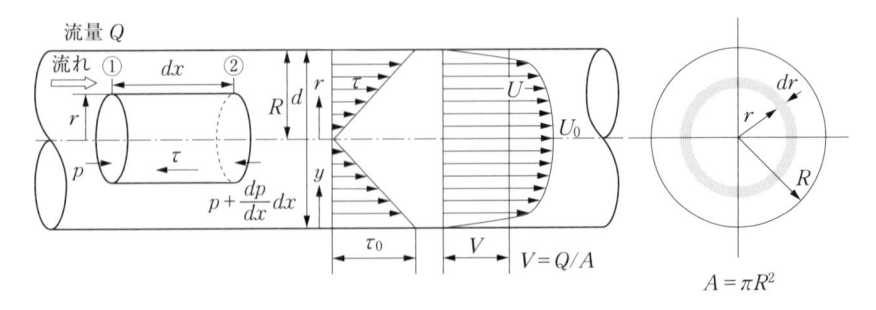

図 3.30 水平滑面円管内の十分発達した流れ（力のつり合い）

この式は誘導する際に流れが層流，乱流とは区別していませんから，両者の流れ状態に対して成立します．この式より，圧力勾配が一定の円管内流れでは，せん断応力は半径方向に直線分布をするのがわかります．

層流の場合，ニュートンの粘性法則式（3.144）と式（3.150）とのτを等しいとおくと，次式を得ます．

$$-\mu \frac{dU}{dr} = -\frac{r}{2}\frac{dp}{dx} \tag{3.151}$$

$dp/dx=$一定とおき，これを積分して，境界条件（$r=R$で$U=0$）を代入すれば

$$U = -\frac{1}{4\mu}(R^2 - r^2)\frac{dp}{dx} \tag{3.152}$$

を得ます．この場合，速度分布は半径rの2乗に比例する放物面形状であることがわかります．ここで，流量Qは環状の面積$2\pi r dr$を流れる速度Uを考慮して断面全体について積分すれば，$Q = \int_0^R 2\pi U\, rdr = (-dp/dx)\cdot\{\pi R^4/(8\mu)\}$です．したがって，管中心の最大速度を$U_0$，断面平均速度を$V$とおくと

$$U_0 = -\frac{R^2}{4\mu}\frac{dp}{dx}, \quad V = -\frac{R^2}{8\mu}\frac{dp}{dx}, \quad \therefore \quad U_0 = 2V \tag{3.153}$$

を得ます．ここで$d=2R$と$-dp/dx=\Delta p/l$（管長l当たりの圧力降下量Δp）を考慮すれば

$$Q = \frac{\pi d^4}{128}\frac{\Delta p}{\mu l} \quad \text{または} \quad \Delta p = 128\frac{\mu l}{\pi d^4}Q \tag{3.154}$$

となります．以上の関係は**ハーゲン・ポアズイユの法則**（Hagen-Poiseuille law）と呼ばれています．流量が小さい場合この式を利用して流量測定がなされることがありますが，管半径が1mm以下の場合には粘性係数μの値に注意を払って利用する必要があります．

(2) 乱流の場合

前節で述べましたように，乱流の場合速度分布は多層構造をとり複雑ですが，実用上から簡便な形で速度分布が表現できれば望ましいものです．圧力損失等を求める場合の簡単な式として，**指数法則**（power law）と呼ばれる表示があります．

$$\frac{U}{U_0} = \left(\frac{y}{R}\right)^{1/n} \tag{3.155}$$

これは速度の $1/n$ 乗則と呼ばれ，n の値はレイノルズ数の変化に伴い $n=5\sim10$ がとられます．普通 $n=7$ の値（$Re=3\times10^3\sim10^5$ の範囲）が採用されることが多く，その場合**プラントル・カルマンの1/7乗則**（Prandtl Kármán's 1/7th power law）とも呼ばれます．指数法則を利用すると，流量は $Q=\int_0^R 2\pi U r dr = V\times\pi R^2$ ですから，これに式（3.155）を代入して次式の関係が得られます．ここで，V は断面平均速度です．

$$\frac{V}{U_0}=\frac{2n^2}{(n+1)(2n+1)} \tag{3.156}$$

なお，$n=7$ とした場合は $U_0=1.224\,V$ を得ます．同一流量の円管流の層流と乱流の速度分布を比較すると，層流の場合は管中央領域でとがった分布を示し，一方，乱流の場合は管中央部でフラットな形状の分布を示します．最近では，指数法則の物理数学的な意味を盛り込んだ理論が報告されており，高レイノルズ数の場合を含め，議論の行方は未踏です．

　乱流の場合について，これまでは壁法則による取り扱いが主流を占めてきました．これについて説明しておきます．乱流の特徴は，多層構造であることとランダムな時間変動速度が大きな役割を果たすことにあります．さて，滑らかな円管内の流れについて基礎式から調べてみます．3.2.1項で述べた円柱座標によるナビエ・ストークス方程式をレイノルズ分解し，時間平均をとった後対称性の条件を考慮すれば，次式のレイノルズ方程式が導かれます．

$$\frac{1}{r}\frac{\partial}{\partial r}(r\tau)=\frac{\partial P}{\partial x},\quad \rho\left\{\frac{1}{r}\frac{\partial}{\partial r}(r\overline{v^2})-\overline{w^2}/r\right\}=-\frac{\partial P}{\partial r}$$
$$\tau=\mu dU/dr-\rho\overline{uv} \tag{3.157}$$

ここでは十分発達した流れ場を考えていますので，圧力勾配力と粘性力との単純な力のつり合いから次式が得られます．管内流では摩擦速度を $\sqrt{\tau_w/\rho}=v_*$ と定義するのが多く，これを用いますと

$$\frac{\partial P}{\partial x}=-\frac{2}{R}\tau_w \quad\therefore\quad \frac{1}{\rho}\frac{\partial P}{\partial x}=-\frac{2}{R}v_*^2 \tag{3.158}$$

ここで，$\partial P/\partial x$ は r に独立ですから，式（3.157）の第1式を積分したものと式（3.158）を参照すれば，$r=R-y$ として次式が得られます．

$$-\overline{uv}+\nu\frac{dU}{dy}=v_*^2(1-y/R) \tag{3.159}$$

この式から，せん断応力は断面を横切って直線分布になること，および乱流の平均速度分布に対してレイノルズ応力が重要であることが推察できます．

円管流の速度分布もよく知られた平板境界層の場合と同様，流れ場の鉛直断面をいくつかの領域に分けて考えてみます．滑面流についてみますと，壁に最も近い領域の**直線底層**（linear sub-layer）では粘性応力のみにより影響を受けますから，式（3.159）より次式となります．

$$\nu dU/dy = v_*^2(1 - y/R) \tag{3.160}$$

これを積分し，$y=0$ で $U=0$ とすれば，次式が得られます．

$$\frac{U}{v_*} = \frac{yv_*}{\nu}\left(1 - \frac{y}{2R}\right) \tag{3.161}$$

直線底層では，$y \ll R$ ですから，式（3.161）は次式と簡単化されます．

$$\frac{U}{v_*} = \frac{v_* y}{\nu} \tag{3.162}$$

直線底層の厚み δ_s は，測定結果からおよそ $\delta_s = 5\nu/v_*$ です．

次に，バッファレイヤでは粘性応力とレイノルズ応力とが同程度の寄与をします．レイノルズ応力を**渦動粘性係数**を用いて表すと，$-\rho\overline{uv} = \rho\nu_T dU/dy$ ですから，この領域内でせん断応力 τ が一定であると仮定すれば，式（3.159）より次式となります．

$$\tau = \tau_w = \rho(\nu + \nu_T)dU/dy \tag{3.163}$$

この形から速度分布は ν_T/ν の値に依存することがわかります．複雑な構造をもつ領域ですから，経験式に基づいた表示がなされており，たとえばファン・ドリースト（van Driest）による次式が知られています．

$$\nu_T/\nu = \kappa^2 y^{+2}\{1 - \exp(-y^+/26)\}^2 \, dU^+/dy^+ \tag{3.164}$$

次に対数領域についてみると，ここではレイノルズ応力が支配的ですから，式（3.159）より次式が得られます．

$$-\overline{uv} = \nu_T \frac{dU}{dy} = v_*^2\left(1 - \frac{y}{R}\right) \tag{3.165}$$

渦動粘性係数 ν_T は次元考察より，次の関係があります．

$$\nu_T = \kappa y(\tau/\rho)^{1/2}, \quad l = \kappa y \tag{3.166}$$

ここで，l は混合距離であり，プラントルにより導入された概念です．これは

乱流混合の活性の目安であり，流れの状態に依存するものです．式 (3.165) と式 (3.166) から次式が得られます．

$$\frac{dU}{dy} = \frac{v_*}{\kappa y}\left(1-\frac{y}{R}\right)^{1/2} \tag{3.167}$$

上式を y について級数展開したのち，積分すれば次式となります．

$$\frac{U}{v_*} = \frac{1}{\kappa}\left\{\ln y - \frac{1}{2}(y/R) - \frac{1}{16}(y/R)^2 - \frac{1}{48}(y/R)^3 \cdots\right\} + C \tag{3.168}$$

壁法則が成立する領域では (y/R) の項に基づく寄与は無視できますから，結局次式となります．

$$\frac{U}{v_*} = \frac{1}{\kappa}\ln y + C \tag{3.169}$$

$$\frac{U}{v_*} = A\,\log_{10}\left(\frac{v_* y}{\nu}\right) + B \tag{3.170}$$

この両者の誘導は，多くの場合**一定応力層**（constant stress layer）の仮定から導かれます．たとえば境界層の場合，3.5 節で導いていますから参照してください．ただ，この節で説明した方法がより厳密な方法です．定数の値はニクラーゼの実験結果から $A=5.75$，$B=5.5$ が通常とられます．なお，図 3.31 に上述した速度分布を示しておきます．（ここで $U^+=U/v_*$，$y^+=v_* y/\nu$ としています．）

次に，表面粗度による圧力抗力が大きく，速度分布に変化が生じる完全粗面

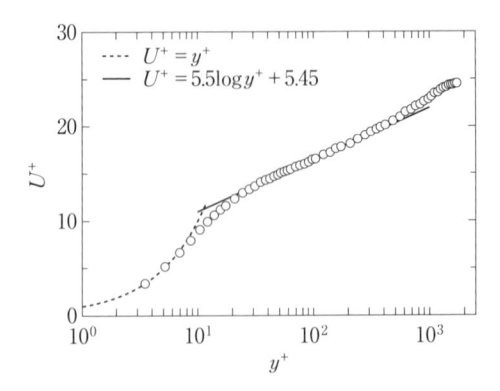

図 3.31　内部尺度を用いた平均速度分布（広島工大，宇都宮ら）

3.6 管内流れ

と呼ばれる場合,粗さレイノルズ数は $v_* k/\nu \gtrsim 70$ の範囲にあります.この場合にもプラントルの混合距離理論が成立することが実験から確かめられていますので,式(3.169)が利用できます.ただし,壁からの距離 y は粗さの代表高さ k_s(通常,粗さ高さの平均値)で無次元化した方が適切と考えられます.したがって,次式と表すことにします.

$$\frac{U}{v_*}=\frac{1}{\kappa}\ln\left(\frac{y}{k_s}\right)+C+\frac{1}{\kappa}\ln k_s \qquad (3.171)$$

ニクラーゼの実験結果から,$\kappa=0.4$,$C+(1/\kappa)\ln k_s=8.5$ とおくと,完全粗面の場合の速度分布が得られます.

$$\frac{U}{v_*}=2.5\ln\left(\frac{y}{k_s}\right)+8.5=5.75\log_{10}\left(\frac{y}{k_s}\right)+8.5 \qquad (3.172)$$

次に,管内流の完全に発達した領域における乱流量分布を説明しておきます.図 3.32 は,広島工大グループにより測定されたレイノルズ応力の分布です.壁のごく近傍を除いて分布は直線的であり,壁($y/R=0$)で $-\overline{uv}/v_*^2=1$ から,管中心($y/R=1$)でゼロに減少しています.これは,式(3.159)の妥当性を確証しています.図 3.33 は乱れ強さの 3 成分分布の結果です.これらの大きさは,流れ方向成分乱れ強さが最も大きく,次いで円周方向成分,半径方向(壁に垂直方向)の順となっています.また,それぞれの乱れ強さは壁

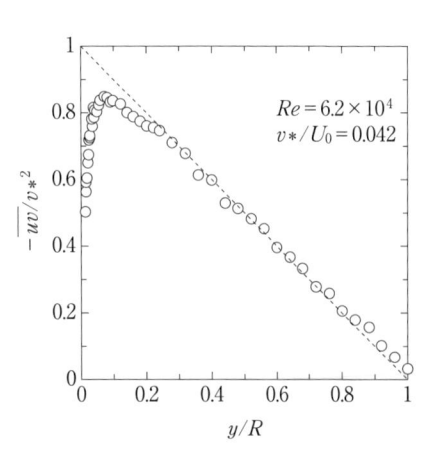

図 3.32 管内流のレイノルズ応力分布
(広島工大,宇都宮ら)

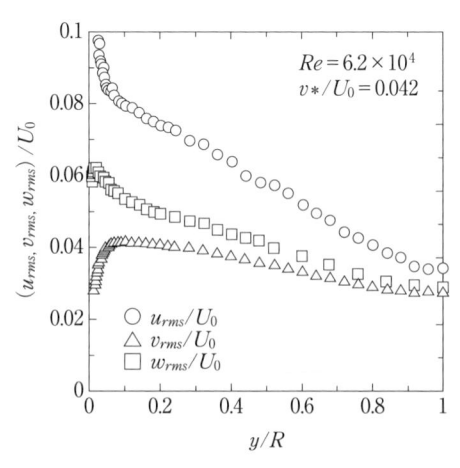

図 3.33 管内流の乱れ強さの 3 成分分布
(広島工大,宇都宮ら)

の近傍で最大値をとりますが，半径方向成分は y/R の位置によらず大きさがほぼ一様となっているのが特徴です．これは境界層の分布と異なる重要な結果です．

3.6.2 円管流の圧力損失

A． ダルシー・ワイスバッハの式

図 3.34 に示すように，水平円管内の十分発達した定常流を考えた場合，断面平均速度は一定で，管摩擦による圧力損失も一定となります．この場合慣性項はゼロであり，圧力勾配項と粘性項のみのつり合いとなります．流れは層流でも乱流であっても，$\tau=(-r/2)(dp/dx)$ が成り立ちますから，$r=R$（半径）の管壁でのせん断応力の大きさを τ_w とすると，$\tau_w=(-R/2)(dp/dx)=(R/2)\Delta p/l$ となります．ここで Δp は距離 l 間の圧力損失です．両辺を動圧 $((1/2)\rho V^2$，V は断面平均速度）で割ると以下の無次元の圧力係数 C_p が得られ，レイノルズ数の関数です．

$$C_p = \frac{\Delta p}{\frac{1}{2}\rho V^2} = \frac{\tau_w \cdot 4l/d}{\frac{1}{2}\rho V^2} \tag{3.173}$$

したがって，摩擦損失圧力 Δp，あるいは摩擦損失ヘッド h はレイノルズ数の関数である係数 λ を含む形で，次式と表されます．

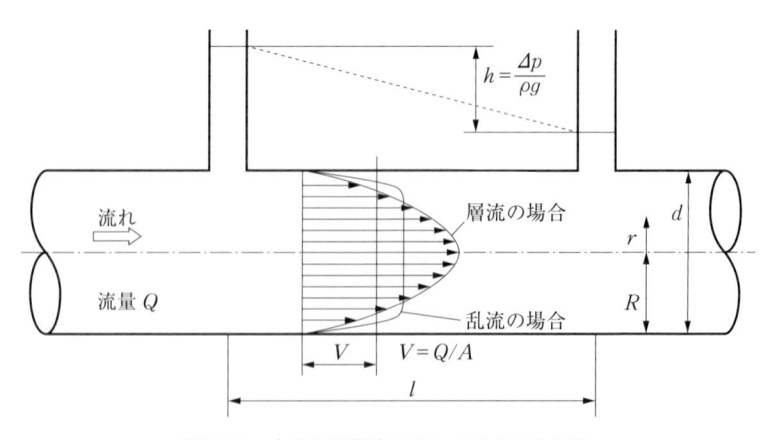

図 3.34 水平な円管内の流れによる圧力損失

$$\Delta p = \lambda \frac{l}{d}\left(\frac{1}{2}\rho V^2\right), \quad h = \frac{\Delta p}{\rho g} = \lambda \frac{l}{d}\left(\frac{V^2}{2g}\right) \tag{3.174}$$

この式は**ダルシー・ワイスバッハの式**（Darcy-Weisbach equation）と呼ばれ，実用上管路の圧力損失を表す大切な式です．係数 λ は**管摩擦係数**（pipe friction coefficient）と呼ばれ，レイノルズ数や相対粗度等の関数です．滑面管の流れではレイノルズ数のみの関数となり，この関係式は次元解析からも求められます．なお，τ_w を動圧 $(1/2)\rho V^2$ で無次元化した値を用いることもあり，これはファニングの管摩擦係数 $f = \tau_w/((1/2)\rho V^2)$ と呼ばれており，十分発達した円管内流れの場合，$4f=\lambda$ の関係になります．

B. 滑面管で層流の場合

レイノルズ数が 2300 以下の場合円管流は層流であり，この場合には粗さの影響は受けません．前述の式（3.154），すなわち $\Delta p = 128\mu lQ/(\pi d^4)$ と式（3.174）との比較から

$$\lambda = 64/Re \tag{3.175}$$

を得ます．この管摩擦係数 λ がレイノルズ数に逆比例する関係は，ポアズイユ流れとして理論的に導かれることが多いようですが，結果は最初実験から見つけ出されたものです．

C. 滑面管で乱流の場合

乱流の場合，速度分布は確固たる理論式は未解明ですから，管摩擦損失係数も半経験式に基づいて提案されています．以下に，代表的なものを示しますが，適用する際にはレイノルズ数の範囲に注意する必要があります．

(1) ブラジウスの式 $(Re = 3\times 10^3 \sim 10^5)$

$$\lambda = 0.3164\, Re^{-1/4} \tag{3.176}$$

(2) ニクラーゼの式 $(Re = 10^5 \sim 3\times 10^6)$

$$\lambda = 0.0032 + 0.221\, Re^{-0.237} \tag{3.177}$$

(3) カルマン・ニクラーゼの式 $(Re = 3\times 10^3 \sim 3\times 10^6)$

$$\frac{1}{\sqrt{\lambda}} = 2.0\log_{10}(Re\sqrt{\lambda}) - 0.8 \tag{3.178}$$

このカルマン・ニクラーゼの式は，レイノルズ数の広い範囲で実験結果とよく一致することが知られています．

D. 管壁が粗面の場合

(1) 粗さレイノルズ数と管摩擦係数

流れが乱流で管壁面が粗い場合，壁近くの速度分布にその影響が直接現れ，圧力損失の増加の原因となります．壁面の粗さ突起の影響は粗さの平均高さ k_s と粘性底層の厚さ（粘性長さ ν/v_* で代表する）との比により決まることが実験で確かめられています．これまでに知られたまとめでは，粗さ高さ k_s と粘性長さ ν/v_* との比，$k_s/(\nu/v_*)=v_* k_s/\nu=k^+$ である**粗さレイノルズ数**（roughness Reynolds number）により以下のように3分類されています．

① $k^+<5$：流体力学的に滑面（λ はレイノルズ数のみの関数）
② $5 \leqq k^+<70$：粗さの遷移領域（λ はレイノルズ数と相対粗度の関数）
③ $70 \leqq k^+$：完全粗面（λ は相対粗度の関数）

$k^+<5$（流体力学的に滑らか）の場合，管内流は滑面上の流れと見なして構いません．λ の評価には，式（3.176），（3.178）が用いられます．$5 \leqq k^+<70$（粗さの遷移領域）の場合には，λ はレイノルズ数と相対粗度（k_s/d）により変化しますから，後述のムーディ線図を用いると便利です．$70 \leqq k^+$ の完全粗面の場合，λ は相対粗度のみの関数となります．この場合，ニクラーゼの砂粒

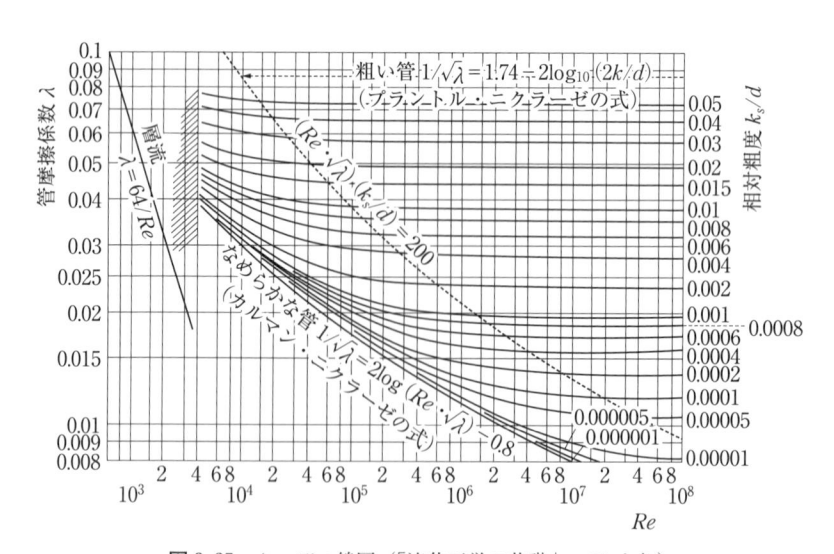

図3.35 ムーディ線図（「流体工学の基礎」p.71 より）

粗面管の系統的な実験により，$Re>900/(k/d)$ の範囲では次式が用いられます．

$$\lambda = \{1.74 - 2\log_{10}(2k/d)\}^{-2} \tag{3.179}$$

なお，完全粗面の場合でも層流では相対粗度の影響は現れません．他にはミーゼスの公式が知られています．

$$\lambda = 0.0096 + 5.7(k/d)^{1/2} + (2.88/Re)^{1/2} \tag{3.180}$$

(2) ムーディ線図

工業上は，図 3.35 に示した**ムーディ線図**（Moody diagram）の使用が有用です．これはムーディにより市販の新しい管について実験的に作成された線図です．管の種類と直径から管壁面の相対粗度（図 3.36 参照）をまず求め，次にレイノルズ数を算出することにより線図上で λ の値を決定します．なお，常に適切な λ の値を知るためには，管路の内壁面は使用中に汚れが付着したり，経年腐食やフランジの連結のずれ等による影響が生じやすいので，正しく保守することが大切です．

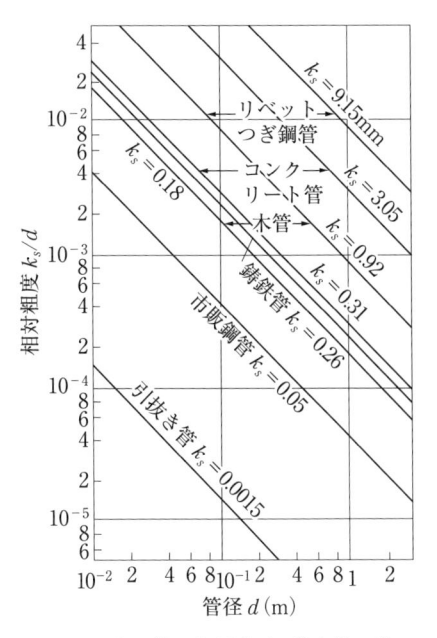

図 3.36 実用管の相対粗度（「流体工学の基礎」p.72 より）

3.7 自由せん断流

3.7.1 自由せん断流の特徴

流れ場が壁面で拘束された境界層や管内流れとは異なり，壁面による拘束のない自由空間内のせん断流を**自由せん断流**（free shear flow）といいます．これには，以下に示す種類の流れ場が知られています．

① 一様せん断乱流（流れに直交する断面内の速度の空間勾配が一様な流れ）
② 混合層（2層流の境界面を挟んで速度の異なる流れが並合流した流れ）

③ 噴流（ドライヤーの流れのように，管やダクト端から静止流体中に噴出する流れ）

④ 後流（物体を通過した背後の流れ）

それぞれについて工学上あるいは実際上の具体例をあげておきます．

①は，一様流中の不等間隔格子背後の流れ，密度成層流中などで生じるもので，乱流の基本的な性質（たとえば等方性乱流）を調べる場合に利用されます．

②は，自然河川の流れの合流領域や機械装置に見られる平面噴流のノズル出口直後の固体壁境界面付近などに見られ，規模が比較的大きい場合が多いようです．

③は，ジェットエンジンノズル排気流や食品冷凍庫用エアカーテン等の例があり，動力の生成源や熱伝達利用に際し直面する課題の流れ場です．

④は，高層ビルなどの構造物周囲の環境や航空機などの運動物体の背後に生ずる流れで，屋外でしばしばみられる流れ場です．

以下に，基本的な流れ場の構造について説明を加えておきます．

3.7.2 混合層と噴流および運動量の保存

図 3.37 は**混合層**（mixing layer）および**噴流**（jet）の概要を示します．いずれの場合も，x は流れ方向で，y は流れに直角で速度勾配の大きい方向にとります．混合層の場合，$x=0$ で並合流した異なる速度の流れは，境界面で速度の不連続面（図 2.21 参照）を生じた後，上・下方の流体の運動量交換によって，あるいは渦度の拡散により速度差を減らす方向に混合します．その結果，y 方向に速度勾配 dU/dy をもつ領域（図 3.37（a）の混合層）の幅が一層拡大していきます．一方，ノズルから一様速度 U_0 で流出する噴流の場合，流れは下流に行くに従って，分子粘性および乱流粘性により周囲の静止流体を巻き込み（連行作用，エントレインメント）ながら拡散し，その噴流幅を拡大し続けます（図 3.37（b）の噴流）．これに伴い噴流速度 U は y 方向に変化し，最大速度 U_m が噴流の中心位置 $y=0$ に生じるようなガウス分布に変化していきます．

非圧縮 2 次元定常流れの場合，境界層近似を適用したレイノルズ方程式と連続の式は

3.7 自由せん断流

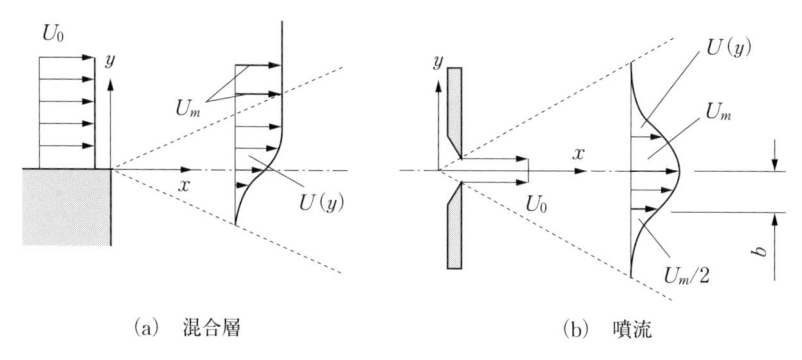

(a) 混合層　　　　　　　　(b) 噴流

図 3.37　混合層および噴流

$$U\frac{\partial U}{\partial x}+V\frac{\partial U}{\partial y}=-\frac{\partial(\overline{uv})}{\partial y} \qquad (3.181)$$

$$\frac{\partial U}{\partial x}+\frac{\partial V}{\partial y}=0 \qquad (3.182)$$

です．ここに，U, V は平均速度の x, y 方向成分であり，u, v は変動速度の x, y 方向成分です．式 (3.181) は，流れ方向の圧力勾配がなく，粘性が無視できる高レイノルズ数の場合に対して成立します．式 (3.181) は，式 (3.182) を用いると

$$\frac{\partial U^2}{\partial x}+\frac{\partial(UV)}{\partial y}=-\frac{\partial(\overline{uv})}{\partial y} \qquad (3.183)$$

のように変形されます．式 (3.181)，式 (3.182) の未知数は，方程式の数よりも 1 つ多い（U, V および $-\overline{uv}$ の 3 つ）ため，レイノルズせん断応力 $-\overline{uv}$ と平均速度勾配 $\partial U/\partial y$ との関係がわかれば，これらの方程式は解くことができます．両者の関係を示す仮説はすでに記述しましたが，念のため簡潔に記しておきます．仮定の 1 つが，プラントルの**混合距離**（mixing length）l を用いたものです．

$$-\overline{uv}=l^2\left|\frac{\partial U}{\partial y}\right|\frac{\partial U}{\partial y} \qquad (3.184)$$

他の 1 つの仮定がブシネスクの**渦動粘性係数**（eddy viscosity）ν_T を用いた次式です．

$$-\overline{uv} = \nu_t \frac{\partial U}{\partial y} \qquad (3.185)$$

さて，式（3.183）を y 方向に積分すると次式となります．

$$\int_{-\infty}^{\infty} \frac{\partial U^2}{\partial x} dy + \int_{-\infty}^{\infty} \frac{\partial (UV)}{\partial y} dy = \int_{-\infty}^{\infty} -\frac{\partial (\overline{uv})}{\partial y} dy \qquad (3.186)$$

上式の左辺第 1 項は，ライプニッツの公式によって $\frac{d}{dx}\int_{-\infty}^{\infty} U^2 dy$ となります．ここで境界条件は噴流の場合，$y \to \infty$ および $y \to -\infty$ において，$U=0$ の関係を用いています．この境界条件は，y 方向の十分遠方では流れがないことを意味します．同様に $y \to \infty$ および $y \to -\infty$ において，$UV=0$，$-\overline{uv}=0$ となります．このため，式（3.186）の左辺第 2 項および右辺は 0 になります．結局式（3.186）から次式が導かれます．

$$\frac{d}{dx}\int_{-\infty}^{\infty} U^2 dy = 0 \qquad (3.187)$$

これを x で積分し，運動量流束の形に整えると以下となります．

$$\int_{-\infty}^{\infty} \rho U^2 dy = 一定 \qquad (3.188)$$

この式は，単位時間・単位スパン幅当たりの運動量が流れ方向に変化しない（運動量が保存される）ことを示しています．これは，流れの検査領域内の運動量変化が物体との間に作用する力であったことから，考慮中の外力（圧力勾配）のない流れでは力が 0 と推測される結果と一致します．

さて，スパン方向に細長い長方形スリット（理想的には無限長）から噴出する 2 次元噴流において，十分に発達した下流域では，代表速度を U_m とし，速度が $U_m/2$ となる y 位置と $y=0$ との距離で定義される半値半幅 b を代表長さとすると，$U_m \propto x^{-1/2}$，$b \propto x$ の関係が得られます．これは運動量保存則（式（3.188））と次元解析の関係を用いて，若干の演算を施すことから求められます．このように，速度分布や乱流量分布が 1 つの速度の尺度と長さの尺度とで規定すると相似分布となることを**自己保存**（self-preservation）といいます．なお，円形ノズル出口からの軸対称噴流の場合，速度および長さの尺度の相似分布は $U_m \propto x^{-1}$，$b \propto x$ となります．これより代表長さの発達割合は同じでも中心速度の減衰は 2 次元流よりも速いことがわかります．以上述べましたが，流れ場の境界条件に起因した運動方程式の形の違いが自由噴流の発達に著しい

3.7.3 後流と物体に働く抗力

図 3.38 は一様流中に置かれた物体の背後における速度が減速した領域,すなわち**後流**(wake)の模式図を表します.座標 x は流れ方向,y は流れに直角で速度勾配を生じている方向にとります.図示したような場合,物体表面から境界層がはく離し,下流において 2.6 節で述べたカルマン渦列が交互に形成されます.また減速した後流域内では圧力の低下(圧力抗力)が生じると同時に,速度勾配に伴う流体の混合が活発化し,エネルギー損失が増大していきます.

さらに下流では,大小さまざまの渦による流体の運動量交換によって混合が進み,y 方向に速度勾配を減少させながら,下流に向かい流れの領域幅を拡大していきます.一様流の速度 U_0 からの減速の程度を表す速度欠損 $U_d = U_0 - U$ は,y 方向に変化(速度勾配の生成)してせん断層を形成します.なお,対称形物体では背後の最大速度欠損 U_{dm} は後流の中心位置 $y=0$ に生じます.

非圧縮 2 次元定常後流の場合,物体から十分下流において境界層近似を適用したレイノルズ方程式は

$$-U_0 \frac{\partial U_d}{\partial x} = -\frac{\partial (\overline{uv})}{\partial y} \tag{3.189}$$

と得られます.これは,式 (3.181) に,$U_d \ll U_0$,$V \ll U$ の条件を加えて得られます.スパン方向(図 3.38 の奥行方向)に形状が一定の 2 次元物体の背後に形成される後流を 2 次元後流といいます.この場合十分発達した下流領域では,速度の尺度を U_{dm} とし,速度欠損が $U_{dm}/2$ となる y 位置と $y=0$ との距離

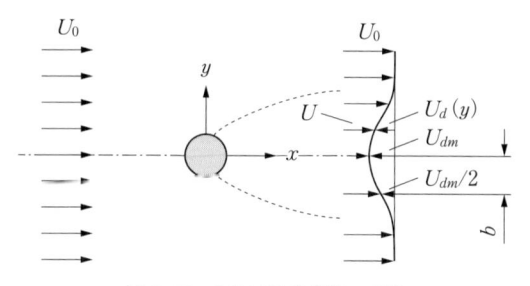

図 3.38 2 次元物体背後の後流

(a) 半値幅　　　　　　　　(b) 最大速度欠損

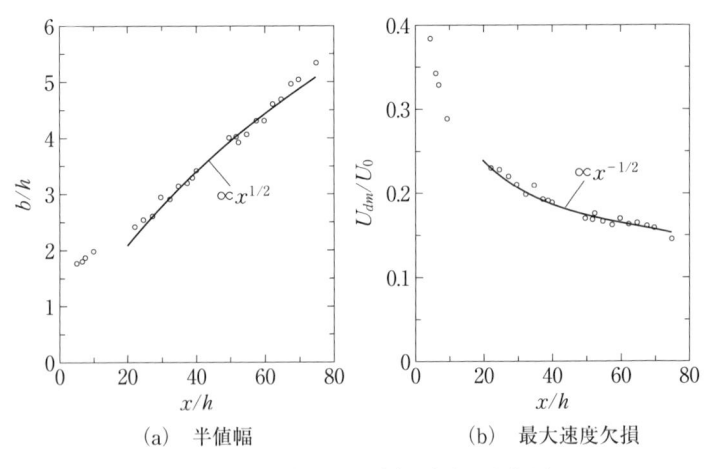

図 3.39 平板後流の例（香川高専，上代ら）

で定義される半値半幅 b を長さの尺度にとると，$U_{dm} \propto x^{-1/2}$, $b \propto x^{1/2}$ の相似条件が成り立ちます．このように，2次元後流においても十分下流の領域を考えれば，平均速度および乱流量分布の相似性，すなわち自己保存（self-preservation）が成り立ちます．図 3.39 は，流れに平行に置かれた平板（板厚 h）の乱流後流の実験値で，(a) は長さの尺度として最大速度欠損の半値全幅 b を，(b) は無次元最大速度欠損 U_{dm}/U_0 を，それぞれ流れ方向に示しています．結果は自己保存の条件を満足しますが，初期条件に強く依存し，上流域では平板境界層の影響が生じています．

なお，長軸を流れ方向に一致させた向きのラグビーボールのような，軸対称形物体の背後に形成される乱流後流では，相似条件は $U_{dm} \propto x^{-2/3}$, $b \propto x^{1/3}$ となり，2次元後流と比べて，速度の尺度は早く減衰し，長さの尺度は緩やかに拡大していきます．

さて，流体中に置かれた物体に働く抗力は，物体の前後の圧力差に起因する**圧力抗力**（pressure drag）D_p と物体表面に働く摩擦応力に起因する**摩擦抗力**（frictional drag）D_f とに分類でき，これらの和を**全抗力**（total drag）D といいます．球（**鈍頭物体**，blunt body）や角柱（**角のある物体**，bluff body）などの逆圧力勾配をもち剝離を生じやすい物体では，D に占める D_p の割合が高く，はく離が生じにくい**流線形物体**（streamline body）では D の値が低く，

3.7 自由せん断流

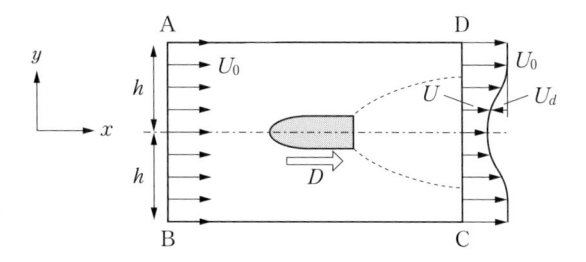

図3.40 十分下流の後流を含む検査面

かつ D に占める D_f の割合が高くなります．これらを説明するために，以下に，2次元形状をした物体まわりの非圧縮性流れについて，抗力を算出します．

図3.40のように，一様流中に置かれた物体まわりに十分大きい検査面 ABCD をとり，検査面上では圧力は一定とします．入口 AB から一様流速 U_0 で単位幅当たりに流入する流量は $\int_{-h}^{h} U_0 dy$ となります．一方，出口 CD からの単位幅当たりの流出流量は $\int_{-h}^{h} U dy$ と表します．これは検査面の出口中央部には速度欠損 $U_d = U_0 - U$ を生じ，この後流部分を考慮する必要があるからです．このため，CD からの流出量と AB からの流入量との差を考慮して，AD 面と BC 面では外方向きに，合計 $\int_{-h}^{h} U_d dy$ の流出流量が発生すると考えます．したがって，検査面の単位幅当たりの x 方向の流入，流出に伴う運動量変化をまとめると，次のようになります．

$$\rho \int_{-h}^{h} U_0^2 dy - \rho \int_{-h}^{h} U^2 dy - \rho \int_{-h}^{h} U_0 U_d dy \qquad (3.190)$$

ここで，非圧縮性流れを考えて，流体の密度 ρ は一定としています．

運動量の保存則から，式（3.190）は，流体から物体に対して作用した単位幅当たりの抗力 D' に等しいことになります．$U_d \ll U_0$ であることから，式（3.190）の第2項，第3項に $U_d = U_0 - U$ を代入して生じる U_d^2 の項を無視すると，次の式が得られます．

$$D' = \rho U_0 \int_{-h}^{h} U_d dy \qquad (3.191)$$

物体の奥行き方向の幅が b のとき，抗力は $D = bD'$ と求まります．D を主流速

度に基づく動圧と物体の投影面積（または前面面積）$S=bd$ との積で割ったものを**抗力係数** C_D といいます．

$$C_D = \frac{D}{\frac{1}{2}\rho U_0^2 S} \tag{3.192}$$

ただし，d として鈍頭あるいは角のある物体では流れに直交する横断方向の長さ（直径など）をとり，流線形物体などでは流れ方向距離（翼弦長など）をとることに注意してください．これは，経験的に圧力抗力が支配的な前者でははく離現象に直結する直径を，一方，圧力勾配が小さい流れの後者では摩擦抗力が支配的となり翼弦長を代表長さとしてとるのが合理的だからです．

〈演習課題〉

3.1　2次元流において，応力テンソル $\boldsymbol{\sigma}$ が

$$\boldsymbol{\sigma}(=\sigma_{ij}) = -p\begin{bmatrix} 1 & 0 \\ 0 & 1 \end{bmatrix} + \begin{bmatrix} 0 & a \\ a & 0 \end{bmatrix}$$

で表されています．流れの中に仮想的に考慮された面（面積の大きさを1とします）が

$$\boldsymbol{n}=(1,0) \quad \text{および} \quad (\sqrt{3}/2, 1/2)$$

の向きに置かれているとき，面に作用する単位面積当たりの力を求めなさい．

3.2　非圧縮性の3次元流れにおいて，ナビエ・ストークスの方程式と連続の方程式を，それぞれ式 (3.10)，式 (3.11) を展開して書き下しなさい．

3.3　図 3.41 に示すような平行2平板間において，x 方向の圧力勾配によって生じる平行定常流の速度分布は，以下となることを示しなさい．

$$u = -\frac{1}{2\mu}\frac{dp}{dx}(b^2 - y^2), \quad y = \pm b : u = 0$$

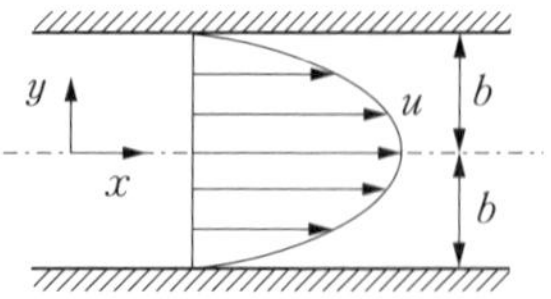

図 3.41

3.4　3次元流のレイノルズ方程式について，レイノルズ応力テンソルを展開して書き下し，独立な成分が6個であることを確認しなさい．

3.5　ゼロ圧力勾配下の層流境界層の速度分布が

$$\frac{u}{U_e} = a + b\left(\frac{y}{\delta}\right) + c\left(\frac{y}{\delta}\right)^2 + d\left(\frac{y}{\delta}\right)^3$$

の多項式で表されると仮定します．境界条件は

$$\begin{cases} y=0 \ ; \ u=0, \ \dfrac{\partial^2 u}{\partial y^2}=0 \\ y=\delta \ ; \ u=U_e, \ \dfrac{\partial u}{\partial y}=0 \end{cases}$$

とします．係数 (a, b, c および d) を決定し，境界層厚さ δ と流れ方向距離 x との関係を導きなさい．

3.6 ハーゲン・ポアズイユの円管流において，以下の事柄を考察しなさい．
 (a) 層流，乱流によらず，せん断応力 τ は半径 r に比例することを導きなさい．このとき流れ場はどんな条件が必要ですか．
 (b) 層流の速度分布式を求め，円管中心で最大速度 U_0 となることを示しなさい．
 (c) 層流の場合，管摩擦係数 λ が $64/Re$ となることを導きなさい．

3.7 半径 R の円管内の乱流の速度分布が $1/n$ 乗則，$U/U_0=(y/R)^{1/n}$ に従うとき，以下の事柄を考察しなさい．
 (a) 管路を流れる流量 Q を求めなさい．
 (b) 断面平均流速 V と管中心の最大流速 U_0 との比を求めなさい．この値を用いると，流体計測上どんな利点が考えられますか．
 (c) $n=7$ の場合，V/U_0 はいくらですか．
 (d) 速度分布形状を，層流と乱流 ($n=7$) の場合について比較しなさい．

3.8 卓上形送風機のノズル出口から噴流が吹き出しており，$x=100$ mm および 200 mm 離れた位置で x 方向（噴流方向）速度成分 U を計測したところ，噴流に直角な y 方向の分布が表3.2のように得られました．2つの x 位置における最大速度 U_m の半値をとる y 方向の噴流の幅（半値全幅）b_0 の概算値を方眼紙上に作図して求めなさい．

表3.2 噴流の速度分布

(a) $x=100$ mm

y (mm)	−24	−14	−9	−4	−2	0	2	6	10	12	14	16	21	26
U (m/s)	2.5	4.5	5.7	6.5	6.7	7.0	6.7	6.1	5.6	5.3	4.9	4.4	3.3	2.3

(b) $x=200$ mm

y (mm)	−44	−34	−24	−9	−2	2	6	10	14	21	26	36
U (m/s)	2.2	3.5	4.3	5.4	5.5	5.5	5.2	4.7	4.6	4.0	3.4	2.6

第4章

各種流体機械への応用

4.1 機械および環境・エネルギー系の流体機械

4.1.1 ポンプ

A. ポンプの概要および性能

回転している羽根車内の翼間を流体が通り過ぎると,流体は流体機械からエネルギーを与えられますが,この形式を**ターボ形ポンプ**(turbo pump)と呼びます.さらに羽根車内を流れる特徴から,遠心式,軸流式および斜流式と区分されます.一方,**容積形ポンプ**(positive displacement pump)と呼ばれるポンプがあり,その機構から回転式,往復式等に区分されます.本節では一般的によく使われている2種類のターボ形ポンプに説明を限定します.

(1) ターボ形ポンプの分類

ターボ形ポンプには羽根車を通過する流れの特徴から,遠心式,軸流式および斜流式ポンプがあります.図4.1に遠心式と軸流式のポンプの**羽根車**(impeller)形状を示します.**遠心式ポンプ**(centrifugal pump)は羽根通路を過ぎる流体が羽根車軸に直交して流出(半径方向流)するもので,遠心力作用によりエネルギーを獲得するものです.**軸流式ポンプ**(axial flow pump)は羽根通路を過ぎる流体は羽根車軸に平行に流出し,羽根に働く揚力作用によりエネルギーを獲得します.**斜流式ポンプ**は両者の特徴を取り入れた中間的な形式(以下省略します)です.

ポンプの形式と性能を比較すれば,揚程は羽根車直径が大きいほど高く,一方流量は羽根通路幅が大きいほど多くなります.そのため,揚程は遠心式,斜

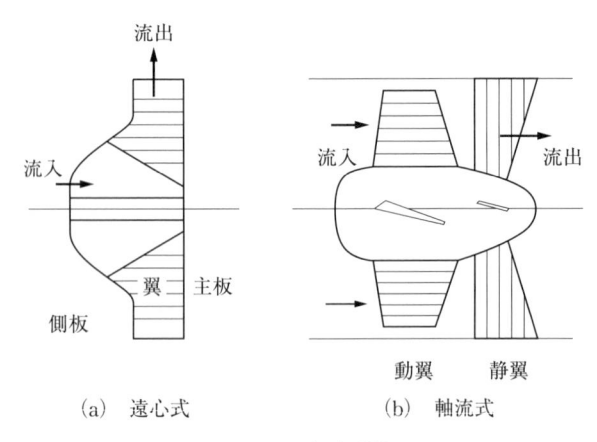

流式,軸流式の順に高く,流量は同順に少なくなります.後述する比速度 n_s の値は,ポンプの形式や性能を表す次元をもつ量で,概ね遠心式では 100～300,軸流式では 1000 以上,斜流式では 400～800 程度です.

(2) 動力と性能

ポンプの性能曲線は,流量 Q の変化に対して揚程 H,効率 η,軸動力 P の特性を表したものです.まず**揚程**(head)を求めてみます.図 4.2 に示す配管系において,ポンプの揚程をベルヌーイの式から導きます.全揚程 H は図中に示した記号を使えば,次式で表せます.

$$H = \left(\frac{p_d}{\rho g} + \frac{v_d^2}{2g} + z_{sd}\right) - \left(\frac{p_s}{\rho g} + \frac{v_s^2}{2g}\right) = \frac{p_2 - p_1}{\rho g} + z_d + (h_{l2} + h_{l1}) \quad (4.1)$$
$$= H_a + (h_{l2} + h_{l1})$$

ここで,H はポンプ吐出し口と吸込み口間の全ヘッド差(D 点と S 点の位置ヘッド差のみではないことに注意),H_a は実揚程,h_{l1} は吸込み管路の損失ヘッド,h_{l2} は吐出し管路の損失ヘッド,p_d, p_s は吐出しおよび吸込み圧力,v_d, v_s は吐出しおよび吸込み速度,$z_d = z_1 + z_2$ は液面の実高さです.これより,ポンプの実揚程 H_a は見かけの全揚程 H から吐出し管路および吸込み管路における全損失ヘッド分少ないヘッドであることがわかります.H_a はまた,液面の実高さ z_d に圧力ヘッド差 $(p_2 - p_1)/(\rho g)$ を加えたものでもあります.式 (4.1)

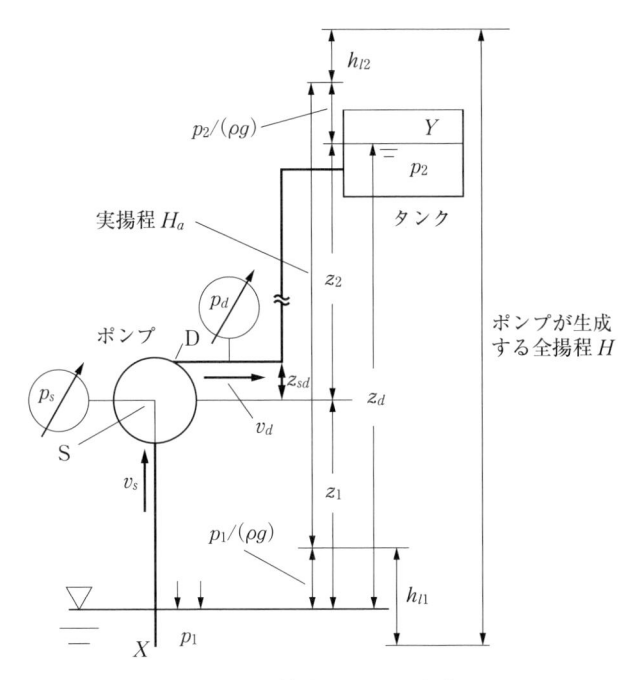

4.1 機械および環境・エネルギー系の流体機械

図4.2 配管系とポンプの揚程

は，下記の3つのエネルギー式（損失ヘッドまたはポンプが生成するヘッドを考慮したベルヌーイの定理）を連立することで導出されます．すなわち，図4.2において，X点からS点への流線（吸込み管路），S点からD点への流線（ポンプ内流路），D点からY点への流線（吐出し管路）についての3つのエネルギー式です．

次に**水動力**（water power）を求めてみます．これは液体（水など）がポンプから得る動力であり，P_wと表すと次式で求められます．

$$P_w = \rho g Q H \tag{4.2}$$

ここで，Hは**全揚程**（total head），Qは**流量**（flow rate）です．軸動力Pは羽根車を運転するのに必要な動力であり，円板摩擦損失，機械損失等の機械効率を考慮するものです．したがって，全体のポンプ効率は以下に示す3種の効率を考えることになります．

$$\eta = P_w/P = 機械効率 \times 水力効率 \times 体積効率 \tag{4.3}$$

水力効率はポンプの入口から出口までの損失ヘッドを，他方体積効率はポンプ内部で隙間から漏れて還流する流量を考慮するものです．ポンプの性能を表す際に**性能曲線**（performance curve）が用いられます．ターボ形ポンプの場合，横軸に吐出し流量 Q をとり，一方縦軸に揚程 H，軸動力 P，効率 η および回転数 n をとり示します．この代表的な例を図4.3に示しています．この性能曲線はポンプの種類，羽根形状が決まれば，ポンプの大きさによらず同一の性能を示すことを意味します．なお，図中に効率最大の点を示し，そのとき得られる各値を添え字 m で表して**定格**と呼び，定格ヘッド，定格流量が設計において用いられます．

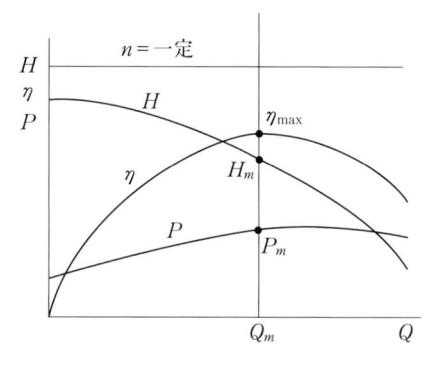

図 4.3 ポンプの性能曲線

(3) 相似則と比速度

ターボ形ポンプの形式と性能を概ね予測する場合，ポンプの比速度という概念が用いられます．この**比速度**（specific speed）について説明します．いま，ポンプの構造が相似であるとき，その羽根車内の流れの状態が相似となれば，ポンプの大きさや回転数に無関係に一定となる数で，次式で表されます．

$$n_s = nQ^{1/2}/H^{3/4} \tag{4.4}$$

n_s は比速度で，単位は〔rpm，m³/min，m〕で有次元の量です．n は羽根車の回転数，Q は吐出し流量，H は揚程を表します．SI単位を用いる場合，時間に関して秒〔s〕で表示すれば，比速度を無次元で表すことができます．この場合，次式と書き表します．

$$n_s = nQ^{1/2}/(gH)^{3/4} \tag{4.5}$$

ここで，単位は n〔rps〕，Q〔m³/s〕，H〔m〕とすれば，n_s〔－〕となります．

ターボ形ポンプの相似則を考える場合，流れ場の幾何学的相似と力学的相似が成立する必要があります．羽根車の回転により流体は圧力上昇を得るため，複雑な幾何形状の相似条件が満たされれば，力学的相似の条件のみ考えること

4.1 機械および環境・エネルギー系の流体機械

になります．つまり，レイノルズ数を評価すればよく，代表速度と代表長さを適切に選択することになります．ターボ形ポンプでは，吐出し流量の変化は羽根流入角の変化を伴うため，速度三角形の相似も考慮する必要があります．このような相似性は最高効率点（定格状態）で運転すれば満足されています．すると，2台のポンプの間では流れは相似となり，流体機械の性能は相似な関係に基づく性能を発揮します．

いま，2台のポンプにおいて，羽根車直径を D_2 と D_2'，出口幅を b_2 と b_2'，回転数を n と n'，羽根車出口における絶対速度の半径方向成分を v_{m2} と v_{m2}'，接線方向成分を v_{u2} と v_{u2}'，羽根車入口および出口における羽根の周速度を u_1 と u_2 とします．すると以下のように相似の条件が決まります．

$$\text{幾何学的相似：} \quad D_2/D_2' = b_2/b_2' \tag{4.6}$$

$$\text{速度三角形の相似：} u_2/u_2' = \pi D_2 n/(\pi D_2' n')$$
$$= v_{m2}/v_{m2}' = v_{u2}/v_{u2}' \tag{4.7}$$

効率等は2台のポンプで同一であるとすれば，揚程比，吐出し流量比，動力比は次の関係式にまとめられます．揚程比は後述するオイラーの理論ヘッドから

$$H/H' = H_{th}/H_{th}' = (u_2 v_{u2}/g)/(u_2' v_{u2}'/g) = (D_2 n/D_2' n')^2$$
$$= (D_2/D_2')^2 (n/n')^2 \tag{4.8}$$

となります．吐出し流量比は次式で表せます．

$$Q/Q' = (\pi D_2 b_2 v_{m2}/\pi D_2' b_2' v_{m2}') = (D_2/D_2')^3 (n/n') \tag{4.9}$$

以上をまとめると，動力比は次式と表されます．

$$P/P' = (\rho g Q H)/(\rho g Q' H') = (QH)/(Q'H')$$
$$= (D_2/D_2')^5 (n/n')^3 \tag{4.10}$$

式 (4.8) の揚程比と式 (4.9) の吐出し流量比から，次の両式

$$D_2/D_2' = (H/H')^{1/2} (n'/n)$$
$$Q/Q' = (H/H')^{3/2} (n'/n)^2$$

を導き，それぞれのポンプの値ごとにまとめると，以下のような比速度を表す式が得られます．

$$n'(Q')^{1/2}/(H')^{3/4} = nQ^{1/2}/H^{3/4} = n_s \quad \text{（比速度）} \tag{4.11}$$

B. 遠心式および軸流式ポンプ
(1) 遠心式ポンプ

遠心ポンプ（centrifugal pump）の種類は多く，用途や設置場所等により構造が異なります．図4.4に示すディフューザがない場合の**渦巻ポンプ**（volute pump）は羽根車と外側のケーシングのみの構造で，一方ディフューザがある場合の**ディフューザポンプ**（diffuser pump）は羽根車の外周にディフューザ（案内羽根）を設置したものです．主軸の方向による分類では，縦軸形（鉛直軸）と横軸形（水平軸），羽根車段数では，単段（羽根車が1個）ポンプと多段ポンプ（羽根車が複数個），吸込み形式では，片吸込み形と両吸込み形があります．これらは圧力の高低，流量の大小，軸の振動抑制などでおのおの利用されています．

ポンプ内部の流れを図4.5に示す**羽根車**（impeller）で考えますと，まず吸込み口付近では流れは比較的滑らかに流れ，偏流や旋回によるはく離等がないように設計します．羽根車目玉付近では，羽根入口形状によっては主板側と側板側で逆流が生じることがあり注意が必要です．羽根通路内での流体にエネルギーを与える仕事については後述します．羽根車から流出するとディフューザから渦形室に入るものと直接渦形室に入るものがありますが，いずれも運動エネルギーを圧力回復に変換しますから，損失が小さくなるような工夫が必要です．

ここで，角速度 Ω で回転する羽根車内の流れを考えてみます．図4.6に示す羽根車内を通過する相対流の経路 $A_1 \sim A_2$（回転軸中心 O から半径 r_1 の位置に点 A_1 を半径 r_2 の位置に点 A_2）に着目します．それぞれ，絶対速度 v，

(a) 渦巻ポンプ　　　(b) ディフューザポンプ

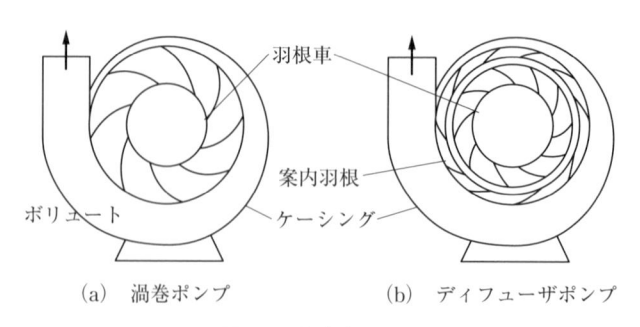

図4.4　遠心式ポンプ

4.1 機械および環境・エネルギー系の流体機械

周速度 u, 相対速度 w をとり, A_1 と A_2 点で各速度をベクトル的に合成します. 相対流の経路は理想的な場合, 羽根形状と一致（流れに損失がない）します. つまり, 羽根の厚みがゼロと仮定することになります. これを"**羽根数無限の流れ**"といい, 一方実際には流れは一様とはならず損失が生じるため, "**羽根数有限の流れ**"といいます.

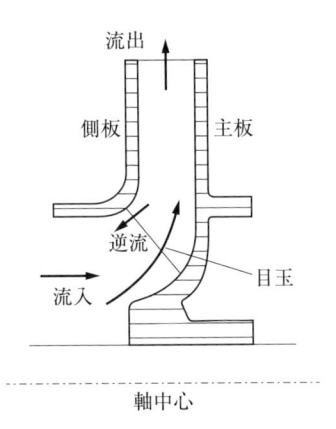

羽根数無限の流れについてポンプの性能を考えてみます. 羽根数無限（羽根の厚みゼロ）の羽根車が角速度 Ω で回転している場合, 角運動量の保存則（羽根車が流体に加えたトルクは, 羽根車を通り過ぎる流体の羽根車軸に関する単位時間当たりの角運動量の変化に等しい）を適用してトルクや動力を求めます. 図 4.6 から, 羽根入口（半径 r_1）では軸に関する角運動量は $\rho Q\, r_1 v_1 \cos \alpha_1$, 羽根出口（半径 r_2）では $\rho Q\, r_2 v_2 \cos \alpha_2$ となりますから, トルクは次式で与えられます.

$$T = \rho Q (r_2 v_2 \cos \alpha_2 - r_1 v_1 \cos \alpha_1) \tag{4.12}$$

したがって, 羽根車を回転させるのに必要な動力は以下となります.

$$\begin{aligned} P &= \Omega T = \rho Q (\Omega r_2 v_2 \cos \alpha_2 - \Omega r_1 v_1 \cos \alpha_1) \\ &= \rho Q (u_2 v_2 \cos \alpha_2 - u_1 v_1 \cos \alpha_1) \end{aligned} \tag{4.13}$$

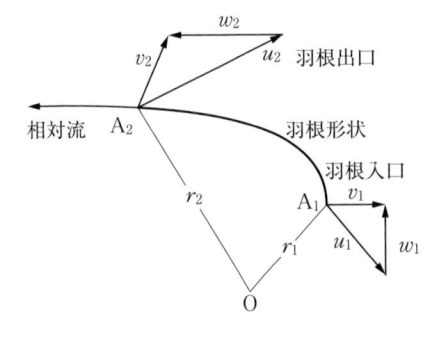

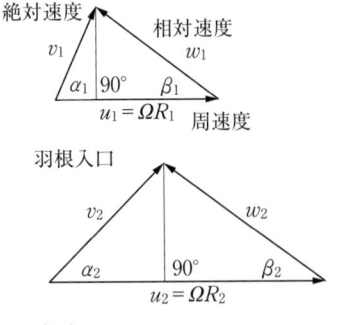

図 4.5 羽根車入口, 出口の形状

図 4.6 羽根通路の相対流と速度三角形

一方，動力は揚程 H_{th} を用いて示すと次式のとおりです．

$$P = \rho g Q H_{th}$$

両者の式を等しいとおけば，羽根数無限の流れにおける理論揚程が得られます．

$$\rho g Q H_{th} = \rho Q (u_2 v_2 \cos \alpha_2 - u_1 v_1 \cos \alpha_1)$$

$$H_{th} = \frac{u_2 v_2 \cos \alpha_2 - u_1 v_1 \cos \alpha_1}{g} \tag{4.14}$$

これを**オイラーの理論ヘッド**（Euler's theoretical head）といいます．ここで，羽根車翼について2つの仮定を考えてみます．

仮定①：半径方向流入（$\alpha_1 = 90°$）；羽根入口で流れが円周方向の速度成分をもたず，$\alpha_1 = 90°$，$v_1 \cos \alpha_1 = 0$ より次式となります．

$$H_{th}(\alpha_1 = 90°) = u_2 v_2 \cos \alpha_2 / g \tag{4.15}$$

仮定②：相対速度 w_2 が半径方向流出（$\beta_2 = 90°$）；$\beta_2 = 90°$，$v_2 \cos \alpha_2 = u_2$ となり，結局次式が得られます．

$$H_{th}(\beta_2 = 90°) = u_2^2 / g \tag{4.16}$$

ここで，出口周速度 u_2 は，$u_2 = \pi D_2 n / 60$ で求められます．回転数 n は単位を rpm（1分間当たり）で表すのが多いようです．

次に，羽根出口角 β_2 とポンプ性能との関係を考えてみます．図4.7に示した速度三角形から，次式が成り立ちます．

$$v_2 \cos \alpha_2 = u_2 - v_2 \sin \alpha_2 \cot \beta_2 \tag{4.17}$$

これを用いて式（4.15）を変形すれば，吐出し流量とポンプヘッドとの関係が

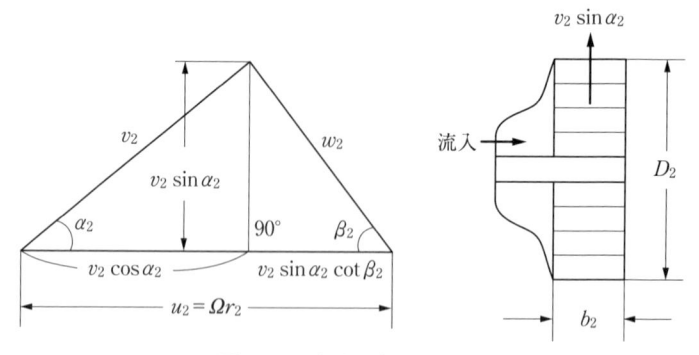

図4.7 羽根出口角 β_2 の効果

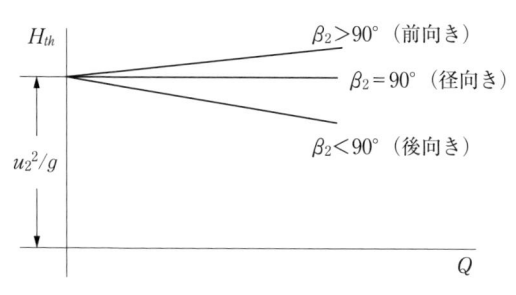

図4.8 羽根出口角 β_2 と揚程 H_{th} との関係（羽根数無限の場合）

得られます．

$$H_{th}=(u_2{}^2/g)\{1-(v_2 \sin \alpha_2/u_2)\cot \beta_2\} \tag{4.18}$$

また図4.7から，連続の式を羽根出口面外周に適用すれば次式が得られます．

$$Q=v_2 \sin \alpha_2\, \pi D_2\, b_2 \tag{4.19}$$

これより，$v_2 \sin \alpha_2$ を求め式（4.18）に代入すれば，揚程 H_{th} と羽根出口角 β_2 との関係が得られます．

$$H_{th}=(u_2{}^2/g)\{1-(Q/\pi D_2 b_2\, u_2)\cot \beta_2\} \tag{4.20}$$

式（4.20）の意味について，図4.8に表してみます．$\beta_2=90°$ の場合（**半径方向羽根**），$\cot \beta_2=0$ より Q が変化しても H_{th} は一定のままです．β_2 が $90°$ より大きい場合（**前向き羽根**），Q が増加すると H_{th} は増加し，一方 β_2 が $90°$ より小さい場合（**後向き羽根**），Q が増加すれば H_{th} は減少します．

余弦法則を利用してオイラーの理論ヘッドを書き換えますと

$$u_1{}^2+v_1{}^2-w_1{}^2=2u_1v_1 \cos \alpha_1,\quad u_2{}^2+v_2{}^2-w_2{}^2=2u_2v_2 \cos \alpha_2$$

の関係から，以下のように表せます．

$$\begin{aligned}H_{th}&=(u_2v_2 \cos \alpha_2-u_1v_1 \cos \alpha_1)/g\\&=\{(u_2{}^2+v_2{}^2-w_2{}^2)-(u_1{}^2+v_1{}^2-w_1{}^2)\}/2g\\&=\{(u_2{}^2-u_1{}^2)-(w_2{}^2-w_1{}^2)+(v_2{}^2-v_1{}^2)\}/2g\end{aligned} \tag{4.21}$$

これは結局以下のことを意味します．

$$\begin{aligned}H_{th}&=（遠心力による圧力上昇）-（相対速度差による圧力上昇）\\&\quad+（流体の輸送エネルギー）\\&=H_P（圧力上昇分）+H_V（運動エネルギー分）\end{aligned} \tag{4.22}$$

ポンプの場合，特性の目安にする用語として反動度 $r=H_P/H_{th}$ があります．

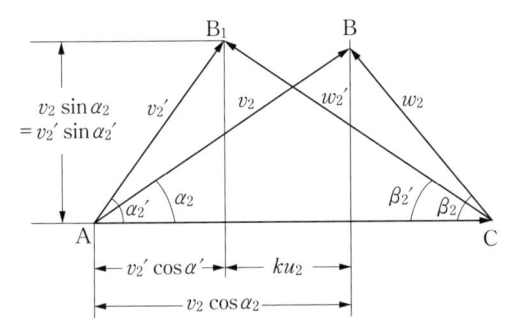

図 4.9 出口速度三角形の比較（すべりの有無）

これは全揚程に対し，流体に与えた圧力上昇分（仕事量）がどの程度であるかを示すものです．

羽根数有限の場合について，理論揚程を考えてみます．羽根の厚みを考えると流路面積の減少から，吐出し流量の低下を考慮します．一方羽根数が有限個であるため羽根流路内を一様には流れず，結局羽根の前面と後面で圧力差が生じ，流体は羽根出口角 β_2 より小さい角度で流出し，つまり**すべり**が生じ揚程は減少します．これを羽根数無限と有限との場合について，羽根出口で速度三角形を比較したのが図 4.9 です．この場合において理論揚程 H_{th}' を求めれば，羽根入口で $\alpha_1'=90°$（半径方向流入）としたとき次式となります．

$$H_{th}' = u_2 v_2' \cos \alpha_2'/g \tag{4.23}$$

ここで図 4.9 から次式が得られます．

$$k = (v_2 \cos \alpha_2 - v_2' \cos \alpha_2')/u_2 \tag{4.24}$$

この k を**すべり係数**，ku_2 を**すべり速度**（slip velocity）と呼びます．また

$$(ku_2^2)/g = H_{th} - H_{th}' \tag{4.25}$$

であり，図 4.10 に羽根数無限と羽根数有限の場合の揚程差を表しています．すべり係数に及ぼす影響因子として，羽根出口角 β_2 のほか，羽根数，羽根車入口および出口直径があげられます．

次に，羽根数有限の場合，羽根の厚み

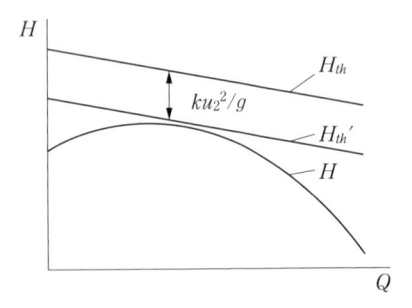

図 4.10 H_{th}, H_{th}', H の比較

を考慮することから吐出し流量が減少します．これについて，図4.11に示した羽根厚みは$s/\sin\beta_2$で，羽根枚数はz枚とすれば，流路の面積は$\{\pi D_2-(s/\sin\beta_2)z\}b_2$であり羽根数無限の場合に比べ，$\{\ \}$の第2項分だけ減少しています．これを用いて羽根数有限の場合の吐出し流量は次式となります．

$$Q=v_2\sin\alpha_2\{\pi D_2-(s/\sin\beta_2)z\}b_2 \quad (4.26)$$

実際のポンプには必ず損失がありますから，羽根数有限の場合に比べ，ポンプ内部の流れによる損失h_lを考慮する必要があります．実際のポンプ揚程をHとすれば，次式となります．

$$H=H_{th}'-h_l \quad (4.27)$$

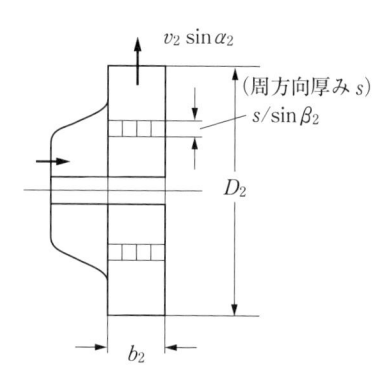

図4.11 羽根数有限の場合の羽根厚み

水力効率は，$\eta_h=H/H_{th}'=1-h_l/H_{th}'$です．損失の中身をあげれば，流体摩擦損失，流路拡大損失，入口衝突損失などがあります．

遠心ポンプに働くスラストには2種類あり，**軸スラスト**（axial thrust）と**心向きスラスト**（radial thrust）と呼ばれます．軸スラストは羽根車の主板側および側板側に働く背圧の差によるもので，ライナーリング（図は省略）に対応する面積に作用する側板側の圧力が小さいために，軸方向に生じるスラストです．これを打ち消すために，圧力バランス用ピストンを付加したり，羽根車の組を背面配置で用いることがあります．他方，心向きスラストは主軸に対し半径方向に働くもので，これはボリュートケーシング内の圧力分布が不均一となるため，局所位置による回復圧力が異なるため，半径方向に作用します．

(2) **軸流式ポンプ**

一般に比速度が大きいポンプは，揚程は低いが吐出し流量は多いため，羽根車形状は軸流形か斜流形が用いられます．特にポンプの揚程は軸流形ならば5m以下が多いようです．重要な特徴は，羽根の取付け角が可変である可変羽根ポンプが利用されることです．これについては後ほど理由を述べます．固定羽根のポンプも制作費用の点からしばしば利用されています．

まず**軸流式ポンプ**（axial flow pump）の構造や翼形について述べます．図

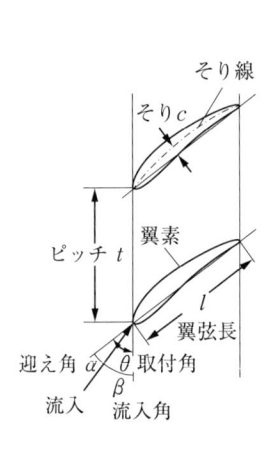

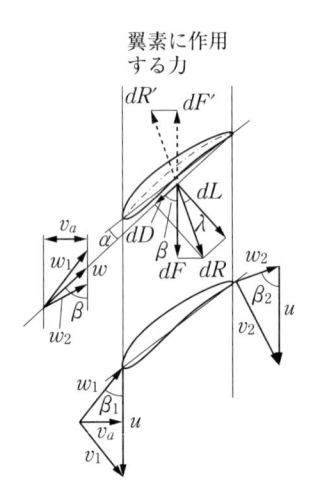

図 4.12 翼と翼素列　　**図 4.13** 翼と流れとの関係

4.1 (b) に示すように主軸を回転させると，ボス部に設置された動翼（回転翼）が回転し，吸込み側から流体を主軸に平行（同一半径上）に吸引します．動翼，静翼（固定案内羽根）の間を流体は主軸に平行に通り過ぎ，吐出し側から流出しますが，この間で翼表面には揚力が発生し，流体はそれに伴う仕事量を得ることになります．主軸は外部の軸受けや液中の軸受で支持されています．翼形（羽根断面形状）は図 4.12 に，軸流形の翼断面をもつ翼列を示しています．翼の前縁と後縁を結ぶ直線の長さ l を**翼弦長**（chord length）といい，翼弦と流れのなす角 α を**迎え角**（attack angle），翼形の中心を通る線を**そり線**（camber line），翼弦とそり線との距離 c を**そり**（camber），翼列の翼と翼の間隔 t を**ピッチ**といいます．翼列の性能を表示するのに，**アスペクト比**（aspect ratio，b/l，b は翼幅），や**弦節比**（solidity，l/t）が用いられます．

　軸流ポンプの理論揚程を調べてみます．羽根取付け角 θ（$=\alpha+$流入角 β）が変化すれば揚程と吐出し流量との関係は広い範囲で変化し，θ が小さいほど揚程曲線の傾きは急で，定格流量は小さくなります．可動羽根の場合必要性能はあらかじめ羽根取付け角を調節しますから，運転はなめらかに行われます．一方，固定羽根の場合，$\theta=$一定の場合の性能を考慮することになります．

　軸流ポンプの理論揚程を翼理論から求めてみます．図 4.13 に示すように，

4.1 機械および環境・エネルギー系の流体機械

流れの中に翼幅 dr の翼素をおいたとき翼素に働く力の流れに垂直方向の分力を dL (揚力, lift), 流れの方向の分力を dD (抗力, drag) とおけば次式が得られます. なお, 図中の矢印の方向は流体に作用する力の向きとして表示しています.

$$dL = C_L(\rho/2)w^2\,l\,dr, \quad dD = C_D(\rho/2)w^2\,l\,dr \tag{4.28}$$

ここで, C_L は揚力係数, C_D は抗力係数, w は $(w_1+w_2)/2$ のベクトル平均速度です. dL と dD の合力を dR, その羽根車周方向成分を dF, 羽根周速を u とすれば, 翼素に働く動力は $dF \times u$ ですから羽根数 z 枚では, $z \times dF \times u$ となります. この動力が翼列を通過する流体に与えられるとすれば, 損失を無視したとき次式が成り立ちます.

$$\rho g\,H_{th}\,dQ = z\,dF\,u \tag{4.29}$$

dQ は翼幅 dr 当たりの流量, H_{th} は発生する理論揚程です. これより理論揚程を求めるには, dF, dR, dL, dD の関係と dQ がわかればよいことになります. 翼幅 dr でピッチ距離 t, 羽根枚数 z の場合, 翼列の全通路面積は $z\,t\,dr$ であり, そこを絶対速度の軸方向成分 v_a で横切るとすれば, 流量 dQ は以下となります.

$$dQ = v_a\,z\,t\,dr \tag{4.30}$$

となります. dF, dR, dL, dD の関係は図 4.13 より次式が成り立ちます.

$$\begin{aligned}dF/dR &= \cos(90°-\lambda-\beta) = \sin(\lambda+\beta) \\ dL/dR &= \cos\lambda, \quad dD/dL = \tan\lambda\end{aligned} \tag{4.31}$$

以上から, dF は次式のように求められます.

$$dF = dL(1/\cos\lambda)\sin(\lambda+\beta) \tag{4.32}$$

dL を式 (4.28) を用いて表せば, 次式と書き換えられます.

$$dF = C_L\left(\frac{\rho}{2}\right)w^2\,l\,dr\,\frac{\sin(\lambda+\beta)}{\cos\lambda} \tag{4.33}$$

理論揚程 H_{th} と相対流れのベクトル平均速度の関係を表せば, 次式のようになります.

$$H_{th} = C_L\left(\frac{l}{t}\right)\frac{u}{v_a}\left(\frac{w^2}{2g}\right)\frac{\sin(\lambda+\beta)}{\cos\lambda} \tag{4.34}$$

ここに述べた式を利用して軸流形羽根車の羽根形状を設計する場合, 性能が既

知の翼形を利用すれば便利です．特に，弦節比 l/t が1より小さい場合羽根相互間の干渉はなく，単独翼として扱うことができます．また，軸流形の場合でも流入する流体は旋回速度成分をもたないものとして取り扱います．

　軸流ポンプでは図4.1に示したように，案内羽根（静翼）を設置するのがほとんどです．これは，構造上羽根車から流出した流体はかなりの旋回速度成分をもつため，圧力降下による負圧現象やケーシング表面でのはく離が出現しますが，これを抑えるために設置するものです．案内羽根の形状が翼形であるならば羽根車と同様に扱って，性能を予測することができます．ただし，案内羽根の弦節比は1より大きく，羽根相互間の干渉を考慮する必要があります．また，案内羽根の外径は羽根車直径より大きく，羽根数も羽根車よりも多くします．

C. ポンプの諸現象
(1) キャビテーション

　管路や流体機械などの流れ通路において，液中の圧力が低下してその値がその液温の飽和蒸気圧以下になると，液は蒸発して気泡が発生します．この現象は**キャビテーション**（cavitation）と呼ばれます．キャビテーションが発生すると，ポンプ運転に悪影響を及ぼし，騒音，振動の原因となります．これは気泡が繰り返し崩壊するときの衝撃圧力が原因で，金属表面は疲労破壊から損傷を受け，エロージョンと呼ばれる表面壊食が生じます．揚程曲線はキャビテーションの発生時に急降下し，効率も悪化していきます．

　キャビテーション発生の目安は，**有効吸込みヘッド**（net positive suction head, NPSH）h_{sv} で示されます．図4.14に示すポンプ高さ位置と圧力との関係を調べると，羽根入口点 b における流体の全圧と飽和蒸気圧の差が h_{sv} であり，全圧が低下し h_{sv} の値がある値以下になればキャビテーションが発生しやすくなります．これを求めると，以下に与えられます．

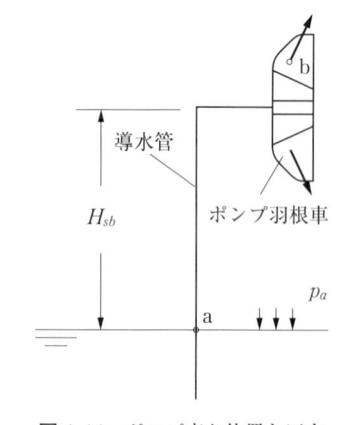

図4.14　ポンプ高さ位置と圧力

$$h_{sv} = p_b/(\rho g) + v_b{}^2/(2g) - p_v/(\rho g)$$
$$= p_a/(\rho g) - H_{sb} - h_l - p_v/(\rho g) \tag{4.35}$$

ここで，H_{sb} はポンプ据え付け高さ，p_a は大気圧，h_l は吸込み管入口から b 点までの全損失ヘッド，p_v は飽和蒸気圧です．ポンプ吸込み揚程（羽根入口における圧力および速度ヘッドの和，h_s）は，流れ場の全体系のシステムで異なるので注意が必要です．

(2) サージング

ポンプや送風機などの圧力と吐出し流量が，数秒の周期で比較的ゆっくりした変化を生じる場合があります．この現象は**サージング**（surging）と呼ばれます．一旦これが生じると，性能が不安定となり必要とする揚程や吐出し流量が得られず，系を構成する管路において振動が生じます．これは運転を停止しない限り止むことはありません．ただ，この現象は周期が長いため，吐出し側の圧力計を調べることで比較的容易に見つけることができます．加えて，吐出し流量も安定した量を得られず，しばしば間欠的な流量となるため，現象の発生は見つけやすいものです．サージングの発生は，ポンプの揚程曲線が右上がり勾配（流量が増加すると揚程も増加をたどる傾向をもつ範囲）をもつ場合に多く発生します．

(3) 水撃現象

管路系を水が流れているとき，その水が急激に停止することが生じた場合，管内圧力は急上昇し，その圧力変化は波動として管内を伝播します．この圧力上昇の程度が問題で，配管系の破損や異常騒音の発生，振動が伴って生じてきます．これを**水撃現象**（water hammer）と呼びます．圧力上昇の程度は流量調節弁を閉鎖する時間に関係し，急閉鎖の場合は運動量変化から簡単に概略を求められます．いま，図 4.15 に示すようにタンクから管路を通じて水が流れ，管路終端には流量調節弁が設置されているものとします．弁の直前の圧力と急閉鎖後の圧力の差を Δp とすれば，管内流速を V，圧力波の伝播速度を a とした場合，運動量変化は $\rho a A V$（A は管路面積，ρ は水の密度）であり，この変化を生じさせた力は $\Delta p A$ となります．この両者の値は等しいですから，$\Delta p A = \rho a V A$ となります．これより次式が得られます．

$$\Delta p = \rho a V \tag{4.36}$$

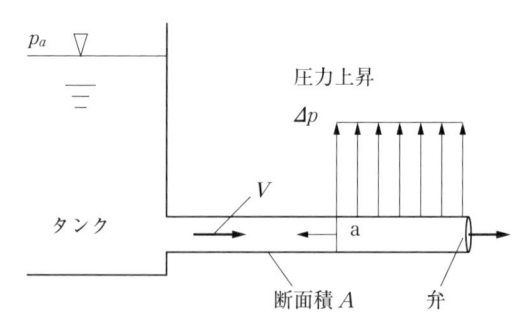

図 4.15 弁の閉鎖と圧力上昇

これより，水撃現象では圧力波の伝播速度，管内流速，弁閉鎖時間，管路長が重要な因子であることがわかります．水撃現象の発生防止には，サージタンクをポンプの吐出し側に設置し圧力上昇を防ぐこと，あるいは流量調節弁の操作を段階的に変化させ，弁による管路面積の急変化を避けること，などが有効です．

4.1.2 水　　車

A．水車の概要，各種の水車

　水車は水のもつ位置エネルギーを**羽根車**（水車ではランナ，runner）の作用で機械的エネルギーに変換する水力機械です．現在では水車は発電用として使われ，発生した機械的エネルギーはランナの軸に直結した発電機で電気エネルギーに変換（水力発電）されます．水力発電所の概要を図 4.16 に示します．貯水池あるいは河川からの誘導路を通り上水槽（場合によりサージタンク）に水が導かれます．そこから水圧管を通り下方にある水車に水が導かれ，ランナを回転させた水は吸出し管により減速された後，放水路に放流されます．なお，場合により夜間等に揚水しておき，電力需要期に発電を行う揚水発電も行われます．この際，ポンプと水車とを兼用できるポンプ水車が用いられます．

(1) 出力，効率

　図 4.16 に示した貯水池と河川の位置との差を**全落差**（total head）H_g といい，そのうち以下に述べる有効に利用できる落差を**有効落差**（effective head）H と呼びます．

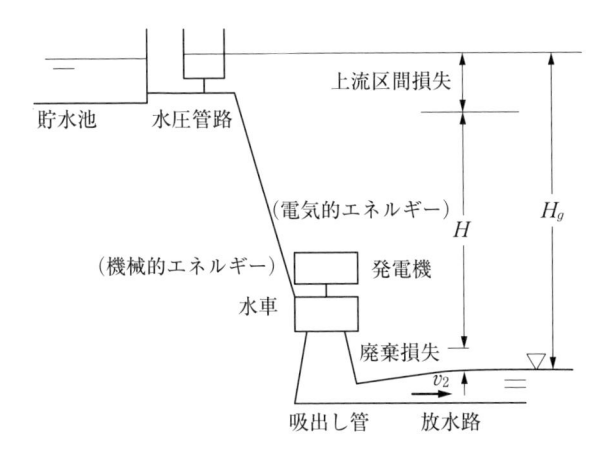

図 4.16 水力発電所の概要

$$H = H_g - (h_{l1} + h_{l2} + h_{l3}) - v_2^2/(2g) \quad (4.37)$$

ここで，右辺第2項は貯水池から水車入口までの損失ヘッドと放水路の損失ヘッドとの和であり，右辺第3項は廃棄損失ヘッドです．

有効落差Hに相当する距離を落下する水が失うエネルギーは，水車が利用できる動力であり，**理論出力**（theoretical power）P_{th}と呼びます．

$$P_{th} = \rho g Q H \quad (4.38)$$

ここで，ρは水の密度，Qは水の流量です．水車の実際の出力である**正味出力**（net power）Pは，水力損失（摩擦および衝突損失），機械損失（軸受等）および各部の漏れ損失のため理論出力より小さくなります．水車の全効率をηとすると，次式となります．

$$P = \eta P_{th} = \eta \rho g Q H \quad (4.39)$$

全効率（total efficiency）ηは，水力効率η_h，体積効率η_vおよび機械効率η_mを用いて次式と書けます．

$$\eta = \eta_h \eta_v \eta_m = P/P_{th} = (正味出力)/(理論出力) \quad (4.40)$$

(2) 形　式

各種の水車はその構造により，**ペルトン水車**（Pelton turbine），**フランシス水車**（Francis turbine），**斜流水車**（diagonal flow turbine），**プロペラ水車**（propeller turbine）などに分けられます．このうち，フランシス水車，斜流

水車，プロペラ水車はそれぞれ遠心ポンプ，斜流ポンプ，軸流ポンプと構造的には同一ですが，エネルギー授受の向きが逆となります．さらに，水車のランナに対する水の作用によって，**衝動水車**（impulse turbine）と**反動水車**（reaction turbine）に分けられます．フランシス水車，斜流水車，プロペラ水車は，反動水車に分類されるもので，工業上多くの場合これが使用されています．水車の据え付け方により，立軸形と横軸形があります．

　水車の場合にも，ポンプと同様，**比速度**（specific speed）n_s が定義され，構造，性能を表す目安に用いられます．回転数を n，出力を P，有効落差を H とすれば，水車の比速度は次式で表されます．

$$n_s = n(P^{1/2}/H^{5/4}) \tag{4.41}$$

ただし，この式を用いる場合，ランナ1個当たりの値をとることにします．水車の場合の n_s の値は，水車の構造が相似で流れの状態も相似の場合，水車の大きさや回転数に無関係に一定となるもので，水車の構造が異なると違った値となるため，形式の選定基準になる値です．フランシス水車の場合，次の式が利用されます．

$$n_s = 20000/(H+20) + 30 \tag{4.42}$$

日本ではフランシス水車が水力発電用としてほとんど用いられるため，以後の記述はこの機種のみに限ることにします．

B. フランシス水車

(1) 構造と特性

　フランシス水車は中落差用（落差 40～600 m 程度）の反動水車ですが，構造は渦巻ポンプとほぼ同様です．図 4.17 にフランシス水車の構造を示します．水圧管から送水される高圧の水は，渦巻ケーシングに入り，**ステーベーン**（stay vane）①の間を通ってランナ外周に配置された**案内羽根**（guide vane）②に導かれます．そこで水は加速されると同時に，旋回速度成分を与えられます．そこを経てランナ③に流入した水は，圧力が減るとともに旋回速度成分を失って軸方向に吐出されますから，水が失った角運動量がランナの駆動トルクとなります．ランナ羽根は比速度により形状が変化し，高落差用は半径流に近く，低落差用は軸流に近いものです．ランナから出た水は，**吸出し管**（draft tube）④により放水路まで導かれますが，吸出し高さを利用して管の横断面

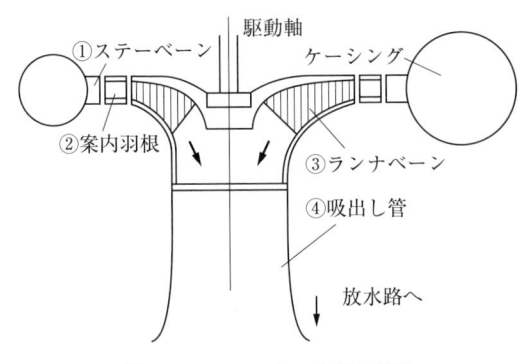

4.1 機械および環境・エネルギー系の流体機械

図4.17 フランシス水車の構造

積を次第に広げ（通常 8°など），速度ヘッドを圧力ヘッドに回復させる役割をもちます．

(2) 性能と効率

図4.18に示すように，ランナの入口，出口を添え字1,2を付けて表し，半径距離を r，周速度を u，相対速度を w，絶対速度を v，v と u とのなす角を α とします．ランナに入る水の量を Q，ランナに生じるトルクを T_h とすれば，角運動量の定理を r_1 と r_2 の2円周の間の流体に適用すれば，次式が得られます．

$$T_h = \rho Q(r_1 v_1 \cos \alpha_1 - r_2 v_2 \cos \alpha_2) \quad (4.43)$$

したがって，ランナから生じる動力 P_h は次式となります．

$$P_h = T_h \Omega = \rho Q(u_1 v_1 \cos \alpha_1 - u_2 v_2 \cos \alpha_2) \quad (4.44)$$

ランナの水力効率を η_h とすれば，さらに次式が得られます．

$$P_h = \eta_h \rho g Q H \quad (4.45)$$

これらの式から，流出角 $\alpha_2 = 90°$ のとき，最高効率をとります．なお，フランシス水車の場合，部分負荷効率が低くなります．

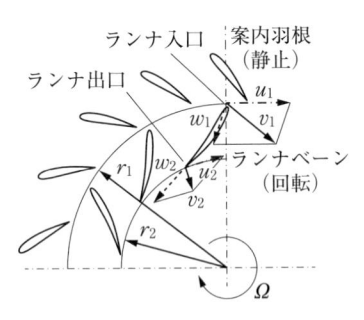

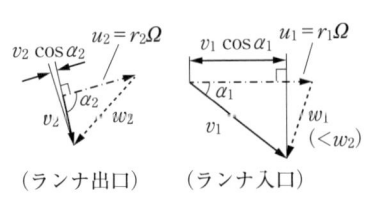

図4.18 フランシス水車（ランナ内の流れ，速度線図）

これは，出力の減少が必要となった場合，案内羽根を閉じたとき流量の減少に伴い流れ方向が変化し，流入角 α_1 がランナベーンの角度とずれて衝突損失が大きくなるためです．これより，効率が低下することになります．

C. 水車の諸現象
(1) 吸出し管の役割
低い落差の水車では，ランナから放水面までの落差 h_r を利用して性能の低下を防ぐことがなされています．これは，ランナから放出される水の速度はかなり大きいため，そのもつエネルギーを圧力に変換しエネルギー回収（出口損失の低減）を図っています．したがって，吸出し管の形状は水車全体の性能に影響を及ぼします．簡潔に説明を加えれば，水車出口の圧力はベルヌーイの定理より，大気圧から水車の設置位置のヘッド分だけ低くなるため（$-\rho g h_r$ による，吸出し効果），設置高さを適切に選択することができます（発電所で 10 m 程度，小水力で 2, 3 m 程度）．大きくとりすぎれば，圧力が低下し過ぎ，キャビテーションが発生することがありますから注意が必要です．

(2) キャビテーション
水車の吸出し管の役割で述べましたが，ランナの設置高さが大きすぎるとキャビテーションが発生し，効率の低下のみならず，騒音，振動が誘起されるため，水車の設計には種々考慮すべき課題があります．

キャビテーションの発生限界を示すものに，Thoma のキャビテーション係数 σ（cavitation number）があります．この定義は次式で表されます．

$$\sigma = (大気圧ヘッド - ランナ設置高さ位置 h_r - 飽和蒸気圧ヘッド)/H$$

キャビテーションが発生する限界は実験的に求めなければなりません．そのため，ランナ設置高さ位置を適切な位置に留めることが必要です．

(3) その他の現象
水車の起動時あるいは停止時では，負荷が急に変化するため水撃現象が生じ，大きい圧力変動を伴うことがあります．これが生じると，振動，騒音，場合により管路の破壊が生じます．一方，これを避けるためサージタンクを設置して水圧変化を小さくしたり，制圧器を取り付け，放流して水車の回転数の増加を防止したりします．

4.1.3 風　　車

A．風車の概要，風特性

風車 (wind mill) は，水車や蒸気タービンなどと同様に，利用するおのおのの流体のもつエネルギーを変換して動力を発生させる機械装置，つまり原動機です．風車は古くから北欧では揚水，製粉，製材などに用いられ，今日では主に風力発電や干拓事業のために大型化したものが用いられています．風車の分類について，本書では (1) 回転軸の方向，(2) 流体からエネルギーを取り出す仕組み，(3) 周速比，(4) 用途，(5) 大きさによる分類，としてまとめ表4.1に示します．ここで，周速比 λ は，羽根車の周速度を上流の一様風速で割

表4.1　風車の分類

項目	分類	特徴
(1) 回転軸の方向	水平軸風車	羽根軸が水平向きで，風向変化で性能が変わるため風向に応じた角度制御が必要．支持塔や発電機などの設置が複雑．
	垂直軸風車	羽根軸が鉛直向きで，風向変化で性能が変わらない．支持塔や発電機などの設置が簡単．
(2) 流体からエネルギーを得る仕組み	揚力形風車	羽根車揚力からエネルギーを取り入れる．トルクが小さく，高速化により高出力化が可能．
	抗力形風車	エネルギーを抗力から得る．トルクが大きく，低速にしては高出力を発生．
(3) 周速比 λ	高速風車 $\lambda > 3.5$	ダリウス風車やプロペラ風車は出力係数が高い．低速時に失速し易く，トルクが小さいため起動性に劣る．
	中速風車 $1.5 < \lambda < 3.5$	オランダ風車は，低速・高速風車の中間的な性能．
	低速風車 $\lambda < 1.5$	サボニウス風車や多翼形風車は出力係数が低い．低速ながらトルクは高い．
(4) 用途	揚水用風車	ポンプ用に高トルクが必要なため，羽根枚数を増やす (抗力の増化)．減速歯車が必要．
	発電用風車	発電機用に高速回転が必要なため，羽根枚数を減らす (抗力を減らす)．増速歯車が必要．
(5) 大きさ	小型	個人家屋や小規模農場で利用．
	大型	大規模な公共事業用．

った値です．プロペラ風車などの高速風車の羽根車は細長く流れを掻き乱しにくい形状で，揚力によって回転します．他方，低速風車の羽根車は幅広く風の抗力を受けやすい形状にしたもので，弱風でも回転できるように工夫がなされています．

　後述しますが，風車が風から得るエネルギーは，風速の3乗と受風面積に比例します（式(4.58)）．また，地衡風は地表面から上空に上るほど風速が増加することを考えると，高い出力を得ようとすれば，大きな羽根直径（風速および受風面積の増加）のものを用いることが有効です．これらの考えを応用することから，近年では風を遮ることのない海面上に大型の風車を設置する洋上発電に関する技術開発が盛んに行われています．

B．構造，理論と特性

　風車（wind mill）を構成する重要なものは，風を受ける羽根車，羽根軸，軸受，増速機（減速機），発電機（ポンプ）への動力伝達装置，風車全体を支える支持塔などがあげられます．風車に当たる風のもつエネルギーから，上述のそれぞれの場所での損失を差し引いたものが，最終的に風車で利用できるエネルギーとなります．

　次に，風車におけるエネルギーの抽出理論を**作動円板モデル**（actuator disk model）による水平軸風車の場合について説明します．図4.19に示すような無限羽根枚数の風車回転面を通過する**流管**（stream tube）を考え，抗力を無視し，一様な軸方向の非圧縮定常流れ（旋回速度もなし）と仮定します．風車面での流速および面積をVおよびA，風車面の十分上流での流速および面積をV_1およびA_1，風車面の十分下流での流速および面積をV_2およびA_2とすると，連続の式より，体積流量は

$$Q = AV = A_1 V_1 = A_2 V_2 \tag{4.46}$$

です．ここで，風車面の十分上流および十分下流とは，流管内の局所位置での圧力が一様流の大気圧p_∞に等しいことを意味します．十分上流から風車面（流れに直角にとるため，いわば一様流を遮る形となる）に近づくにつれて，流速は減少する（$V_1 > V$）ため，上述の連続の式より$A_1 < A$となることがわかります．さて，風車面直前および直後の圧力をp_uおよびp_dとします．十分上流から風車面直前の流線に沿ってベルヌーイの定理を適用すると

4.1 機械および環境・エネルギー系の流体機械

$$p_\infty + \frac{1}{2}\rho V_1^2 = p_u + \frac{1}{2}\rho V^2 \tag{4.47}$$

となり，上述の $V_1 > V$ を考慮すると，$p_\infty < p_u$ であることがわかります．回転風車面を通過する流管の断面積変化，流速変化，圧力変化の関係を図 4.19 に示しています．

ここで，風車面の十分上流から十分下流にかけて，運動量の保存則を適用すると

$$F = \rho A V(V_1 - V_2) = \rho Q(V_1 - V_2) \tag{4.48}$$

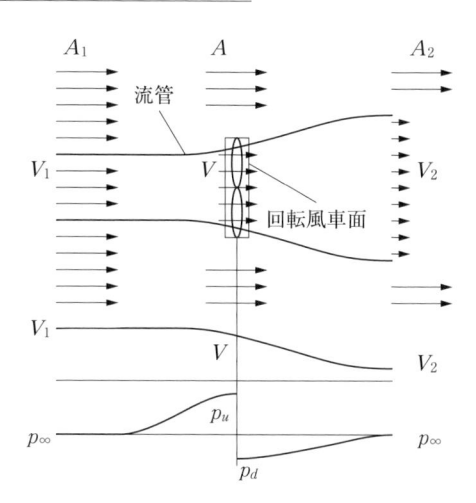

図 4.19 回転風車面を通過する流管（作動円盤モデル）

が風が風車面に対して及ぼす力になります．したがって，風から風車面に吸収され得る動力 P は

$$P = FV = \rho A V^2(V_1 - V_2) = \rho Q V(V_1 - V_2) \tag{4.49}$$

です．一方，この動力は風車面の十分上流および十分下流の運動エネルギー差から生じ

$$P = \frac{1}{2}\rho(V_1^2 - V_2^2)AV = \frac{1}{2}\rho(V_1^2 - V_2^2)Q \tag{4.50}$$

とも書けます．これは，風車面の十分上流から十分下流にかけて，エネルギー式（風車面での損失ヘッド $(p_u - p_d)/(\rho g)$ を考慮したベルヌーイの式）を考えると

$$p_\infty + \frac{1}{2}\rho V_1^2 = p_\infty + \frac{1}{2}\rho V_2^2 + (p_u - p_d) \tag{4.51}$$

となり，これから動力を求めると以下のように式（4.50）と一致します．

$$P = (p_u - p_d)Q = \frac{1}{2}\rho(V_1^2 - V_2^2)AV \tag{4.52}$$

したがって，式（4.49），（4.50）より

$$V = \frac{1}{2}(V_1 + V_2) \tag{4.53}$$

の関係が得られるので，式 (4.48)，(4.49) は

$$F = \frac{1}{2}\rho(V_1^2 - V_2^2)A \tag{4.54}$$

$$P = \frac{1}{4}\rho(V_1 - V_2)(V_1 + V_2)^2 A = \frac{1}{4}\rho(V_1^2 - V_2^2)(V_1 + V_2)A \tag{4.55}$$

となります．定常流れなので V_1 は一定速度であり，上式を V_2 で微分して得られる

$$\frac{dP}{dV_2} = \frac{1}{4}\rho(V_1 + V_2)(V_1 - 3V_2)A \tag{4.56}$$

を 0 とおくと，$V_2 = V_1/3$ のときに P の最大値

$$P_{\max} = \frac{8}{27}\rho V_1^3 A \tag{4.57}$$

が求められます．

さて，風のもつエネルギー流束（風に垂直な単位面積を単位時間に通過する運動エネルギー）$(1/2)\rho V_1^3$ に回転風車面の面積 A を掛けると，風車が風のエネルギーを完全に吸収したときの動力 P_0 が以下と得られます．

$$P_0 = \frac{1}{2}\rho V_1^3 A \tag{4.58}$$

式 (4.55) を式 (4.58) で割ったものを，風車の**出力係数**（パワー係数，変換効率，power coefficient）と呼び

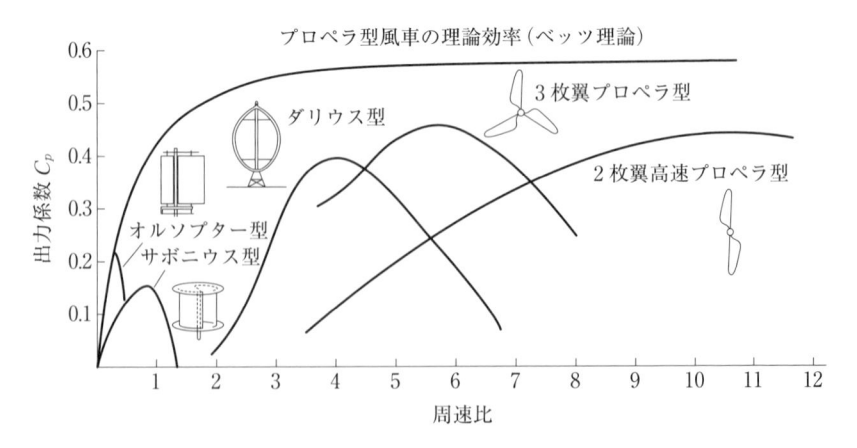

図 4.20　各種風車の出力係数（日本機械学会，2007）

$$C_p = \frac{P}{P_0} = \frac{(V_1-V_2)(V_1+V_2)^2}{2V_1^3} = \frac{(V_1^2-V_2^2)(V_1+V_2)}{2V_1^3} \qquad (4.59)$$

となります．その最大値は，$V_2=V_1/3$ とおくと，あるいは P_{max}/P_0 より

$$C_{p,max} = 0.5926 \qquad (4.60)$$

が得られます．これを**ベッツの限界**（Betz limit，ベッツ係数）といいます．風車に吸収された動力 P を表 4.1 に示した用途に用いる場合，それぞれの機器の効率（発電機なら発生電気エネルギーを風車の回転エネルギーで割ったもの）を P にかけたものが，風車システムの出力になります．

図 4.20 に，各種風車の出力係数 C_p を前述した周速比 λ に対して示します．水平軸揚力形のプロペラ風車は高周速比タイプで，最大出力係数は 42% 程度（ベッツ係数の 70%）です．一方，垂直軸抗力形のサボニウス風車は低周速比タイプで，最大出力係数は 20% 未満です．周速比がこの中間に位置するオランダ形風車（図 4.21，動力調整は木製の羽根車に張る布製の帆の面積を変化させる）は，$\lambda=2.5$ において最大出力係数は 17% 程度（ベッツ係数の約 30%）です．

図 4.21 オランダ形風車（香川高専，上代撮影）

4.2 航空および化学・資源プラント系の流体機械

航空および化学・資源プラント系で利用されている流体機械は，作動流体として空気である場合が多く，そのため空気機械と総称することもできます．また，空気機械も水力機械と同様に，エネルギー変換の方向によって**原動機**（気体のエネルギー→機械的エネルギーに変換）と**被動機**（機械的エネルギー→気体のエネルギーを生成）に大別されます．本節では被動機のうち，送風機および空気圧縮機を取り上げ，主として構造や特徴，動力の生成，損失原因等について述べることにします．

4.2.1 送風機とブロワ

A. 概要，特徴

送風機および圧縮機は，機械的エネルギーを作動流体である気体に与え，圧力や速度エネルギーを増加させる機械装置（被動機）です．原理や構造は，作動流体を液体とするポンプ（水力機械）と基本的に同じですが，作動流体である空気の密度は液体と比べて著しく小さいことおよび空気の圧縮性のため，状況によっては温度変化を考慮に入れる点に注意が必要です．

送風機および圧縮機は，一般に使用圧力の程度と作動原理によって分類されます．現在（JIS B 0132：2005 送風機・圧縮機用語），**送風機**（ファン fan）とは気体に与える単位質量当たりのエネルギーが 25 kNm/kg（kJ/kg）未満のものをいいます．25 kNm/kg は，標準空気の場合の送風機全圧が約 30 kPa に相当します．**圧縮機**（compressor）とは，羽根もしくはロータの回転運動またはピストンの往復運動によって気体を圧送する機械をいいます．**ブロワ**（blower）とは，圧縮機のうち，圧力上昇が 200 kPa 以下のものをいいます．

作動原理によって分類すると，以下のように分けられます．

(1) **ターボ形**： 高速回転する羽根車・翼によって気体にエネルギーを与えるもの
  ① **遠心式**：羽根車による遠心力のみで気体に全圧を与えるもの
  （羽根出口角の違いにより，さらに遠心式の場合3種類に分けます）
  ・**前向き羽根**（出口角が 90° 以上，多翼式）
  ・**径向き羽根**（出口角が 90°，ラジアル式）
  ・**後ろ向き羽根**（出口角が 90° 以下）
  ② **軸流式**：翼に作用する揚力のみで気体に全圧を与えるもの
  ③ **斜流式**：遠心式と軸流式の中間的な流れにより全圧を与えるもの
(2) **容積形**： 容器内の容積変化から気体に圧力エネルギーを与えて圧送するもの

B. 動力と損失

送風機は通常，気体の圧縮性が無視でき，一方，ブロワおよび圧縮機では，気体の圧縮性が機械性能に大きく影響を及ぼすため，それを考慮しなければな

りません．そこで，機械が単位時間に送風する流量として，気体の吸込状態に換算した風量で表しています．空気の場合，吸込状態は標準空気（温度20℃，絶対圧 101.3 kPa，相対湿度0%の乾燥空気，密度は $1.204\ \mathrm{kg/m^3}$ と見なす）の状態とします．

さて，圧力については，送風機によって与えられた**全圧**（total pressure）を**送風機全圧**といいます．これは，**静圧**（static pressure）と**動圧**（dynamic pressure）の和であり，エネルギー増加量の目安として用いられます．送風機全圧から吐出し側の動圧を差し引いたものを**送風機静圧**といい，これらの関係は次式で示されます．

$$p_t = p_{t2} - p_{t1} = (p_{s2} - p_{s1}) + (p_{d2} - p_{d1}) \tag{4.61}$$

$$p_s = p_t - p_{d2} = (p_{s2} - p_{s1}) - p_{d1} \tag{4.62}$$

ここで，添字 t は全圧，s は静圧，d は動圧を示します．また添字 1 および 2 は，それぞれ吸込み側と吐出し側を示します．

まず，気体の圧縮性（密度変化）が無視できる場合について考えます．吐出し側と吸込み側の圧力の比，すなわち**圧力比**（pressure ratio）が 1.03 以下の場合，送風機の動力はポンプの場合と同様にして求められます．吸込み側流量を Q_1 とすると，全圧理論空気動力 L_t，静圧理論空気動力 L_s は次式で求められます．

$$L_t = p_t Q_1, \quad L_s = p_s Q_1 \tag{4.63}$$

また，送風機の軸動力を L とすると，全圧効率 η_t および静圧効率 η_s は，それぞれ次式で表されます．

$$\eta_t = \frac{L_t}{L}, \quad \eta_s = \frac{L_s}{L} \tag{4.64}$$

一方，気体の圧縮性が無視できない場合（圧力比が 1.07 以上），密度や温度の変化が大きくなるため，送風中の気体の状態変化を考慮した理論等温動力 L_{is} または理論断熱動力 L_{ad} が基本の理論動力となります．単位質量の気体を，圧力 p_1 から p_2 まで上げるための仕事量は，流体機械の吸込み→圧縮→吐出しの行程に要する仕事から得られます．これ

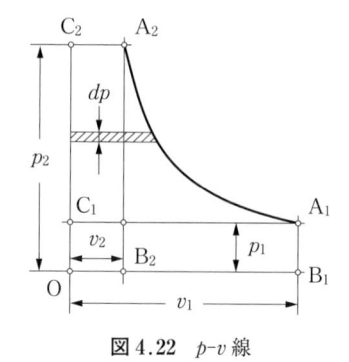

図 4.22 p-v 線

を p-v 線図（図 4.22, p は圧力, v は比体積）を用いて示します．吸込み行程で気体からなされる吸込み仕事は p_1v_1（面積 $B_1A_1C_1O$）で，圧縮行程では機械内部で昇圧のための仕事は $\int_1^2 p(-dv)$（面積 $B_1A_1A_2B_2$）で，吐出し行程では p_2 の圧力に抗した押出し仕事は p_2v_2（面積 $B_2A_2C_2O$）となります．したがって単位質量当たりの仕事量は以下となります．

$$E = -\int_1^2 p\,dv + p_2v_2 - p_1v_1 = \int_1^2 v\,dp \tag{4.65}$$

空気の温度を一定に保ちながら圧縮する**等温圧縮**（isothermal compression）の場合，気体の状態変化は $pv=$ 一定の法則に従いますから，仕事量 E_{is} は次式で示されます．

$$E_{is} = \int_1^2 v\,dp = p_1v_1 \int_1^2 \frac{dp}{p} = p_1v_1 \ln\frac{p_2}{p_1} \tag{4.66}$$

吸込流量を Q_1 とすると理論等温動力 L_{is} は，以下となります．

$$L_{is} = p_1Q_1 \ln\frac{p_2}{p_1} = GRT_1 \ln\frac{p_2}{p_1} \tag{4.67}$$

ここで，G は吸込み質量流量，R はガス定数，T_1 は吸込み温度です．

一方，気体を**断熱圧縮**（adiabatic compression）する場合，気体の状態変化は $pv^\kappa =$ 一定（κ は比熱比）の法則に従いますので，単位質量当たりの仕事量 E_{ad} は次式で示されます．

$$E_{ad} = \int_1^2 v\,dp = p_1^{\frac{1}{\kappa}}v_1 \int_1^2 p^{-\frac{1}{\kappa}}dp = \frac{\kappa}{\kappa-1}(p_2v_2 - p_1v_1)$$

$$= \frac{\kappa}{\kappa-1}p_1v_1 \left\{\left(\frac{p_2}{p_1}\right)^{\frac{\kappa-1}{\kappa}} - 1\right\} \tag{4.68}$$

吸込み流量を Q_1 とすると，理論断熱動力 L_{ad} は

$$L_{ad} = \frac{\kappa}{\kappa-1}p_1Q_1 \left\{\left(\frac{p_2}{p_1}\right)^{\frac{\kappa-1}{\kappa}} - 1\right\}$$

$$= \frac{\kappa}{\kappa-1}GRT_1 \left\{\left(\frac{p_2}{p_1}\right)^{\frac{\kappa-1}{\kappa}} - 1\right\} \tag{4.69}$$

となります．式（4.69）で，平均有効断熱圧力を p_{ead} として

$$p_{ead} = \frac{\kappa}{\kappa-1}p_1 \left\{\left(\frac{p_2}{p_1}\right)^{\frac{\kappa-1}{\kappa}} - 1\right\}$$

とおけば

$$H_{ad} = \frac{p_{ead}}{\rho_1 g} = \frac{\kappa}{\kappa-1} \frac{p_1}{\rho_1 g} \left\{ \left(\frac{p_2}{p_1}\right)^{\frac{\kappa-1}{\kappa}} - 1 \right\} = \frac{\kappa}{\kappa-1} \frac{RT_1}{g} \left\{ \left(\frac{p_2}{p_1}\right)^{\frac{\kappa-1}{\kappa}} - 1 \right\} \quad (4.70)$$

したがって

$$L_{ad} = p_{ead} Q_1 = gGH_{ad} \quad (4.71)$$

と書き直せます．ここで，H_{ad} を**断熱ヘッド**（adiabatic head）といいます．また，軸動力 L に対する L_{ad} の割合を**全断熱効率**（overall adiabatic efficiency）η_{tad} と定義します．

$$\eta_{tad} = \frac{L_{ad}}{L} \quad (通常 \eta_{tad} = 0.6 \sim 0.85) \quad (4.72)$$

C．遠心送風機

遠心送風機（centrifugal fan）の作動原理は，遠心ポンプと同様に，ケーシング内の羽根車の回転によって気体に与えられる遠心力によるエネルギー増加を利用して，気体を圧送します．遠心羽根車の理論では，羽根数無限のとき，ポンプの場合と同様に角運動量の保存則から理論全圧ヘッド $H_{th\infty}$ を求めます．羽根出口角 β_2 により遠心送風機は細かく分類できますが，ここでは，後ろ向き羽根（$\beta_2 < 90°$）と前向き羽根（$\beta_2 > 90°$，多翼式）の速度線図を図 4.23 に示します．これより

$$\begin{aligned} H_{th\infty} &= \frac{1}{g}(u_2 v_{u2} - u_1 v_{u1}) \\ &= \frac{u_2^2 - u_1^2}{2g} + \frac{w_1^2 - w_2^2}{2g} + \frac{v_2^2 - v_1^2}{2g} = h_{s\infty} + \frac{v_2^2 - v_1^2}{2g} \end{aligned} \quad (4.73)$$

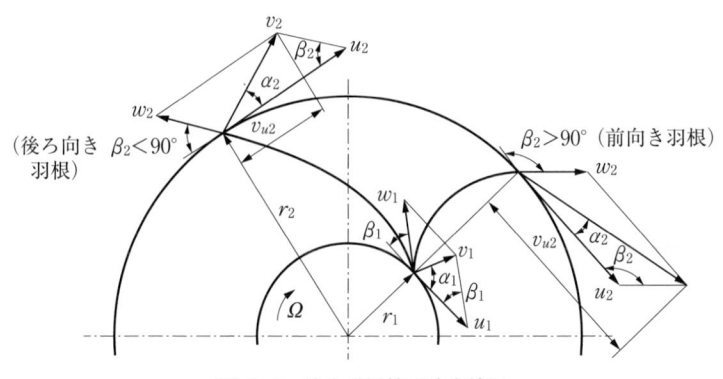

図 4.23 遠心送風機の速度線図

ここで，u は羽根車の周速度，v_u は気体の絶対速度の周方向分速度，w は気体の相対速度，$h_{s\infty}$ は理論静圧ヘッドを示します．また，添字1および2は，それぞれ羽根車入口と出口を示します．上式 (4.73) において，右辺第1項は，遠心力による静圧ヘッドの増加分であり，羽根車における損失には無関係で，遠心羽根車で最も重要な項です．第2項は，ベルヌーイの定理から明らかなように，流路断面積の増加に伴う減速による静圧ヘッドの増加（ディフューザ効果）となります．これらを合わせて理論静圧ヘッド $h_{s\infty}$ といいます．一方，第3項は運動エネルギーの増加分です．このエネルギーは，羽根車を流出した後，ディフューザおよびケーシング内において速度の減少による圧力増加として回収されます．

羽根数有限の場合の理論全圧ヘッドを H_{th} と表せば，**滑り係数**（slip factor）μ は，次式のように表されます．

$$\mu = \frac{H_{th}}{H_{th\infty}} \tag{4.74}$$

μ の値は，通常 $\mu < 1$ であり，羽根車形状，回転速度，流量などにより異なりますが，ほぼ 0.8〜0.9 の値をとります．

送風機の比速度 n_s は，ポンプの場合の式 (4.4) と同様に次式で与えられます．

$$n_s = n\frac{Q^{1/2}}{H^{3/4}} = n\frac{Q^{1/2}}{\{p_e/(\rho g)\}^{3/4}} \tag{4.75}$$

ここで，Q は吸込み状態に換算した吐出し風量，p_e は1段当たりの平均有効圧力，n は回転数，ρ は気体の密度 [kg/m³] です．p_e は普通，全圧をとり，また両吸込み形の場合の Q は風量の 1/2 をとります．遠心送風機の比速度と各種の効率を表 4.2 に示します．

表 4.2　遠心送風機の比速度と各種効率

種類	比速度 n_s	効率最大の n_s	有効全圧 [mmAq]	全圧効率 [%]	静圧効率 [%]
ターボファン	200〜700	400〜500	50〜500	60〜80	55〜75
ラジアルファン	250〜600	350〜450	50〜250	50〜70	45〜65
多翼ファン	400〜900	500〜700	15〜200	45〜60	40〜55

4.2 航空および化学・資源プラント系の流体機械

送風機の特性の相似則の関係を利用して，諸特性を無次元化して表示しておくと，送風機を設計あるいは使用する際に便利です．まず，羽根車の圧力上昇 p は，羽根車出口周速度 u_2 の2乗に比例しますので，次式のように表します．

$$p = \phi \frac{\rho u_2^2}{2} \quad \therefore \quad \phi = \frac{p}{\rho u_2^2/2} = \frac{2gH}{u_2^2} \tag{4.76}$$

この ϕ を**圧力係数**（pressure coefficient）と呼びます．次に風量 Q は，羽根車外径を D_2，出口幅を b_2 とすれば，u_2 と羽根車出口面積（$\pi D_2 b_2$）に比例しますので，$Q = \phi u_2 \pi D_2 b_2$ と書けます．また，$Q = \pi D_2 b_2 v_{m2}$（v_{m2} は出口絶対速度の子午線方向成分）ですので，次式のように表されます．

$$\phi = \frac{v_{m2}}{u_2} = \frac{Q}{\pi D_2 b_2 u_2} \tag{4.77}$$

この ϕ を**流量係数**（flow coefficient）と呼びます．軸動力 L については，圧力と風量から次式の関係で表されます．

$$\mu_L = \frac{L}{(\rho u_2^2/2)\pi D_2 b_2 u_2} = \frac{2L}{\pi D_2 b_2 \rho u_2^3} \tag{4.78}$$

この μ_L を**動力係数**（shaft power coefficient）と呼びます．以上の無次元係数 ψ，ϕ，μ_L と効率 η には次の関係が成立します．

$$\eta = \frac{\psi \phi}{\mu_L} \tag{4.79}$$

また，遠心送風機内の羽根車で得られる静圧上昇の全圧上昇に対する割合を，遠心ポンプの場合と同様に**反動度**（degree of reaction）といいます．羽根数無限の場合の反動度 r_∞ は，$r_\infty = h_{s\infty}/H_{th\infty}$ と表され，羽根車入口で半径方向流入（$\alpha_1 = 90°$）とし，$v_{m1} = v_{m2}$ を考えれば，次式で与えられます．

$$r_\infty = \frac{h_{s\infty}}{H_{th\infty}} = \frac{(u_2^2 - u_1^2) + (w_1^2 - w_2^2)}{2u_2 v_{u2}} = 1 - \frac{v_{u2}}{2u_2} \tag{4.80}$$

ここで，$H_{th\infty}$ に対する圧力係数を $\psi_{th\infty}$（$H_{th\infty} = \psi_{th\infty} \cdot u_2^2/2g$）とすれば

$$r_\infty = 1 - \frac{\psi_{th\infty}}{4} \tag{4.81}$$

となります．後ろ向き羽根，径向き羽根および前向き羽根の3種類について，羽根出口角 β_2 と反動度 r_∞ との関係を調べると，$\beta_2 = 90°$（径向き羽根）のとき $r_\infty = 1/2$，$\beta_2 < 90°$（後ろ向き羽根）では r_∞ は1に近づき，$\beta_2 > 90°$（前向き

羽根）では r_∞ は 1/2 より小さくなります．

D. 軸流送風機

軸流送風機（axial fan）および**軸流ブロワ**（axial blower）は，遠心式の場合とは異なり，気体が羽根車内を回転軸に沿って流入し，軸方向に流出します．この場合，圧力上昇は羽根車内流れの相対速度の減少によって生じます．そのため一段当りの圧力比は遠心式送風機に比べてかなり小さいものの，構造的に高速回転が可能であるため風量を大きくできること，多段構造として圧力比を高めることが比較的容易であるなどの利点があります．1つの段落は，1つの羽根車とその前後いずれかに置かれた案内羽根の組み合わせからなります．羽根の断面形状は通常，翼形としますので，羽根車の羽根を**動翼**（rotor blade），案内羽根を**静翼**（stator blade）と呼びます．

軸流送風機の性能解析は，動翼と静翼とを軸に同心の円筒面で切断し，これを平面に展開して得られる無限長の直線翼列について翼理論を適用します．図4.24は，動翼および静翼の断面内を通過する流れの様子を示しています．速度三角形の u, v, w は，それぞれ周速度，絶対速度，相対速度を，また添字1および2は，それぞれ羽根車入口と出口を，さらに添字 u は周方向分速度を示します．図4.24は，同一半径上の流れを示していますので，流れのどの点においても周速度とメリジアン速度はそれぞれ等しいので，次式のように表されます．ここで，メリジアン速度とは，軸を含む子午面内の，軸流速度と半径方向速度（完全に軸流の場合はゼロ）とを合成して得られる速度のことです．

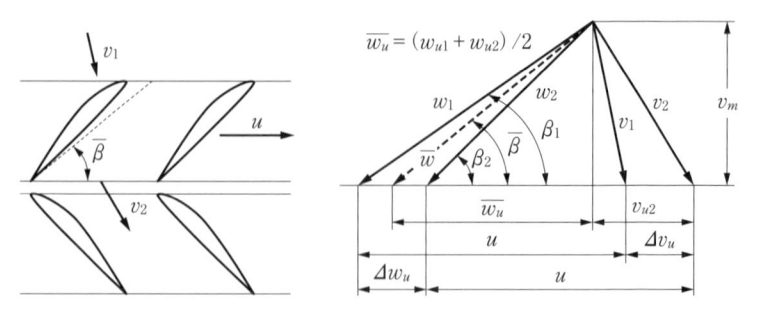

$$u_1 = u_2 = u \quad (=一定) \tag{4.82}$$

図 4.24 軸流送風機の動翼前後の速度線図

$$v_{m1}=v_{m2}=v_m \quad (=一定) \tag{4.83}$$

動翼が単位質量の気体に与える理論全圧ヘッド H_{th} は,軸流ポンプの場合と同様に次式で与えられます.

$$\begin{aligned}H_{th}&=\frac{u}{g}(v_{u2}-v_{u1})=\frac{u\Delta v_u}{g}\\&=\frac{w_1^2-w_2^2}{2g}+\frac{v_2^2-v_1^2}{2g}=h_{st}+\frac{v_2^2-v_1^2}{2g}\end{aligned} \tag{4.84}$$

これが軸流送風機の圧力上昇に関する Euler の理論式です.式 (4.84) の右辺第1項は,動翼における減速に基づく圧力(静圧)上昇であり,最も重要な項です.これを理論静圧ヘッド h_{st} とします.第2項は動翼における運動エネルギーの増加で,この一部は静翼における減速により圧力に変換されます.

気体は,動翼を非常に短い時間で通過しますので,この間の圧縮仕事は断熱仕事によりなされるとすれば,式 (4.84) は式 (4.78) の関係を用いて次のように書き直すことができます.

$$\begin{aligned}H_{th}&=\frac{\kappa}{\kappa-1}\frac{p_1v_1}{g}\left\{\left(\frac{p_2}{p_1}\right)^{\frac{\kappa-1}{\kappa}}-1\right\}+\frac{v_2^2-v_1^2}{2g}\\&=\frac{\kappa}{\kappa-1}\frac{R(T_2-T_1)}{g}+\frac{v_2^2-v_1^2}{2g}\end{aligned} \tag{4.85}$$

さらに書き直して

$$H_{th}=\frac{\kappa}{\kappa-1}\frac{R}{g}\left\{(T_2-T_1)+\left(\frac{1}{R}\cdot\frac{\kappa-1}{\kappa}\right)\frac{v_2^2-v_1^2}{2g}\right\} \tag{4.86}$$

と表されます.ここで,T を**静温**(static temperature),$(1/R)\{(\kappa-1)/\kappa\}(v^2/2)$ を**動温**(dynamic temperature)といい,これらの和を**全温**(total temperature)または**せき止め温度**(stagnation point temperature)といいます.全温 T_t として,式 (4.84) と式 (4.86) とをまとめれば,1つの段落について次式が得られます.

$$H_{th}=\frac{u}{g}(v_{u2}-v_{u1})=\frac{\kappa}{\kappa-1}\frac{R(T_{t2}-T_{t1})}{g} \tag{4.87}$$

この式から,軸流ブロワの圧力ヘッドの上昇と温度上昇との関係が結び付けられます.

軸流送風機の比速度 n_s は,遠心送風機の場合と同様に式 (4.75) で表され

ます．通常，比速度は 1000～4000 程度にとられますが，効率が良いのは 1300～1600 の範囲となります．

軸流送風機の無次元表示は，特性の相似則の関係を利用して次のように表されます．**圧力係数** ψ は，遠心送風機の場合と同様に

$$\psi = \frac{p}{\rho u^2/2} = \frac{2gH}{u^2} \tag{4.88}$$

となります．多段の場合は u^2 の代わりに $\sum u^2$ とします．**流量係数** ϕ は

$$\phi = \frac{v_{m2}}{u} = \frac{Q/(60A_2)}{u} = \frac{Q/60}{\{\pi D_2^2(1-\nu^2)/4\}u} \tag{4.89}$$

ここで，面積 $A_2 = \pi D_2^2(1-\nu^2)/4$，$D_2$ は羽根車外径，ν はボス比です．**動力係数** μ_L は次式で表されます．

$$\mu_L = \frac{L}{(\rho u^2/2)\{\pi D_2^2(1-\nu^2)/4\}u} \tag{4.90}$$

これらの係数の値は，通常 $\psi=0.2\sim0.35$，$\phi=0.25\sim0.45$，$\nu=0.45\sim0.6$ の範囲で使用されます．また，軸流送風機の羽根車入口において，気体に与える予旋回の程度を示すために反動度が用いられます．理論静圧ヘッドは，図 4.24 の速度線図を用いて，式 (4.84) から

$$h_{st} = \frac{w_1^2 - w_2^2}{2g} = \frac{w_{u1}^2 - w_{u2}^2}{2g} = \frac{\overline{w_u}\Delta w_u}{g} = \frac{\overline{w_u}\Delta v_u}{g} \tag{4.91}$$

と書き表されます．したがって**反動度** r は次式のように得られます．

$$r = \frac{h_{st}}{H_{th}} = \frac{\overline{w_u}\Delta v_u/g}{u\Delta v_u/g} = \frac{\overline{w_u}}{u} \tag{4.92}$$

4.2.2 圧縮機

A. 概要，特徴

圧縮機（compressor）は，ポンプや送風機（ファン，ブロワ）などと同様に，機械的仕事を流体力学的エネルギーに変換させる機械，つまり**被動機**（pumping machinery）で，吸入気体の圧力を高めて吐出するために使われます．また圧縮機は，風車と同様気体を作動媒体とするので，**気体機械**（gas machinery）とも呼ばれます．被動機の気体機械は吐出し圧力，圧力比で分類すると，表 4.3 のようにファン，ブロワ，圧縮機となります．ここで，圧力比と

表 4.3 送風機および圧縮機の分類（日本機械学会，2007）

		吐出し圧力	圧力比
送風機	ファン	約 10 kPa ゲージ未満	約 1.1 未満
	ブロワ	約 10 kPa（ゲージ）〜 0.1 MPa（ゲージ）	約 1.1〜2.0
圧縮機		約 0.1 MPa ゲージ以上	約 2.0 以上

（　）は，著者追記

は，昇圧後の絶対全圧（よどみ点圧力の絶対値）を昇圧前の絶対全圧で割って求められる値です．本項では，ターボ形圧縮機について述べることにします．

ターボ形圧縮機は，作動ガスの流動方向により，ターボ形ポンプ同様に遠心式，斜流式，軸流式に分類されます．遠心式から軸流式に向かって，比速度が増加（流量増加，ヘッド減少）する傾向があります．このため，遠心式は高圧力比に向いており，軸流式は大流量に向いています．

B. 遠心式圧縮機

遠心圧縮機は，石油化学プラント（エチレン，燃料等），冷凍プラント（アンモニアガス），パイプライン（天然ガス等）の製造機器やシェールガス採取において利用されるものです．

この遠心圧縮機は，主軸，羽根車，軸受，ケーシング，軸封装置，駆動機などから構成されます．吸込み管から流入したガスは羽根車，ディフューザ，リ

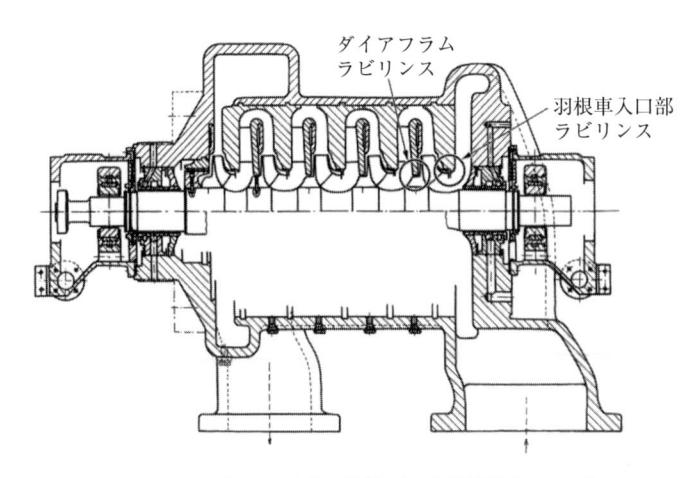

図 4.25　水平割り形遠心圧縮機（日本機械学会，2007）

ターンチャンネルを通過中に昇圧され，次段，吐出し管へと流下していきます．遠心圧縮機の例を図 4.25 に示します．これは遠心式の中では大流量低圧力比向きで，ケーシングは水平分割して切り離し，そこから羽根車つきの主軸を直接出し入れします．図中のラビリンスは，羽根車の回転に伴う作動ガスの隙間漏れを抑える軸封装置で，機械効率の向上，作動ガス環境に対応した爆発防止にも役立ちます．遠心式の中でも小流量高圧力比向きの場合，複数の吸込み管や複数の圧縮機で連続して昇圧させ，中間冷却器を設置します．

(1) 理想的羽根車理論（比仕事）

図 4.26 に圧縮機の羽根車と出口速度三角形を示します．ここでは，ベクトル表示による演算で取り扱います．下付き添え字の 1 および 2 は羽根車入口および出口を意味します．半径 r_1 の入口で絶対速度 V_1 で流入した流体が，半径 r_2 の出口で絶対速度 V_2 で流出する場合を考えます．流体は羽根車に沿って，羽根車に対する相対速度 W_2 で流出します．角速度 Ω で回転する羽根車の出口における周速度は $U_2 = r_2 \Omega$ です．したがって，絶対速度は相対速度と周速度とのベクトル和で与えられ

$$V_2 = W_2 + U_2 \qquad (4.93)$$

となります．これを**速度三角形**（velocity triangle）といいます．U_2 と V_2 とがなす角を α_2 とすると，羽根車の出口における絶対速度の周方向成分 $V_{\theta 2}$

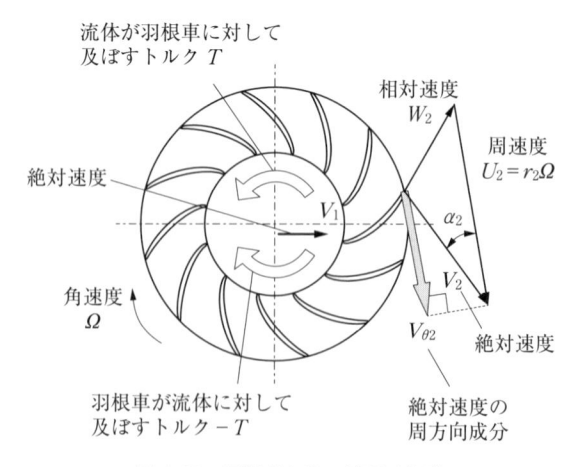

図 4.26 羽根車と出口速度三角形

（スカラー）は次式で与えられます．
$$V_{\theta 2}=|\boldsymbol{V}_2|\cos\alpha_2 \tag{4.94}$$
以後，絶対値記号はベクトル量の大きさを表すために用います．

図4.26の場合は，羽根車が時計回りに回転するので，羽根車が流体に対して及ぼす時計回りのトルクを$-T$とすると，その反作用として流体が羽根車に対して及ぼす反時計回りのトルクはTとなります．角運動量理論から，次式が得られます．
$$-T=\rho_2 Q_2 r_2 V_{\theta 2}-\rho_1 Q_1 r_1 V_{\theta 1} \tag{4.95}$$
ρ_1，ρ_2は羽根車入口，出口での流体の密度，Q_1，Q_2は羽根車入口，出口での体積流量，$V_{\theta 1}$は羽根車の入口における絶対速度の周方向成分です．このトルクによる，単位質量当たりの仕事E_{th}は，動力$(-T\varOmega)$を質量流量$(\rho_1 Q_1=\rho_2 Q_2)$で割って，求められます．
$$E_{th}=\left|\frac{\rho_2 Q_2 r_2 V_{\theta 2}}{\rho_2 Q_2}\varOmega-\frac{\rho_1 Q_1 r_1 V_{\theta 1}}{\rho_1 Q_1}\varOmega\right|=|r_2 V_{\theta 2}\varOmega-r_1 V_{\theta 1}\varOmega|=|\boldsymbol{U}_2 V_{\theta 2}-\boldsymbol{U}_1 V_{\theta 1}| \tag{4.96}$$
これを**オイラーの比仕事**（Eulerian specific work）といい，損失を含まない理想的な単位質量当たりの仕事を表します．ここに，$\boldsymbol{U}_1$は羽根車の入口における周速度です．E_{th}を重力加速度gで割った次式を**オイラーの理論ヘッド** H_{th}といいます．
$$H_{th}=\frac{|\boldsymbol{U}_2 V_{\theta 2}-\boldsymbol{U}_1 V_{\theta 1}|}{g}=\frac{E_{th}}{g} \tag{4.97}$$

さて，オイラーの比仕事から，各種損失（機械損失，漏洩損失，流体損失）ヘッドh_lによる比仕事を差し引いた次式を**有効比仕事**といいます．
$$E=E_{th}-h_l g \tag{4.98}$$
有効比仕事Eを重力加速度gで割ったものを**有効ヘッド** Hといいます．
$$H=H_{th}-h_l=\frac{E}{g} \tag{4.99}$$
オイラーの理論ヘッドに対する有効ヘッドの割合η_hを**流体効率**（hydraulic efficiency）といいます．
$$\eta_h=\frac{H}{H_{th}}=\frac{E}{E_{th}} \tag{4.100}$$

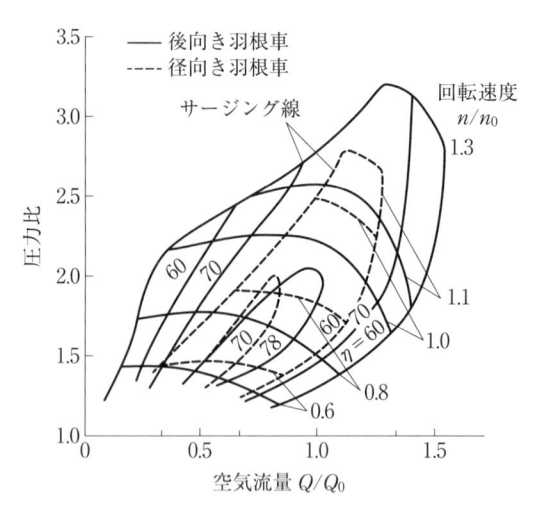

図 4.27 遠心圧縮機の特性曲線（日本機械学会，2007）

(2) 動力，断熱効率

図 4.27 に遠心圧縮機の特性曲線の例を示します．効率が最大となる位置に設計点を決めることが普通です．遠心式の場合は，流量変化に対し圧力変化は比較的緩やかで，広い運転範囲で高い効率を維持します．なお，圧力-流量曲線が低流量域で右上がりとなる場合，大きな圧力変動や騒音を生じる（サージング）ことがあります．図中に各回転数におけるサージング発生曲線を示します．なおサージングについてはポンプの項目で若干詳しく説明をしました．遠心圧縮機の特性は，羽根出口角度によって異なり，図 4.27 中の実線の後向き羽根車と比べて，破線の径向き羽根車は高圧力比が得られる反面，作動流量範囲が狭いという難点があります．なお，周速度が大きくなると流れの圧縮性の影響が増大し，羽根車に発生する遠心応力の耐用強度の課題が増加します．

気体機械において圧縮性を考慮すべき場合，前述の式（4.99）の有効ヘッド H や式（4.100）の流体効率 η_h は不明であることが多く，代わりに以下に示す断熱ヘッド H_{ad} や断熱効率 η_{ad} が用いられます．

まず，羽根車入口のせき止め状態から出口のせき止め圧力（全圧）まで，等エントロピー的な状態変化を仮定した**断熱比仕事**（adiabatic specific work）は以下となります．

$$E_{ad}=\frac{\kappa}{\kappa-1}RT_{01}\left\{\left(\frac{p_{02}}{p_{01}}\right)^{\frac{\kappa-1}{\kappa}}-1\right\} \tag{4.101}$$

ここで，κ は比熱比，R はガス定数，下付き添え字 0 はよどみ点状態，下付き添え字 1 および 2 は吸込み側および吐出し側を示し，p は絶対圧力，T は絶対温度です．**定圧比熱**

$$C_p=\frac{\kappa}{\kappa-1}R \tag{4.102}$$

を導入すると，式 (4.101) は以下となります．

$$E_{ad}=C_pT_{01}\left\{\left(\frac{p_{02}}{p_{01}}\right)^{\frac{\kappa-1}{\kappa}}-1\right\} \tag{4.103}$$

さて，圧縮機の回転軸に入力された比仕事（specific work）E_{in} とこれに対する断熱比仕事 E_{ad} の割合を，**断熱効率** η_{ad} といいます．

$$\eta_{ad}=\frac{E_{ad}}{E_{in}} \tag{4.104}$$

また，断熱比仕事 E_{ad} を重力加速度 g で割ったものを**断熱ヘッド** H_{ad} といいます．

$$H_{ad}=\frac{\kappa}{\kappa-1}\frac{RT_{01}}{g}\left\{\left(\frac{p_{02}}{p_{01}}\right)^{\frac{\kappa-1}{\kappa}}-1\right\}=\frac{E_{ad}}{g} \tag{4.105}$$

したがって，断熱圧縮における動力は $\rho gH_{ad}Q$ より，以下と表せます．

$$L_{ad}=\frac{\kappa}{\kappa-1}\rho RT_{01}\left\{\left(\frac{p_{02}}{p_{01}}\right)^{\frac{\kappa-1}{\kappa}}-1\right\}Q=\frac{\kappa}{\kappa-1}p_{01}\left\{\left(\frac{p_{02}}{p_{01}}\right)^{\frac{\kappa-1}{\kappa}}-1\right\}Q \tag{4.106}$$

ここで，状態方程式

$$p_{01}=\rho RT_{01} \tag{4.107}$$

と吸込み側の体積流量 Q とを用いて演算しています．

C. 軸流式圧縮機 (axial compressor)

軸流圧縮機は，ジェットエンジン，ガスタービンあるいは化学，資源プラント系の装置に高圧空気源として用いられます．軸流圧縮機は図 4.28 に示すように，動翼を植えたロータ，静翼，ケーシング，軸受等から構成されています．図示した圧縮機は多段式で，下流段にいくほど圧力と密度が上昇するため，体積流量の減少に伴って動翼の外径と静翼の根元の内径は減少していきます．各段は，周方向に一定のピッチで並んだ多数の動翼または静翼から構成さ

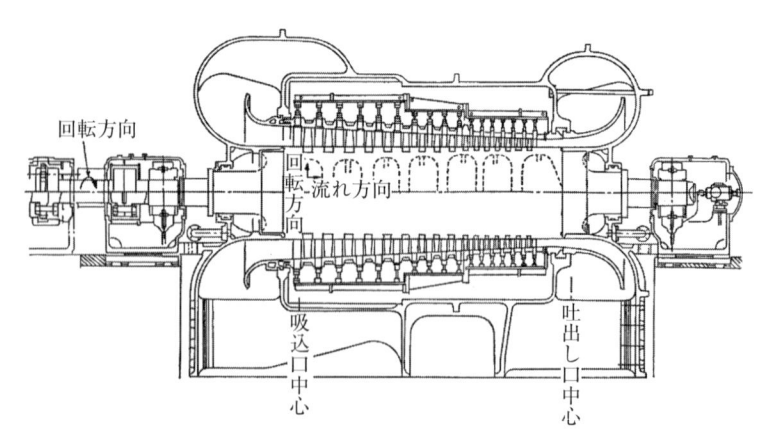

図4.28 軸流圧縮機（流体機械の基礎，コロナ社，2004）

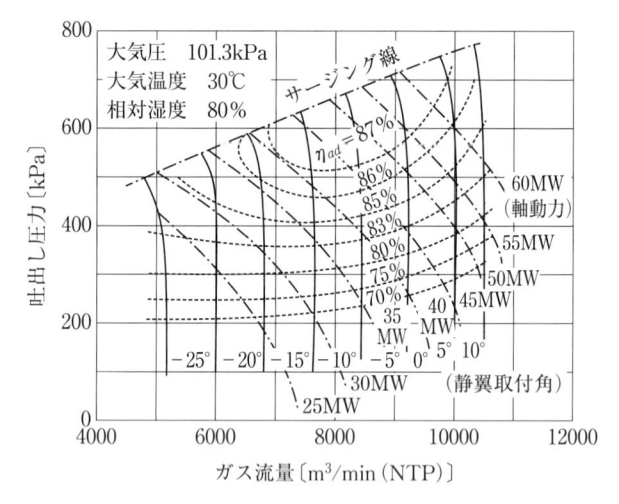

図4.29 静翼可変形軸流圧縮機の特性曲線（日本機械学会，2007）

れており，この配列を**翼列**（cascade of airfoil）と呼びます．

(1) 翼列を通る流れ

軸流圧縮機では，二重円筒の環状流路にある羽根車によって圧力を与えられた気体が，ほぼ回転軸と同心の円筒面上を旋回しながら流れます．したがって，着目する動翼の入口と出口の周速 U を等しくおくことができます．

$$U = U_1 = U_2 \tag{4.108}$$

このため，軸流圧縮機のオイラーの比仕事は上述の関係を式 (4.96) に代入すれば

$$E_{th}' = |U(V_{\theta 2} - V_{\theta 1})| \tag{4.109}$$

となります．これは損失を含まない理想的な動翼による比仕事を表します．E_{th}' を重力加速度 g で割った次式を軸流圧縮機動翼のオイラーの理論ヘッド H_{th}' といいます．

$$H_{th}' = \frac{|U(V_{\theta 2} - V_{\theta 1})|}{g} = \frac{E_{th}'}{g} \tag{4.110}$$

(2) 軸流式の特性曲線

軸流圧縮機の特性曲線は遠心圧縮機のそれに比べて垂直に近く，定流量運転に適しています．図 4.28 に示した軸流圧縮機は静翼可変形で，図 4.29 にこの形式の特性曲線（ガス流量に対する吐出し圧力を実線で図示）が示されています．この形式では，運転流量範囲をずらすために，静翼取付角を変化させます．なお，横軸の m³/min（NTP）は基準状態（0℃，1 気圧，乾燥ガス）に換算した体積流量を表しています．

4.3 船舶および輸送系の流体機械

4.3.1 プロペラの構造，性能

A．性能，抵抗

a．プロペラ性能の理論

現在，先進国では，ハイブリッド車が浸透してきていますが，船舶分野では，同様の原理を約 30 年前から軸発電システムとして実用化されていました．軸発電システムとは本来の使用目的である発電運転のほかに，軸発電機を軸電動機として運転し，主機関を補助する電動モード運転を行うことが可能なシステムのことです．このように，船舶の軸発電システムは約 30 年前に現在のハイブリッド車技術をすでに保持していたことになります．本項では船舶系の流体機械の代表としてプロペラ関連事項に着目して説明していきます．

(1) 運動量理論

船舶に関する**運動量理論**（momentum theory）は，ランキンによって 1865 年に基本的な考え方が提唱されました．この理論は，船の推力の発生原理につ

いて考察したもので，推力をプロペラによって生じる周囲の流体の運動量変化に結び合わせた考え方です．つまり，プロペラの作用を単純化して加速円盤と見なし，理論が組み立てられています．これにより，プロペラの理想的な効率やその条件などの解明が随分進みました．しかし，

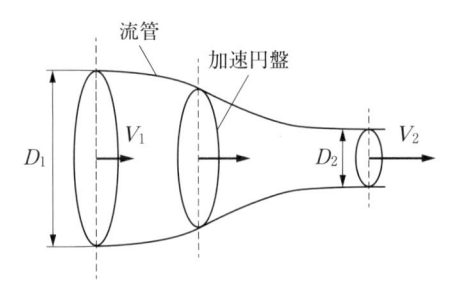

図 4.30 運動量理論のモデル

複数枚のプロペラを一枚の円盤と見なす理論であるため，個々の翼が流れにどのように影響するかは明確ではありません．

この単純な理論を図 4.30 のような流管モデルを用いて説明します．流管内の流れを考えれば，流入側の流速 V_1 は通常小さい値ですから流管の直径 D_1 は大きい値として考えます．一方，プロペラを 1 枚の加速円盤と仮想した断面では，軸方向に流体は加速されていきますから，流管の出口側では流速 V_2 は大きくなります．そのため流管の直径 D_2 は連続の式より小さい値となります．

ニュートンの第 2 法則によれば，単位時間内の運動量の変化量が流体に作用する力となりますから，流体に作用する力は，$M_2-M_1=m(V_2-V_1)$ です．ここで，m は質量流量です．水から加速円盤へ作用する力，すなわち，推力 t は作用・反作用によって $t=m(V_1-V_2)$ となります．推力の符号は $V_2>V_1$ なので $t<0$ となります．通常，符号は流体の流れ方向を＋にとります．すなわち，プロペラが後方に流体を押し出して加速する際，プロペラには，プロペラからの水の流出方向とは逆方向の力が推力として発生することを意味します．ここで説明した理論は単に流体に働く運動量の変化と推力 t の関係を求めるだけのものですから，羽根数，羽根形状などのプロペラの諸元がプロペラ性能に及ぼす影響は調査できません．

(2) 翼素理論

翼素理論（blade element theory）はフルードが 1878 年に提唱した理論で，図 4.31 のようなプロペラの微小部分（翼素）ごとに作用する力（揚力と抗力）を求め，これを積分してプロペラ全体に働く力を求めるものです．翼素理論では以下に示すような仮定をしますが，この仮定は実際値とは若干値が異なります．

4.3 船舶および輸送系の流体機械

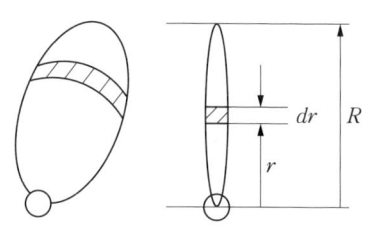

図 4.31 プロペラの微小部分

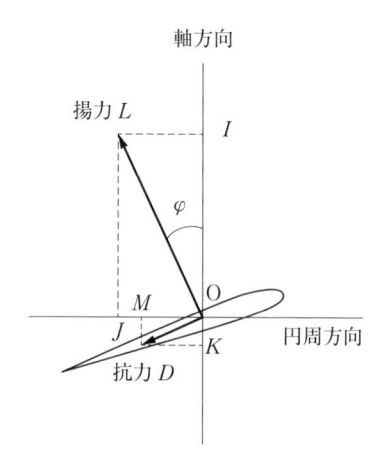

図 4.32 翼に作用する力と角度の関係

（仮定1） 隣り合う翼素の干渉は考慮しない．

（仮定2） 翼素に作用する力は，翼素断面形状の揚力と抗力のみとする．

図 4.32 は翼素が流体中を進行する状態を表したときの概略図です．翼素に作用する力は，翼素を上方に引き上げる揚力 L と，流れ方向に作用する抗力 D の2力です．各翼素の軸方向と円周方向の合成された速度 V_r，合成速度とプロペラ回転面とのなす角度を φ，各翼素の揚力係数 C_L，抗力係数 C_D，ブレード枚数を B とします．以下に，プロペラの推力（スラスト）t を求めてみます．

翼素の微小部分 dr（厚み：b）に作用する微小スラスト dt と微小トルク dT は，次式で表示されます．

$$dt = (C_L \cos\varphi - C_D \sin\varphi) dr \cdot b \cdot B \qquad (4.111)$$

$$dT = (C_L \sin\varphi + C_D \sin\varphi) r dr \cdot b \cdot B \qquad (4.112)$$

この式に次式の単位面積当たりの揚力と抗力

$$L = \frac{1}{2}\rho V_r^2 \cdot C_L \qquad (4.113)$$

$$D = \frac{1}{2}\rho V_r^2 \cdot C_D \qquad (4.114)$$

を代入して積分すると，スラスト t とトルク T は次式のように得られます．

$$t = \int_0^R dt = \int_0^R \frac{1}{2}\rho V_r^2 (C_L \cos\varphi - C_D \sin\varphi) dr \cdot b \cdot B \qquad (4.115)$$

$$T = \int_0^R dT = \int_0^R \frac{1}{2}\rho V_r^2 (C_L \sin\varphi + C_D \sin\varphi) r dr \cdot b \cdot B \qquad (4.116)$$

翼素理論はプロペラの枚数，羽根形状などの影響を考慮できるため，ランキンの運動量理論に比べると考え方が著しく進歩しています．しかし，この理論でも，プロペラの隣り合う翼同士の干渉や，翼から発生する渦の影響などを考慮することはできません．

(3) 渦理論

プロペラの**渦理論**（vortex theory）は**循環理論**ともいわれ，**クッタ・ジューコフスキーの定理**（Kutta-Joukowski's theorem）に基づく理論（2.5.2項参照）を舶用プロペラに応用したものです．クッタ・ジューコフスキーの定理とは"速度が U の一様流中に2次元物体が設置されたとき，一様流の方向と物体軸の方向を含む面に直角に揚力 $L=\rho U\Gamma$ の力が生じる"ことを表した理論です．ここで，Γ は翼周りに働く循環です．この理論のモデルを図4.33に示します．渦理論は有限な翼から発生する自由渦によって生じる誘導速度を考慮したもので，実際上の値とよく一致するものですが，計算はかなり複雑で手間取るものです．

b. ねじプロペラの種類

船を航走させるための装置である"ねじプロペラの原理"は，基本的にはねじの原理に基づくもので，これはボルトをナットの中で回転させると，ボルトが進行することと同じ原理です．ねじプロペラは2〜5枚の羽根から成り立ち，各羽根はそれぞれねじ山の形をした螺旋形状のものです．図4.34のように，ねじは通常右に回転させると進み（右ねじ）ますが，逆回転させると後退します．ねじの山と山の間隔を**ピッチ**といいます．舶用プロペラの原理はねじと同

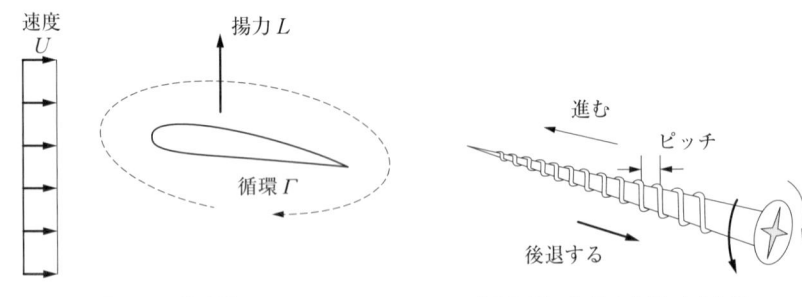

図4.33　渦理論のモデル　　　　図4.34　ねじの作用（成山堂,
　　　　　　　　　　　　　　　　　　　　　　機関学概論より）

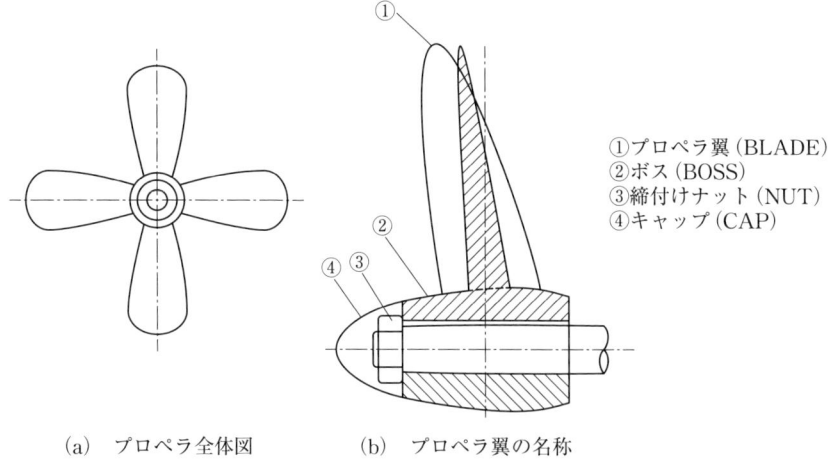

4.3　船舶および輸送系の流体機械　　　183

①プロペラ翼（BLADE）
②ボス（BOSS）
③締付けナット（NUT）
④キャップ（CAP）

(a)　プロペラ全体図　　　(b)　プロペラ翼の名称

図 4.35　固定ピッチプロペラ（成山堂，機関学概論より）

じと考えてよいのですが，相違点もあります．それは，プロペラは水中で回転すると，水中で**すべり**（slip）が生じるため，ピッチ相当の距離分だけプロペラが移動しないことです．

次に，プロペラピッチに基づいてプロペラを2分類しておきます．

(1)　固定ピッチプロペラ
(2)　可変ピッチプロペラ

(1)の場合，**プロペラピッチ**＝一定のプロペラのことをいいます．図 4.35 に4枚羽根の固定ピッチプロペラの構造と名称を示します．このタイプは構造が簡単で，比較的容易に製作されるため，大型船舶に多用されています．短所は前進と後進の切り換えのためには主機関の回転方向を変える必要があることです．ところで，緊急時に船舶を短時間で前進から後進に切り替えることをクラッシュアスターンといいます．この場合，主機関内部に圧力急上昇が生じるため，機関各部は過大な応

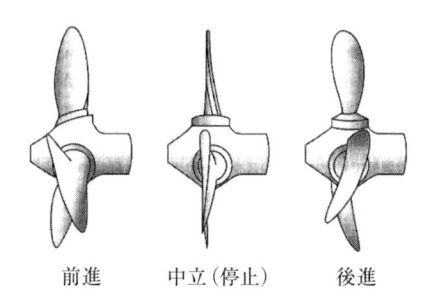

前進　　中立（停止）　　後進

図 4.36　可変ピッチプロペラ（成山堂，機関学概論より）

力にさらされ，損傷が生じることがあります．

次に，(2)の可変ピッチプロペラは，運転中プロペラピッチを自由に変化させることが可能なプロペラで，主機関の回転方向を逆方向にしなくても，前進と後進の切り換えが可能な場合です．したがって，主機関の方向を常に一定方向に保てる長所があります．一方，短所はプロペラピッチを変えるための設備などが必要となり，コスト高で構造が複雑となります．図4.36に可変ピッチプロペラの羽根の構造と動きを示します．

c. 性 能

プロペラ性能として最も重要な点は，与えられたトルク（回転モーメント）T に対してどのくらい推力 t を発生できるか，という特性です．以下に関連する性能の種類と内容を説明します．

(1) **プロペラスピード** V_p

プロペラを，ナットの中で回転するねじと仮想した場合，プロペラが1回転するとプロペラは1ピッチ P m だけ前進します．プロペラが N rpm で回転すれば，プロペラは PN （単位は m/min）だけ前進することになります．船の船速を表示する単位はノット（knot）で表しますが，1ノットは 1.852 km/h ですから，**プロペラスピード**（propeller speed）V_p は次式で表示されます．

$$V_p = PN \times 60/1852 \ [\text{knot}] \tag{4.117}$$

(2) **すべり（スリップ）** S

上述の説明は，プロペラがねじの中で回転するという仮定の下での速度ですが，実際にはプロペラは水中で回転するため"**すべり**"が生じ，船速 V はすべりの分だけプロペラスピード V_p とは異なることになります．そこで，次式 S を**スリップ**（slip）と呼び，この効果を考慮に入れることにします．

$$S = V - V_p \tag{4.118}$$

さらに，次式を**スリップ比**（slip ratio）S_R といいます．

$$S_R = (V - V_p)/V = 1 - V_p/V \tag{4.119}$$

静かな海面では，スリップ比は約 15～20％ 程度です．

(3) **前進率** J

幾何学的に相似な形状をもつプロペラを使用して水槽実験によって性能調査を行う場合，重要な力学的相似の因子として**フルード数** Fr **数**と**レイノルズ数**

Re 数が存在します．Fr 数の影響については，最低でも**プロペラ深度**（水面からプロペラ中心までの距離）をプロペラ直径 D の 0.625～0.75 以上にとります．通常はプロペラ深度をプロペラ直径程度にすることで，Fr 数の影響を回避した性能が得られます．一方，Re 数の影響を除くには，最低でもプロペラ直径が 30 cm 以上を必要とします．通常の性能実験では直径 40～50 cm のプロペラ模型を用いることで回避しているようです．

上述のように Fr 数と Re 数の影響が無視できる状況下であるとき，プロペラ性能に影響を与える要素としては，次式で表す**前進率**（advance coefficient）J と呼ばれる係数があります．

$$J = \frac{V_p}{ND} \tag{4.120}$$

ここで D はプロペラ直径です．以下の 2 つの仮定の下で，**前進率 J の値が同じであれば相似の状態になりますから，プロペラの性能を示す各係数は J の関数として表示できることになります．

（仮定1）　レイノルズ数 Re やフルード数 Fr の影響が無視できる．
（仮定2）　**キャビテーション**（cavitation）が生じない．

この仮定のもとでプロペラの性能を表す標準式は，次式で与えられます．

推進係数
$$K_t = \frac{t}{\rho N^2 D^4} \tag{4.121}$$

トルク係数
$$K_T = \frac{T}{\rho N^2 D^5} \tag{4.122}$$

プロペラ効率
$$\eta_P = \frac{tV_P}{2\pi NT} \times \frac{1852}{60} = \frac{K_t J}{2\pi K_T} \times \frac{1852}{60} \tag{4.123}$$

B.　船体との相互作用

a.　船体抵抗の種類

航行中の船体に働く船体抵抗 R には，大別すると 2 種類が存在します．それらの 2 つは船体と水が接する部分に働く**水抵抗**（water resistance）と船体と空気が接する部分に働く**空気抵抗**（air resistance）です．これらの抵抗はさらに図 4.37 のように細別されています．抵抗の大きさとしては船体に接する海水の密度の

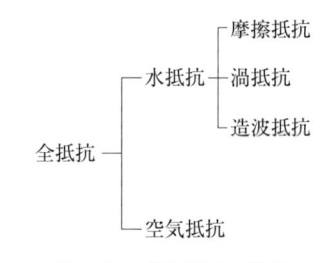

図 4.37　船体抵抗の種類

全抵抗
- 水抵抗
  - 摩擦抵抗
  - 渦抵抗
  - 造波抵抗
- 空気抵抗

方が空気のそれよりも著しく大きいため，水抵抗の方が圧倒的に大きいものです．たとえば，巨大タンカーでは全抵抗のうち，水抵抗が約80%以上を占めています．このため，従来は水抵抗を減少させることに主眼を置いていました．しかし，最近では**喫水**（draft）より上方の船首形状を球状にすることや船橋構造物の小型化により，空気抵抗を減少させる試みも盛んに採用されるようになってきています．一般的には，船舶の水抵抗 R に及ぼす影響を表す式は次元解析から求められますが，式の演算が込み入りますので，ここではその導出過程を省略し，結果のみを次式に示しておきます．

$$\frac{R}{\rho V^2 L^2} = f\left(\frac{\rho VL}{\mu}, \frac{V}{\sqrt{gL}}, \cdots\right) \tag{4.124}$$

この式中の無次元数は次のように呼ばれています．

抵抗係数（resistance coefficient） $\quad \dfrac{R}{\rho V^2 L^2} \tag{4.125}$

レイノルズ数（Reynolds number） $\quad \dfrac{\rho VL}{\mu} = Re \tag{4.126}$

フルード数（Froude number） $\quad \dfrac{V}{\sqrt{gL}} = Fr \tag{4.127}$

以上のように，**抵抗係数** $R/(\rho V^2 L^2)$ は主として2つの無次元数（レイノルズ数 Re とフルード数 Fr）の関数として表示されます．このため，模型実験を実施する場合，Re 数と Fr 数を実船のそれらと一致させる必要がありますが，両者の無次元数を合わせることは著しく困難です．

(1) 水抵抗

① 摩擦抵抗（friction resistance）

船体と接する水（海水など）には粘性が存在しており，これに基づく**摩擦抵抗** R_f が生じます．フルードの実験によれば，摩擦抵抗は船体との接触面積 S に比例し，船速 V の1.825乗に比例することが知られています．また，模型実験から多数の摩擦抵抗係数 C_f の式が提唱されていますが，流れ場に適合する実験式から C_f の値を求めることが大切です．摩擦抵抗係数 C_f の定義式は次式で与えられます．

$$C_f = \frac{R_f}{\left(\dfrac{1}{2} \rho V^2 S\right)} \tag{4.128}$$

② 渦抵抗（eddy resistance）

渦抵抗は造渦現象に起因する抵抗のことで，船体形状の不合理性や船体に設置された物体の形状と設置位置の不具合等がなければ，全抵抗に占めるこの抵抗の割合は小さいものです．ヒューズの研究によれば渦抵抗を考慮する場合，平板の摩擦抵抗を $(1+k)$ 倍したものが船体の**粘性抵抗**であると提案されています．

$$\text{船体の粘性抵抗} = \text{平板の摩擦抵抗 } R_f + \text{船体の渦抵抗 } kR_f = (1+k)R_f$$

ここで，k は**形状影響係数**といいます．また，渦抵抗のことを形状抵抗ともいいます．

③ 造波抵抗（wave-making resistance）

船が航行する際に，船体周りの水面上には波が生じています．この波の横波は船の推進にとって損失となりますが，この損失を**造波抵抗**といいます．造波抵抗は低速航行の場合，全抵抗に占める割合は少ないですが，高速航行になるとこの影響は大きくなり，全抵抗の約 50％以上を占めるまでになります．

(2) 空気抵抗

喫水より上方部分の船体表面には**空気抵抗** R_a が働き，船体の航行上，損失として作用します．ただし，空気の密度は，水の密度の約 1/800 程度ですから，この抵抗の大きさは水抵抗に比べ，約 1～3％程度で比較的小さい値です．R_a の定義式は以下のとおりです．

$$R_a = k \cdot C \cdot \frac{1}{2} \rho_a V_a^2 A \tag{4.129}$$

ここで，k は風向係数，C は正面空気抵抗係数，A は船の水面上における正面投影面積，V_a は船に対する相対風速，ρ_a は空気の密度です．一般的に，C の値は図表から求められます．

b．プロペラと船体との相互作用

プロペラと船体との間には流体を介してエネルギー損失に結び付く相互作用が2つ存在することが知られています．1つは船体がプロペラに及ぼす影響として**伴流**（wake）があります．他の1つはプロペラが船体に及ぼす影響として**推力減少**（thrust deduction）があります．

(1) 伴　流（はんりゅう）

船舶が航走する場合，船体に接する水は粘性のため船体と同方向へ動きます．すなわち，船体付近の水は船体から速度を与えられ，結果として伴流（wake）と呼ばれる概ね減速した流れ領域を形成します．伴流はすべて進行方向と同じとは限らず，船体から離れた位置によっては進行方向とは反対方向になることもあります．そこで，伴流の符号を船体の進行方向を正，反対方向を負とします（図4.38）．船速を V およびプロペラ前進速度を V_p とすると，**伴流速度** V_w は，次式で表示されます．

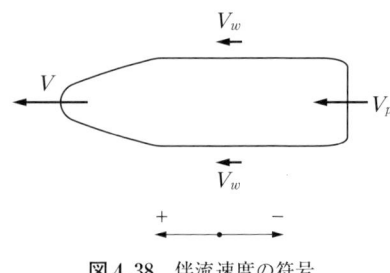

図4.38 伴流速度の符号

$$V_w = V - V_p \tag{4.130}$$

ここで，**伴流係数**（wake fraction）W を以下のように定義します．

$$W = V_w/V = (V - V_p)/V \tag{4.131}$$

これより，プロペラ前進速度 V_p は $V_p = (1-W)V$ で表現されます．W の値は船体の大きさ，船体船尾付近の形状，船尾付近の付加物（ラダーなど）の形状，大きさ，位置などに強く依存します．W の正確な値を得るには模型船を用いた水槽実験による計測値が必要です．通常は計測値を伴流分布として整理します．伴流の及ぼす影響を以下にまとめて記述しておきます．

① プロペラ効率の低下を招く．
② プロペラ半径に沿う推力分布の不均一が，各種振動の起振力となる．
③ 円周上における不均一性は周期的に変化するトルクを発生させ，各種振動の起振トルクとなる．

(2) 推力減少

船尾付近でプロペラが回転すると，プロペラと船尾との間に低圧領域が生じ，船体に働く形状抵抗が増加することになります．また，プロペラ付近の水の加速によって摩擦抵抗も増加します．これらに起因する抵抗増加は推力によって補完されます．船体が航行中の抵抗を R とすれば，プロペラの推力 t との間には以下の関係があります．

$$t - R = C_t \times t, \quad C_t = (t-R)/t \qquad (4.132)$$

ここで C_t は**推力減少係数**（thrust deductive fraction）と呼ばれ，この値はプロペラが回転するために生じる抵抗の増加を示します．C_t の値はプロペラ設置位置，船体との隙間，プロペラ直径，プロペラ前進速度などの影響を受けますから，正確な値は推力 t と抵抗 R を計測することによって求めます．なお，推力減少係数 C_t と伴流係数 W は互いに独立した影響因子ではなく，相互に関係し，C_t は W の関数として近似的に表現されています．

4.3.2 推進系の出力と効率

A．各種の出力
推進系の出力には各種ありますので，以下に主なものを列記しておきます．

(1) **図示出力**（indicated horse power, N_i）
主機関内部で発生する出力のことで，ディーゼル機関のシリンダカバーに設置された指圧器弁（インジケータバルブ）に指圧計を設置します．それにより，エンジン作動中にシリンダ内のピストンの行程によって変化する圧力が計測できます．インジケータ線図は縦軸にシリンダ内のガス圧力 P，横軸にピストン行程 L もしくは体積 V（＝ピストン行程 L×シリンダ断面積 A）をとった図です．P-V 線図上に描かれたサイクルによって囲まれた面積は仕事を示すので，インジケータ線図に表示された面積を計算すると図示出力の値が求まります．

(2) **正味出力**（net output, N_e）
正味出力とは図示出力からピストンや軸受などで発生する摩擦損失や付属設備（潤滑油ポンプなど）に消費される動力を差し引いた動力を意味するものです．したがって，実際に機関外部へ吐き出す出力のことです．

(3) **伝達出力**（delivered output, N_d）
伝達出力 N_d はプロペラへ実際に伝えられる出力を意味し，次式で表示されるものです．

  伝達出力＝正味出力－（中間軸受損失＋船尾管軸受損失）

(4) **有効出力**（effective output, N_e）
有効出力は船を推進させるために必要な出力のことで，船を任意の速度 V

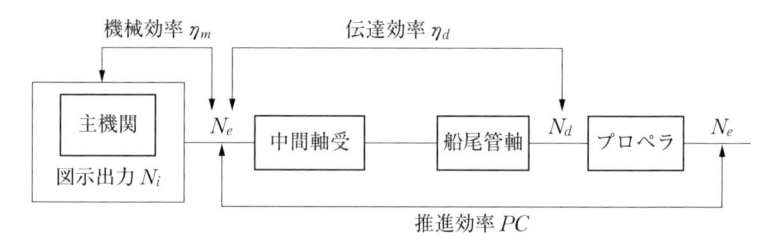

図 4.39 各種効率の関係

で曳航する場合に必要な出力です．これは次式で求められます．
$$N_c = R \times V \tag{4.133}$$
ここで，R は船体抵抗，V は船速〔m/s〕を示します．

(5) スラスト出力（thrust output, N_t）

スラスト出力とは，船を推進させるためにプロペラが発生する出力を意味します．すなわち，水中でプロペラを運転したときの発生出力を表します．
$$N_t = t \times V_p \tag{4.134}$$
ここで，t は推力，V_p はプロペラの前進速度〔m/s〕を示します．

B．各種の効率

上述したように，船舶の運航で必要とされる出力は各種の発生する損失を考慮する必要があります．それに伴う効率を，以下のように各種定義しています．

(1) 機械効率 η_m ： N_e/N_i (4.135)
(2) プロペラ効率 η_p ： N_t/N_d (4.136)
(3) 船体効率 η_H ： N_c/N_t (4.137)
(4) 推進効率 PC ： N_c/N_e (4.138)

以上述べました各種の効率の関係を，機関の構造部と照合して図 4.39 に示します．

4.3.3 軸系の構造

A．軸系

主機関で発生した動力が，機関のどんな経路をたどり，どのような効率でプロペラまで伝達されていくのか，図 4.40 に示した軸系の全体図から説明します．軸系は以下に示す 3 つから構成されています．

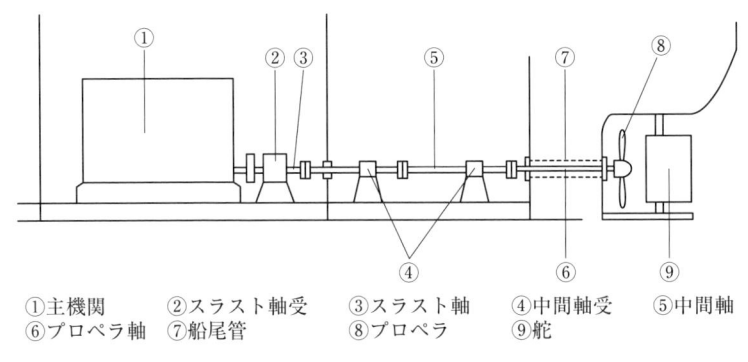

①主機関　　②スラスト軸受　　③スラスト軸　　④中間軸受　　⑤中間軸
⑥プロペラ軸　⑦船尾管　　　　⑧プロペラ　　　⑨舵

図 4.40 軸系全体図（成山堂，機関学概論より）

(1) スラスト軸（thrust shaft）
(2) 中間軸（intermediate shaft）
(3) プロペラ軸（propeller shaft）

まず (1) のスラスト軸については，プロペラが回転していますとその周囲に存在する流体（水）を後方へ押し出します．するとその反力によって，プロペラ軸は水から力（スラストと呼びます）を受けることになります．そのスラストを船体に伝達する役目を担うのが**スラスト軸受**です．推力軸は，ディーゼル機関ではクランク軸の後端に，LNG 船で使用されるタービン機関では減速歯車の後端に，それぞれ連結される動力軸のことです．この軸受は軸と一体化された**スラストカラー**（thrust collar）と呼ばれるものを装備しています．船体に固定されたスラスト軸受にこのスラストカラーを当てることにより，プロペラ軸からの力を船体に確実に伝達します．なお，一例として，タービン船の概念を表した図 4.41 にスラスト軸受を表しています．

次に，(2) の中間軸の役割は，主機関の出力をプロペラ軸へ完全に伝達することです．中間軸を支持する軸受を**中間軸受**といいます．主機関とプロペラ軸までの距離が長いほど，支持に必要な力が大きく働くため中間軸受の数が増し，損失も増加していきます．(3) のプロペラ軸についてみますと，プロペラ軸の前端は船内で中間軸に，一方，後端は船外でプロペラに連結されています．プロペラ軸を支持する軸受を**船尾管軸受**（stern tube bearing）といいます．この軸受には，プロペラの重量およびプロペラの回転に起因する振動など

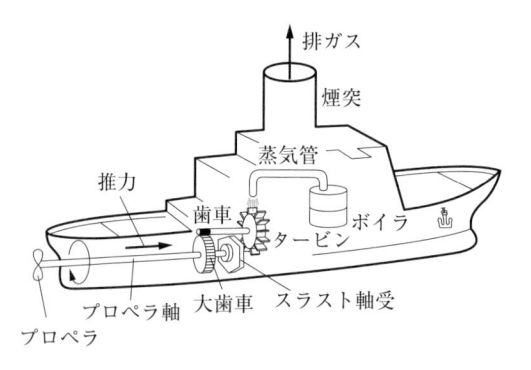

図 4.41 蒸気タービン船概念図（成山堂，機関学概論より）

の不規則な力が作用しますから，十分な強度が要求されます．また，プロペラ軸が船体を貫通する箇所では，シールの不十分さから隙間を通して水が浸入することを防ぐ特別な手段が必要となります．古くは，船尾管軸受を海水で潤滑シールする海水潤滑方式を採用していましたが，現在では油圧による圧力バランスが利用できる油潤滑方式が主流です．油潤滑方式は潤滑用タンクのヘッドによって船尾管軸受に油を注入する方式で，潤滑油圧の方が水圧よりも若干高目に設定されていますので，船外に油が排出されないようにシール装置が設置されています．

B. 伝動装置

　伝動装置（power transmission system）は，主機で発生させた出力をプロペラ軸に伝動するための装置で，伝動方式には機械式，流体式および電気式などがあります．通常の商船用船舶ではほとんどが機械式を採用していますから，ここでは機械式についてのみ説明しておきます．機械式には，主機の出力端からプロペラ軸まで中間軸で連結する (1) 直結方式と (2) 歯車を介して伝動される歯車方式があります．

　まず (1) の直結方式は，原動機軸，数本の中間軸およびプロペラ軸を連結する方式で，各軸はフランジ継手で連結されています．ディーゼル船のほとんどはこの方式を採用していますが，その特長は伝達効率が高いことにあります．なお，主機関とプロペラ軸との距離が短いほど，加わる荷重が低いため中間軸受における損失が少なくてすみます．このため，船舶の主機関はできるだ

け船尾側に設置しています．次に（2）の歯車方式では，LNG（液化天然ガス）船などの蒸気タービンを主機関とする場合はこの方式を採用するのが普通です（図 4.41 参照）．この理由は主機関の出力を高めるためには回転数が高い方が有利であるからです．一方，プロペラの推進効率はプロペラ軸の回転数が低い領域で高くなります．両者のこの特長を活かすために，減速歯車が必要となってきます．このことから，歯車装置は主機関のトルクを着実に伝達するとともに，回転数も変化させることができ，比較的広い対応が可能となります．

C. 据え付け，整備
a. 軸系の据え付け

軸系の据え付け不良が及ぼす影響は，局部的に荷重がかかり，振動の原因となることです．その結果，軸受の焼き付き，軸受の異常摩耗などを招くことになります．軸受の据え付け方法は以下に示す 2 種類があります．

(1) **ストレートアラインメント**（straight alignment）

すべての軸受を一直線上に配置して据え付けする方法をストレートアラインメントといいます．この方法では軸受の前後方向の配置に注意し，各軸受の荷重配分が均一となるように配慮します．この方法が採用されるのは軸受間隔が長く，軸系のフレキシビリティが高い軸系に採用されます．

(2) **スロープアラインメント**（slope alignment）

この方法は，あらかじめ軸系のたわみ曲線から軸受の上下方向の配置を調整し，それぞれの軸受の荷重配分を良好にする方法です．この背景には船舶の巨大化，高出力化および機関室が船尾近くに配置されることにより，軸系は太く，かつ短くなりつつあるからです．

b. 据え付け工事における注意事項

軸系の芯出し（**アラインメント**）や据え付け工事を行うためには，軸系中心と船体との相互作用を考慮して以下の点に注意して据え付けます．

(1) 熱膨張
(2) 載貨状態
(3) 進水後の変形

(1) 熱膨張については，船体各部は据え付け時の周辺温度（季節，天候，気温，日照に依存）によって各部に熱膨張差を生じ，その結果，船体全体で変形

することがあります．このため，夜間や早朝など温度変化が少ない時間帯にアラインメントを実施するのが望まれます．なお，据え付けは1日に3回程度はアラインメント計測をします．

次に，載貨状態により船の喫水が変化しますが，これにより軸系の中心位置も変化するのが普通です．このため，就航中の載貨状態と据え付け確認時との喫水差に基づく船体の変形を，あらかじめ予測して据え付けを実施します．

進水後については，主機を進水前に固定した場合，船尾機関位置で進水後に軸心が若干変化することがあります．このような場合，あらかじめ浸水後の変形量を予測して配慮する必要があります．

c．プロペラの整備

プロペラおよびプロペラ軸は船舶の航行に重大な影響を与えるため，日本海事検定協会により定期検査が義務付けられています．このためプロペラの損傷のチェックとその対応は，入渠時に実施しています．なお，損傷の状態は以下に示す6通りのように分類されます．

(1) **腐食**（corrosion）
(2) **侵食**（erosion）
(3) 曲損
(4) **き裂**（crack）
(5) 折損および欠損
(6) 羽根の脱落

(1)の腐食（コロージョン）は化学的腐食と電気化学的腐食に分類されます．腐食が進行しますとプロペラ表面の粗さが増し，プロペラ性能の低下を招きます．極端に腐食が進行しますと，強度不足に陥り，プロペラの曲損や欠損に繋がる場合があります．**化学的腐食**は船舶が航行する海域の水質に依存します．具体的には，水の酸やアルカリの化学変化によるもので，都市の港湾や河川などの汚染された海域を航行する船舶に著しく生じるのが普通です．

一方，電気化学的腐食は海水中の**電食作用**（galvanic action）によるものです．これは金属原子が電子を放出する酸化反応（アノード反応）です．この酸化反応は対応する還元反応（カソード反応）が伴わないと進みません．プロペラの材料の主成分は銅と亜鉛ですから，合金中の銅と亜鉛間で電池作用を生じ

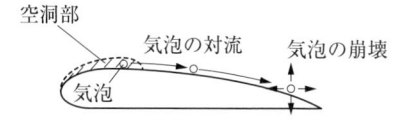

4.3 船舶および輸送系の流体機械

図 4.42 キャビテーションの概念図

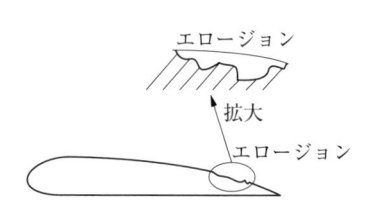

図 4.43 キャビテーションによる侵食作用

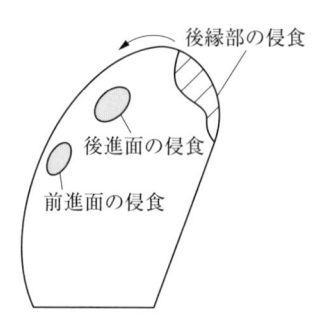

図 4.44 侵食発生箇所

て亜鉛部分が海水中へ溶出します．このためプロペラには銅成分が残り，表面は赤みを帯びてざらざらになります．これを**脱亜鉛現象**といいます．この対策としてプロペラ周辺に**保護亜鉛**として亜鉛板を多数設置し，プロペラの腐食を抑制しています．

（2）の侵食（エロージョン）は**キャビテーション**により生じる現象です．キャビテーションは流れの中で流速が大きくなると静圧が低下し，局所で限界圧力（飽和蒸気圧）以下になると，局所的に蒸気泡が発生します．この気泡が下流に対流すると，翼後縁近くでは圧力が高いため，急激に押しつぶされて，局所的に高い圧力を発生します（図 4.42）．気泡が崩壊するときの圧力波が翼表面に伝達され侵食作用が生じます（図 4.43）．キャビテーションによる害は性能劣化，機器の表面の侵食や振動および振動の発生などです．プロペラに侵食が発生する代表的な箇所を図 4.44 に示します．侵食を防止する対策として，運転上はプロペラの回転数を低くすることやプロペラ深度を大きくするなどの方法があります．

（3）の曲損はプロペラ羽根が曲がり性能の劣化が生じることをいいます．原因は流木などの浮遊物やワイヤーロープ，チェーンなどの異物と羽根とが時折接触するためです．曲損の程度が大きい場合はプロペラを換装する必要がありますが，程度が小さい場合は，曲損箇所を加熱してハンマーと油圧ジャッキにより補修します．

(4) のプロペラ羽根に生じるき裂のほとんどは，プロペラの回転に伴う繰り返し応力による疲労破壊によるものです．その他，プロペラ製造工程上の欠陥（鋳造時の欠陥），キャビテーションによる侵食の進行や補修作業時の熱処理の不適切などがあります．き裂が浅い場合はグラインダで除去しますが，深い場合は肉盛り溶接した後，応力除去の熱処理を実施しなければなりません．

(5) の折損の原因には，き裂の進行によるものと異物との接触によるものがあります．一方，欠損は折損よりも損傷のダメージが軽いもので，異物との接触やキャビテーションによって羽根の先端が欠けたりするものです．折損および欠損の程度に応じて，肉盛溶接などを実施します．

〈演習課題〉

4.1 有効落差 120 m，流量 200 m³/s の水力発電所における水車の正味出力を求めなさい．ただし，水車の全効率は 86% とします．

4.2 有効落差 100 m のところに，毎分 300 回転して 43000 kW を出す水車を設計するとします．どの形式の水車が適切ですか．

4.3 $H=120$ m，$n=450$ rpm で作動する水車があります．ランナは $D_1=1600$ mm の半径流形とします．$v_1 \sin\alpha_1 = 15.5$ m/s で水がランナへ流入するとき，その絶対速度の方向 α_1 および相対速度の方向 β_1 を求めなさい．ただし水は $\alpha_2=90°$ でランナを流出するとします．

4.4 有効落差 61 m，1.56 m³/s の流量を用い，863 kW を発生する水車を設計します．ランナの回転数が 940 rpm のとき，キャビテーション発生限界のランナ設置高さ H_s を求めなさい．ただし，水温は 30℃ とします．

4.5 図 4.45 に示すようなカップ形風車のおもちゃが，一様流速 $U=10.4$ m/s の風を受けて角速度 Ω で回転しています．ただし，(1) の場合は，風車カップの凹凸両側に風が当たり，(2) の場合は凹面側のみに，(3) の場合は凸面側のみに風が当たります．3 つの場合に，角速度の計測値（絶対値）は，大きいものから順に 52.8 rad/s，47.1 rad/s，7.04 rad/s でした．角速度が最大のものと最小のものは何番か，理由を添えて答えなさい．また，3 つのそれぞれの場合について，カップの中央（半径 $r=53$ mm）におけるカップの周速度を計算し，一様流速との比を求めなさい．

4.6 送風機の吸込み側流量 $Q=120$ m³/min 吸込み側の静圧 $p_{s1}=100$ kPa，吐出し

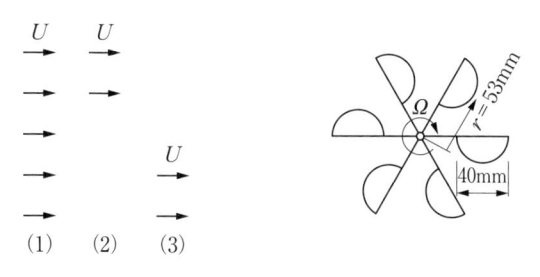

図4.45 カップ形風車

側の静圧 $p_{s2}=125\,\text{kPa}$，吸込み側の動圧 $p_{d1}=2\,\text{kPa}$ のとき，静圧理論空気動力 L_s を求めなさい．

4.7 吸込み流量 $200\,\text{m}^3/\text{min}$，吸込み側圧力 $101.3\,\text{kPa}$，温度 $20\,\text{℃}$，吐出し側圧力（全圧）$34.3\,\text{kPa}$ のブロワの軸動力が $140\,\text{kW}$ のとき，理論断熱動力と全断熱効率を求めなさい．

4.8 軸流送風機の動翼の任意の半径位置において，周速度が $200\,\text{m/s}$，周方向の分速度の増加が $80\,\text{m/s}$ であるとき，動翼前後の理論温度上昇を求めよ．

4.9 プロペラピッチ P が $1.8\,\text{m}$，プロペラ軸の回転数 N が $250\,\text{rpm}$ のときプロペラスピードは何ノットか求めなさい．

4.10 プロペラピッチが $1200\,\text{mm}$，主機関の積算回転計の読みが12時に5456700，16時に5541900で，船速が12.5ノットであるとき，主機毎分回転数，プロペラスピードとプロペラスリップ比（百分率）を，小数点以下第1位まで求めなさい．

4.11 主機関の動力試験を実施したところ，毎分回転数が $300\,\text{rpm}$ のときトルクが $10^6\,\text{Nm}$ でした．このときの出力 P を求めなさい．

4.12 長さ $300\,\text{m}$，船速 9.7 ノット（$5\,\text{m/s}$）のタンカーを速度 $0.5\,\text{m/s}$ の水槽実験する際，フルード数を求めなさい．また，同一フルード数にするための模型船の長さを求めなさい．

4.13 主機関の図示出力，正味出力がそれぞれ $30000\,\text{kW}$，$27000\,\text{kW}$ のタンカーの機械効率を求めなさい．

4.14 主機として，タービンが採用されているLNG船では減速歯車が採用されていますが，その理由を答えなさい．

4.15 ある遠心圧縮機1を回転数 $42000\,\text{rpm}$ で運転し，毎時 $3300\,\text{m}^3$ の空気を吸う場合，圧力比は3となります．形状の相似な圧縮機2を回転数 $52550\,\text{rpm}$ で

運転し，毎時 4200 m³ の空気を吸う場合の圧力比を求めなさい．ただし，いずれの場合も吸込み絶対圧力を 101.3 kPa，吸込み温度を 25℃ とします．

演習課題解答例

〈第1章〉

1.1 $\boldsymbol{u}\cdot\boldsymbol{v}=2\cdot(-3)+(-3)\cdot 2+1\cdot(-4)=-6-6-4=-16$

$\boldsymbol{u}\times\boldsymbol{v}=(12-2)\boldsymbol{i}+(-3+8)\boldsymbol{j}+(4-9)\boldsymbol{k}=10\boldsymbol{i}+5\boldsymbol{j}-5\boldsymbol{k}$

1.2 $\nabla\cdot\boldsymbol{u}=\partial(x^2z)/\partial x+\partial(-2y^3z^2)/\partial y+\partial(xy^2z)/\partial z=2xz-6y^2z^2+xy^2$

$\nabla\times\boldsymbol{u}=\begin{vmatrix}\boldsymbol{i}&\boldsymbol{j}&\boldsymbol{k}\\\partial/\partial x&\partial/\partial y&\partial/\partial z\\x^2z&-2y^3z^2&xy^2z\end{vmatrix}$

$=\{\partial(xy^2z)/\partial y-\partial(-2y^3z^2)/\partial z\}\boldsymbol{i}+\{\partial(x^2z)/\partial z-\partial(xy^2z)/\partial x\}\boldsymbol{j}$

$+\{\partial(-2y^3z^2)/\partial x-\partial(x^2z)/\partial y\}\boldsymbol{k}=(2xyz+4y^3z)\boldsymbol{i}+(x^2-y^2z)\boldsymbol{j}+0\boldsymbol{k}$

1.3 C に沿って

$\int_c \boldsymbol{u}\cdot d\boldsymbol{r}=\int_c(u_x dx+u_y dy+u_z dz)$

$=\int_c\{(3x^2+6y)dx+(-12yz)dy+16xz^2 dz\}$ であるので

$x=t$, $y=t^2$, $z=t^3$, $dx=dt$, $dy=2tdt$, $dz=3t^2dt$ を代入して計算すれば以下となります。

$\int_c \boldsymbol{u}\cdot d\boldsymbol{r}=\int_0^1(9t^2-24t^6+48t^9)dt=[3t^3-(24/7)t^7+(24/5)t^{10}]_0^1$

$=3-24/7+24/5=153/35$

1.4 $C=\begin{bmatrix}\partial u_1/\partial x_1 & \partial u_1/\partial x_2\\ \partial u_2/\partial x_1 & \partial u_2/\partial x_2\end{bmatrix}=\begin{bmatrix}0 & k\\ 0 & 0\end{bmatrix}=\frac{1}{2}D+\frac{1}{2}S$ より, $D=\begin{bmatrix}0 & k\\ k & 0\end{bmatrix}$, $S=\begin{bmatrix}0 & k\\ -k & 0\end{bmatrix}$

となります。したがって、ひずみは以下となります。

$\begin{bmatrix}\delta(\Delta x_1)\\ \delta(\Delta x_2)\end{bmatrix}=C\begin{bmatrix}0\\ \Delta l\end{bmatrix}=\begin{bmatrix}0 & k\\ 0 & 0\end{bmatrix}\begin{bmatrix}0\\ \Delta l\end{bmatrix}=\begin{bmatrix}k\Delta l\\ 0\end{bmatrix}$

1.5 $x=r\cos\theta=\sqrt{x^2+y^2}\cos\theta$, $\cos\theta=\dfrac{x}{\sqrt{x^2+y^2}}$. 同様に, $\sin\theta=\dfrac{y}{\sqrt{x^2+y^2}}$

$r(\cos\theta+i\sin\theta)=\sqrt{(x^2+y^2)}\left(\dfrac{x}{\sqrt{x^2+y^2}}+i\dfrac{y}{\sqrt{x^2+y^2}}\right)=x+iy=z$

$$\therefore\ z = x + iy = r(\cos\theta + i\sin\theta)$$

1.6 $z_1 z_2 = (4+i3)(2+i2) = 8+i8+i6+i^2 6 = 8+i8+i6-6 = 2+i14$

1.7 $z = x + iy = 1 - i2$ より，$x = 1,\ y = -2$
$f(1-i2) = (x^2 - y) + i(x+y^2) = 1^2 - (-2) + (1+4)i = 3 + i5$

1.8 $\lim_{z\to 0} |f(z)| = \lim_{z\to 0} \dfrac{1}{|z|} \to +\infty\ \ \therefore\ \lim_{z\to 0} \dfrac{1}{z} \to \infty$

1.9 $w = (x^2 - y^2) + i2xy = (x+iy)^2 = z^2$
$\therefore\ w = f(z) = z^2$

1.10 この問題は極限値に近づく方向性(図 1.17 参照)により，極限が存在する場合としない場合があることを理解します．

$$\lim_{x\to 0}\left[\lim_{y\to 0} f(z)\right] = \lim_{x\to 0}\left[\lim_{y\to 0} \dfrac{(x+y)^2}{(x^2+y^2)}\right] = 1,\quad \lim_{y\to 0}\left[\lim_{x\to 0} f(z)\right] = \lim_{y\to 0}\left[\lim_{x\to 0} \dfrac{(x+y)^2}{(x^2+y^2)}\right] = 1$$

一方，たとえば，$y = ax$ に沿った極限を考えると，次のようになります．

$$\lim_{z\to 0} f(z) = \lim_{x\to 0} \dfrac{(x+y)^2}{x^2+y^2} = \lim_{x\to 0} \dfrac{(1+a)^2}{1+a^2} \neq 1$$

1.11 式(1.58)より，実質加速度ベクトルの x 方向成分は，第 1 の流れでは
$Du_1/Dt = \partial u_1/\partial t + u_1 \partial u_1/\partial x = a + (at+bxy^2)\cdot by^2$
$\therefore\ Du_1/Dt|_{(t,x,y)=(1,1,1)} = a + (a\cdot 1 + b\cdot 1\cdot 1^2) b\cdot 1^2 = a + ab + b^2$
第 2 の流れでは，$Du_2/Dt = \partial u_2/\partial t + u_2 \partial u_2/\partial x = 2at + (at^2 + bx^{-3})\cdot(-3bx^{-4})$
$\therefore\ Du_2/Dt|_{(t,x,y)=(1,1,1)} = 2a\cdot 1 + (a\cdot 1^2 + b\cdot 1^{-3})(-3b\cdot 1^{-4}) = 2a - 3ab - 3b^2$
となります．両者を等しくおくと，$a + ab + b^2 = 2a - 3ab - 3b^2$ となりますから，これを変形して $a = 4b^2/(1-4b)$ の関係が得られます．

1.12 水の動粘性係数 ν はこの状態では，$1.004\times 10^{-6}\,[\mathrm{m^2/s}]$ です．したがって
$Re = Vd/\nu = 0.3 \times 75 \times 10^{-3}/(1.004\times 10^{-6}) = 22410 \fallingdotseq 2.2\times 10^4$ となり，この値は 2300 を超えますので流れは乱流です．

1.13 (慣性項) = (質量) × (加速度) $\sim \rho D^3 \times \dfrac{U}{(D/U)} = \rho D^2 U^2$

(粘性項) = (粘度) × (速度の空間変化率) × (面積) $\sim \mu \times \dfrac{U}{D} \times D^2 = \mu DU$

より

$\dfrac{\text{慣性力}}{\text{粘性力}} \sim \dfrac{\rho D^2 U^2}{\mu DU} = \dfrac{DU}{(\mu/\rho)} = Re$

となります．

〈第2章〉

2.1 液面と小孔を結ぶ流線にベルヌーイの式を適用すると

$$\frac{v_1^2}{2}+\frac{p_1}{\rho}+gh=\frac{v_2^2}{2}+\frac{p_2}{\rho}+0$$

ここで，$A \gg a$ の場合，水面が降下する速度 v_1 は，小孔からの流出速度 v_2 と比較して無視できることを考慮すると，上式から

$$v_2=\sqrt{2gh+\frac{2(p_1-p_2)}{\rho}}$$

となります．なお，$(p_1-p_2)/\rho g \gg h$ である場合は，次式となります．

$$v_2=\sqrt{\frac{2(p_1-p_2)}{\rho}}$$

タンク上部が解放されている場合は，$p_1=p_2=$ 大気圧となりますので，液面の高さが z であるときの流出速度は，$v_2=\sqrt{2gz}$ としてトリチェリの定理（Torricelli's theorem）が成立します．このとき，微小時間 dt の間に流出する水の体積 dQ は，$dQ=v_2 a dt$ となります．この間に液面は dz 降下しますので，連続の式から

$$dQ=v_2 a dt=-Adz \qquad \therefore \quad \sqrt{2gz}\,adt=-Adz$$

したがって

$$\therefore \quad dt=-\frac{A}{a\sqrt{2gz}}dz$$

水面が $z=h$ から 0 まで降下するのに要する時間は

$$t=\int_h^0 -\frac{A}{a\sqrt{2gz}}dz=\frac{2A\sqrt{h}}{a\sqrt{2g}}$$

となります．

2.2 正規直交座標系 (x, y) と極座標 (r, θ) との間には，図 2.26 に示すように

$$x=r\cos\theta,\quad y=r\sin\theta,\quad r^2=x^2+y^2,\quad \theta=\tan^{-1}\left(\frac{y}{x}\right)$$

の関係がありますので，次の関係が成立します．

$$\frac{\partial r}{\partial x}=\cos\theta,\qquad \frac{\partial r}{\partial y}=\sin\theta,$$

$$\frac{\partial \theta}{\partial x}=-\frac{\sin\theta}{r},\qquad \frac{\partial \theta}{\partial y}=\frac{\cos\theta}{r}$$

また，速度成分の間には，速度ベクトルの幾何学的関係から，次式が成立します．

$$u_r = u\cos\theta + v\sin\theta, \quad u_\theta = -u\sin\theta + v\cos\theta$$

流れ関数を用いると

$$u = \frac{\partial \psi}{\partial y} = \frac{\partial \psi}{\partial r}\frac{\partial r}{\partial y} + \frac{\partial \psi}{\partial \theta}\frac{\partial \theta}{\partial y} = \sin\theta\frac{\partial \psi}{\partial r} + \frac{\cos\theta}{r}\frac{\partial \psi}{\partial \theta}$$

$$v = -\frac{\partial \psi}{\partial x} = -\frac{\partial \psi}{\partial r}\frac{\partial r}{\partial x} - \frac{\partial \psi}{\partial \theta}\frac{\partial \theta}{\partial x} = -\cos\theta\frac{\partial \psi}{\partial r} + \frac{\sin\theta}{r}\frac{\partial \psi}{\partial \theta}$$

したがって

$$u_r = u\cos\theta + v\sin\theta$$
$$= \left(\sin\theta\frac{\partial \psi}{\partial r} + \frac{\cos\theta}{r}\frac{\partial \psi}{\partial \theta}\right)\cos\theta + \left(-\cos\theta\frac{\partial \psi}{\partial r} + \frac{\sin\theta}{r}\frac{\partial \psi}{\partial \theta}\right)\sin\theta = \frac{1}{r}\frac{\partial \psi}{\partial \theta}$$

$$u_\theta = -u\sin\theta + v\cos\theta$$
$$= -\left(\sin\theta\frac{\partial \psi}{\partial r} + \frac{\cos\theta}{r}\frac{\partial \psi}{\partial \theta}\right)\sin\theta + \left(-\cos\theta\frac{\partial \psi}{\partial r} + \frac{\sin\theta}{r}\frac{\partial \psi}{\partial \theta}\right)\cos\theta = -\frac{\partial \psi}{\partial r}$$

となります．

2.3 (1) 連続の式を満たせば流れが成立します．したがって

$$\frac{\partial u}{\partial x} + \frac{\partial v}{\partial y} = 2ax - cx = 0 \quad \therefore \quad a = \frac{c}{2}$$

(2) 渦度 $\zeta = \partial v/\partial x - \partial u/\partial y = 0$ となれば，渦なし流れとなります．したがって

$$\zeta = \frac{\partial v}{\partial x} - \frac{\partial u}{\partial y} = -cy - 2by = 0 \quad \therefore \quad b = -\frac{c}{2}$$

(3) 速度ポテンシャルは，したがって

$$u = \frac{\partial \phi}{\partial x} = ax^2 + by^2 = \frac{c}{2}(x^2 - y^2), \quad v = \frac{\partial \phi}{\partial y} = -cxy$$

上式をそれぞれ，x と y で積分すると

$$\phi = \frac{c}{2}\left(\frac{x^3}{3} - xy^2\right) + c_1(y), \quad \phi = -\frac{cxy^2}{2} + c_2(x)$$

この 2 式を満足する解として以下が得られます．

$$\phi = \frac{c}{2}\left(\frac{x^3}{3} - xy^2\right)$$

2.4 図 2.27 のように，複素平面内に点 P を考えます．吹き出しを置いた位置から点 P の位置を極座標表示すると，$z - ia = r_1 e^{i\theta_1}$ および $z + ia = r_2 e^{i\theta_2}$ となります．この関係式を複素速度ポテンシャル $W(z)$ に代入すると

$$W(z) = \frac{q}{2\pi}\ln\{(r_1 e^{i\theta_1})(r_2 e^{i\theta_2})\} = \frac{q}{2\pi}\ln(r_1 r_2 e^{i(\theta_1+\theta_2)}) = \frac{q}{2\pi}\ln(r_1 r_2) + i\frac{q}{2\pi}(\theta_1 + \theta_2) = \phi + i\psi$$

となります．$\psi = 0$（一定）の線は壁面と見なせますので，$\psi = 0$ となる条件を誘

導します.

$\phi = q/2\pi(\theta_1+\theta_2)=0$ より，$\theta_2=-\theta_1$ となります．$\theta_2=-\theta_1$ となるのは，x 軸上のすべての点と y 軸上の吹き出し間の点であることがわかります.

2.5 ブラジウスの第1公式から,

$$F_x - iF_y = (i\rho/2)\oint_s (dW/dz)^2 dz = (i\rho/2)\oint_s U^2(1-a^2/z^2)^2 dz$$
$$= (i\rho/2)\oint_s U^2(1-2a^2/z^2+a^4/z^4)dz$$

です．ここで

$$\oint_s (1/z^n)dz = 0 \quad (n=1 を除く)$$

ですから，$F_x - iF_y = 0$ となります．したがって，$F_x = F_y = 0$ となります．これより，円柱に働く力は垂直（揚力）および水平（抗力）成分ともゼロです.

2.6 点 A の流体運動について考えます．ある時刻 t において点 A に作用する誘導速度の大きさ $v(t)$ は

$$v(t) = \frac{\Gamma}{2\pi R}$$

となり，その向きは線分 AB に直交した上向き方向です．時刻が Δt 経過（Δt は微小時間）すると，付図1に示す点 A は点 A′ に移動します．一方，点 B は線分 AB に直交した下向きに点 B′ に移動します．回転角 θ を微小とすると線分 A′B′ の伸び量は $\Delta R (= \Gamma \Delta t/(\pi R))$ となり，点 A′ の流体の誘導速度の大きさ $v(t+\Delta t)$ は，以下となります.

$$v(t+\Delta t) = \frac{\Gamma}{2\pi(R+\Delta R)}$$

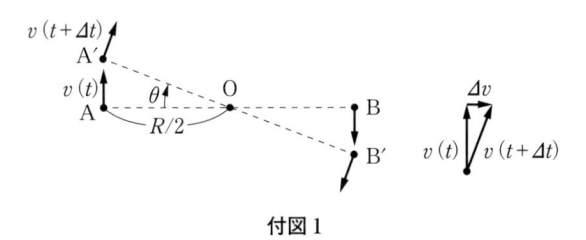

付図1

付図1で，点 A の流体の加速度の大きさ $a(t)$ を求めます．Δt 間の速度差の大きさ $\Delta v (=|v(t+\Delta t)-v(t)|)$ は

$$\Delta v = \frac{\Gamma \Delta R}{2\pi R(R+\Delta R)}$$

となり，加速度の大きさ $a(t)$ は

$$a(t) = \lim_{\Delta t \to 0} \frac{\Delta v}{\Delta t} = \frac{(\Gamma/2\pi R)^2}{(R/2)} = \frac{v(t)^2}{R/2}$$

と表せます．これは，等速円運動の加速度の大きさと同じ表現となります．また，点 A および点 A′ の速度ベクトルの始点を一致させると，加速度の向きはベクトル差の方向（線分 AB の中心方向）になります．以上より，点 A は向心加速度 $a(t)$ の大きさで回転中心を O とした半径 $R/2$ の円上を時計回りに等速円運動することになります．同様に，点 B も半径 $R/2$ の円上を時計回りに等速円運動します．

〈第3章〉

3.1 単位面積当たりの力ベクトルを $\boldsymbol{F}$ および面の大きさを A とすると，$\boldsymbol{F} = \boldsymbol{\sigma} \cdot \boldsymbol{n} A$ と表されます．応力テンソル $\boldsymbol{\sigma}$ は以下のとおりです．

$$\boldsymbol{\sigma}(=\sigma_{ij}) = \begin{bmatrix} -p & a \\ a & -p \end{bmatrix}$$

$\boldsymbol{n} = (1, 0)$ においては

$$\boldsymbol{F} = \begin{bmatrix} -p & a \\ a & -p \end{bmatrix} \begin{bmatrix} 1 \\ 0 \end{bmatrix} = \begin{bmatrix} -p \\ a \end{bmatrix} \quad (A=1)$$

となります．$\boldsymbol{n} = (\sqrt{3}/2, 1/2)$ では以下となります．

$$\boldsymbol{F} = \begin{bmatrix} -p & a \\ a & -p \end{bmatrix} \begin{bmatrix} \sqrt{3}/2 \\ 1/2 \end{bmatrix} = \begin{bmatrix} -p\sqrt{3}/2 + a/2 \\ a\sqrt{3}/2 - p/2 \end{bmatrix} \quad (A=1)$$

3.2 $x_1 (i=1)$ 方向について，順に $j=1, 2, 3$ と代入して書き下すと，ナビエ・ストークス方程式はそれぞれ，x_1, x_2, x_3 方向に以下となります．

$$\frac{\partial u_1}{\partial t} + u_1 \frac{\partial u_1}{\partial x_1} + u_2 \frac{\partial u_1}{\partial x_2} + u_3 \frac{\partial u_1}{\partial x_3} = -\frac{1}{\rho} \frac{\partial p}{\partial x_1} + \nu \left(\frac{\partial^2 u_1}{\partial x_1 \partial x_1} + \frac{\partial^2 u_1}{\partial x_2 \partial x_2} + \frac{\partial^2 u_1}{\partial x_3 \partial x_3} \right) + f_1$$

$$\frac{\partial u_2}{\partial t} + u_1 \frac{\partial u_2}{\partial x_1} + u_2 \frac{\partial u_2}{\partial x_2} + u_3 \frac{\partial u_2}{\partial x_3} = -\frac{1}{\rho} \frac{\partial p}{\partial x_2} + \nu \left(\frac{\partial^2 u_2}{\partial x_1 \partial x_1} + \frac{\partial^2 u_2}{\partial x_2 \partial x_2} + \frac{\partial^2 u_2}{\partial x_3 \partial x_3} \right) + f_2$$

$$\frac{\partial u_3}{\partial t} + u_1 \frac{\partial u_3}{\partial x_1} + u_2 \frac{\partial u_3}{\partial x_2} + u_3 \frac{\partial u_3}{\partial x_3} = -\frac{1}{\rho} \frac{\partial p}{\partial x_3} + \nu \left(\frac{\partial^2 u_3}{\partial x_1 \partial x_1} + \frac{\partial^2 u_3}{\partial x_2 \partial x_2} + \frac{\partial^2 u_3}{\partial x_3 \partial x_3} \right) + f_3$$

連続の方程式は次式となります．

$$\frac{\partial u_1}{\partial x_1} + \frac{\partial u_2}{\partial x_2} + \frac{\partial u_3}{\partial x_3} = 0$$

3.3 平行定常流 $(v=0)$ であるので，連続の式 $\partial u/\partial x + \partial v/\partial y = 0$ から $\partial u/\partial x = 0$，すなわち $u = u(y)$ となることがわかります．これにより，x, y 方向のナビエ・ス

トークス方程式はそれぞれ，次式となります．

$$\frac{\partial^2 u}{\partial y^2} = \frac{1}{\mu}\frac{\partial p}{\partial x}, \quad \frac{\partial p}{\partial y} = 0$$

$\partial p/\partial y = 0$ から，$p = p(x)$ となりますので，x 方向のナビエ・ストークス方程式の左辺は y のみ，一方右辺は x のみの関数となります．これにより，偏微分方程式は次の常微分方程式に書き換えられます．

$$\frac{d^2 u}{dy^2} = \frac{1}{\mu}\frac{dp}{dx}$$

また，上式が成立するためには，両辺がそれぞれ一定値でなければなりません．上式を y で積分し，境界条件 ($y=\pm b$ で $u=0$) を用いて積分定数を求めると下式が得られます．

$$u = -\frac{1}{2\mu}\frac{dp}{dx}(b^2 - y^2)$$

3.4 レイノルズ応力テンソル $-\rho\overline{u_i u_j}$ を展開して書き下すと，行列形では

$$\begin{bmatrix} -\rho\overline{u_1^2} & -\rho\overline{u_1 u_2} & -\rho\overline{u_1 u_3} \\ -\rho\overline{u_2 u_1} & -\rho\overline{u_2^2} & -\rho\overline{u_2 u_3} \\ -\rho\overline{u_3 u_1} & -\rho\overline{u_3 u_2} & -\rho\overline{u_3^2} \end{bmatrix}$$

と書けます．このうち，対角線成分をレイノルズ垂直応力（Reynolds normal stress），残りの反対角成分をレイノルズせん断応力（Reynolds shear stress）といいます．流れの対称性からレイノルズせん断応力の独立な成分は 3 個となりますので，全体では独立な成分は 6 個です．

3.5 境界条件から

$$\left.\begin{array}{r} a = 0 \\ c = 0 \\ 1 = a + b + c + d \\ 0 = b + 2c + 3d \end{array}\right\}$$

が得られ，連立方程式を解くと以下の値が求められます．

$$a = 0, \quad b = \frac{3}{2}, \quad c = 0, \quad d = -\frac{1}{2}$$

この結果から，運動量厚さ θ と壁面せん断応力 τ_w はそれぞれ以下となります．

$$\theta = \int_0^\delta \frac{u}{U_e}\left(1 - \frac{u}{U_e}\right)dy = \frac{39}{280}\delta, \quad \tau_w = \frac{3}{2}\frac{\mu U_e}{\delta}$$

この結果を運動量積分方程式

$$\frac{d\theta}{dx} = \frac{\tau_w}{\rho U_e^2}$$

に代入して演算すれば，次式が得られます．
$$\frac{39}{280}\frac{d\delta}{dx}=\frac{3}{2}\frac{\nu}{\delta U_e}$$
境界条件として，$x=0$ で $\delta=0$ とすると，以下となります．
$$\delta=4.64\sqrt{\frac{\nu x}{U_e}}$$

3.6 (a) 円管内の流れが十分発達した領域を考えると，運動方程式中の加速度項は無視でき，着目した微小流体塊に働く力のつり合い式（圧力勾配力＋せん断応力による力＝0）が得られます．これより，下式となります．
$$-\tau(2r\pi l)-\frac{dp}{dx}l\times r^2\pi=0,\quad \tau=-\frac{r}{2}\frac{dp}{dx}\quad (\text{以下，}dp/dx=\text{一定とおく})$$
これより τ が半径方向距離 r に比例することがわかります．また，力のつり合い式は流れが層流，乱流を問わず，十分発達した領域であれば成立します．

(b) 速度分布は，力のつり合い式とニュートンの粘性法則式から，以下となります．
$$\tau=\mu\frac{\partial U}{\partial y}=-\mu\frac{\partial U}{\partial r},\quad \mu\frac{\partial U}{\partial r}=\frac{r}{2}\frac{dp}{dx}\text{ より，}\frac{\partial U}{\partial r}=\frac{1}{2\mu}\frac{dp}{dx}r\quad \therefore U=\frac{1}{4\mu}\frac{dp}{dx}(r^2+c)$$
ここで，$r=R$ のとき $U=0$ より $U=\frac{1}{4\mu}\frac{\partial p}{\partial x}(r^2-R^2)$ となります．

また，$r=0$ のとき速度は最大となり $U=U_m=\frac{1}{4\mu}\frac{dP}{dx}(-R^2)$ です．

(c) 流量は下式の積分から求められます．
$$Q=\int_0^R(2\pi r dr)U=2\pi\int_0^R\frac{1}{4\mu}\frac{dp}{dx}(r^3-R^2 r)dr=\frac{2\pi}{4\mu}\frac{dp}{dx}\int_0^R(r^3-R^2 r)dr$$
$$=\frac{2\pi}{4\mu}\frac{dp}{dx}\left[\frac{r^4}{4}-\frac{R^2}{2}r^2\right]_0^R=\frac{2\pi}{4\mu}\frac{dp}{dx}\frac{-R^4}{4}\quad \therefore Q=-\frac{\pi}{8\mu}\frac{dp}{dx}R^4=\frac{\pi R^4}{8\mu}\frac{\Delta p}{l}$$
円管内層流の管摩擦係数は上式を変形して
$$\Delta p=128\frac{1}{\pi d^4}l\mu Q=\lambda\frac{l}{d}\frac{\rho v^2}{2}\quad \therefore\quad \lambda=128\frac{l\mu Q}{\pi d^4}\times\frac{d}{l}\frac{2}{\rho v^2}=64\frac{\mu}{d\rho v}=\frac{64}{Re}$$

3.7 (a) 流量は $Q=\int_0^R 2\pi r U dr$ で求められます．

$U=U_0\left(\dfrac{y}{R}\right)^{\frac{1}{n}}$ および $y=R-r$ より

$$Q=2\pi\int_0^R r U_0\left(\frac{y}{R}\right)^{\frac{1}{n}}dr=2\pi\int_0^R r U_0\left(1-\frac{r}{R}\right)^{\frac{1}{n}}dr=2\pi U_0\int_0^R r\left(1-\frac{r}{R}\right)^{\frac{1}{n}}dr$$

ここで $1-\dfrac{r}{R}=t$ と置き，置換積分すると

$$Q=-2\pi U_0 R^2\left[\frac{n}{n+1}t^{\frac{n+1}{n}}-\frac{n}{2n+1}t^{\frac{2n+1}{n}}\right]_1^0=-2\pi U_0 R^2\left(-\left(\frac{n}{n+1}-\frac{n}{2n+1}\right)\right)$$

∴ $Q=2\pi U_0 R^2\left(\dfrac{n^2}{(2n+1)(n+1)}\right)$ を得ます．

(b) 断面平均流速 V は，$V=4Q/(\pi d^2)$ より

$$V=\frac{4\times 2\pi U_0 R^2\left(\dfrac{n^2}{(2n+1)(n+1)}\right)}{\pi d^2}=U_0\left(\frac{2n^2}{(2n+1)(n+1)}\right)$$

∴ $\dfrac{V}{U_0}=\left(\dfrac{2n^2}{(2n+1)(n+1)}\right)$ を得ます．これより，流体計測上，管中心の流速を知ることで断面平均速度がわかるという利点があります．

(c) $n=7$ とおくと

$$\frac{V}{U_0}=\left(\frac{2n^2}{(2n+1)(n+1)}\right)_{n=7}=0.817$$

(d) 断面平均速度 V で無次元化した速度分布形状を，層流と乱流で比較する．

乱流：$\dfrac{U}{V}=\dfrac{U_0}{V}\left(\dfrac{y}{R}\right)^{\frac{1}{7}}=1.224\left(\dfrac{y}{R}\right)^{1/7}$

層流：$\dfrac{U}{V}=\dfrac{U_0}{V}\left(1-\left(\dfrac{r}{R}\right)^2\right)=\dfrac{U_0}{V}\left(1-\left(\dfrac{R-y}{R}\right)^2\right)=2\left(1-\left(1-\dfrac{y}{R}\right)^2\right)$

両者の速度分布を比較すれば，層流では尖った形状を示し，一方乱流では平坦な分布を示します．

3.8 表 3.2 の U(m/s) の値を y(mm) の値に対して方眼紙にプロットし，$U_{\max}/2$ に相当する直線を y 軸に平行に作図します．この直線と，プロット点を滑らかに結んだ曲線との交点を，y の正側と負側の 2 箇所について求めます．この 2 点の y 方向の間隔が半値全幅 b_0 であり，$x=100$ mm および 200 mm において，$b_0 \fallingdotseq 41$ mm および 77 mm と求まります．

〈第 4 章〉

4.1 式 (4.39) より

$P=\eta P_{th}=\eta \rho gQH=0.86\times 10^3\times 9.8\times 200\times 120$
$\qquad =2.02\times 10^8$ W$=2.02\times 10^5$ kW

4.2 式 (4.41) より

$n_s = n(P^{1/2}/H^{5/4}) = 300 \times (43000^{1/2}/100^{5/4}) = 197 \text{(rpm, kW, m)}$
したがって，フランシス水車または斜流水車が適しています．

4.3 $u_1 = \pi D_1 n/60 = 3.14 \times 1.6 \times 450/60 = 37.7 \text{ m/s}$
$\alpha_2 = 90°$ で効率最大の1とすると，式 (4.44)，(4.45) から求まる $\eta = (u_1 v_1 \cos \alpha_1 - u_2 v_2 \cos \alpha_2)/(gH)$ の式から，
$v_1 \cos \alpha_1 = gH/u_1 = 9.8 \times 120/37.68 = 31.2 \text{ m/s}$
$\tan \alpha_1 = v_1 \sin \alpha_1 / v_1 \cos \alpha_1 = 15.5/31.2 = 0.496 \quad \therefore \quad \alpha_1 = 26°24'$
$\therefore \quad \tan \beta_1 = v_1 \sin \alpha_1 / (u_1 - v_1 \cos \alpha_1) = 15.5/(37.7 - 31.2) = 2.385$
$\therefore \quad \beta_1 = 67°21'$

4.4 式 (4.41) より比速度は，$n_s = nP^{1/2}/H^{5/4} = 940 \times 863^{1/2}/61^{5/4} = 162.1 \text{(rpm, kW, m)}$，$n_s = 162$ のとき，Thoma のキャビテーション係数 σ は 0.113 です．この値は経験式として線図が与えられています．水温 30℃ ($\rho = 995.7 \text{ kg/m}^3$) のとき，$H_s = (p_a - p_v)/(\rho g) - \sigma H = (101.3 - 4.25) \times 10^3/(995.7 \times 9.8) - 0.113 \times 61 = 3.1 \text{ m}$．
ここで p_a は大気圧を，p_v は飽和蒸気圧を表しています．

4.5 カップの凹面側のみに風を当てた (2) の場合に最も速く風車が回り，カップの凸面側のみに風を当てた (3) の場合に最も遅く風車が回ります（ただし，反時計回り）．まず，(2) の場合に角速度が最大となる理由は，この場合には凹凸両面に風を受ける (1) の場合と比べて，回転の抵抗となる凸面側の風を受けなくなり，(1) の場合より速く回ります．抗力係数が小さい凸面側のみに風を受ける (3) の場合と比べ，抗力係数の大きい凹面側のみに風を受ける (2) の場合速く回ることは自明です．
次に (1) と (3) の回転力（角速度）を比較します．一様流に直交する向きの凹面カップの抗力係数の値は，同条件の凸面カップのそれの約4倍です．したがって，(1) と (3) の場合に真下に位置する凸面カップが受ける抗力と比べて，およそ4倍大きな抗力を (1) の場合の真上に位置する凹面カップが受けることになります．この結果，(1) の場合の時計回りの角速度の大きさに比べて，(3) の場合の反時計回りのそれはかなり小さくなります．
次に各場合の周速度を求めると，(1) の場合は2番目に大きい角速度を用いて $r\Omega = 0.053 \times 47.1 = 2.50 \text{ m/s} = 0.240 \, U$，(2) の場合は最大の角速度を用いて $r\Omega = 0.053 \times 52.8 = 2.80 \text{ m/s} = 0.269 \, U$，(3) の場合は最小の角速度を用いて $r\Omega = 0.053 \times 7.04 = 0.373 \text{ m/s} = 0.0359 \, U$ です．したがって，(1), (2), (3) の順に，周速度は一様流速の約 24%，27%，3.6% となります．この風車は抗力

形であり，表 4.1 の周速度比 λ による分類から，$\lambda<1.5$ の低速風車であるとわかります．この例のように，一様流の羽根車への当て方を工夫して風車の回転数を調整できます．

4.6 静圧理論空気動力 L_s は，式 (4.62)，(4.63) より，
$$L_s = p_s Q_1 = Q_1\{(p_{s2}-p_{s1})-p_{d1}\}$$
$$= \left(\frac{120}{60}\right)\{(125\times 10^3 - 100\times 10^3) - 2\times 10^3\} = 46000 \text{ W} = 46 \text{ kW}$$

4.7 圧力比は，$p_2/p_1 = (101.3+34.5)/101.3 \fallingdotseq 1.339$．理論断熱動力は式 (4.69) より
$$L_{ad} = \frac{\kappa}{\kappa-1} p_1 Q_1 \left\{\left(\frac{p_2}{p_1}\right)^{\frac{\kappa-1}{\kappa}} - 1\right\}$$
$$= \frac{1.4}{0.4} \times 101.3 \times 10^3 \times \frac{200}{60} \times (1.339^{\frac{0.4}{1.4}} - 1) = 103\times 10^3 \text{W} = 103 \text{ kW}$$

全断熱効率は，式 (4.72) より $\eta_{tad} = L_{ad}/L = 102.8/140 \fallingdotseq 0.73$

4.8 理論温度上昇は，式 (4.87) より
$$(T_{t2}-T_{t1}) = \frac{\kappa-1}{\kappa}\frac{u}{R}(v_{u2}-v_{u1}) = \frac{1.4-1}{1.4}\times\frac{200}{287.3}\times 80 = 15.9 \text{ °C}$$

4.9 式 (4.117) より $V_P = \dfrac{PN\times 60}{1852} = \dfrac{1.8\times 250\times 60}{1852} = 14.6$ knot

4.10 主機毎分回転数 N は $N=(5541900-5456700)/240 = 355.0$ rpm
式 (4.117) よりプロペラスピードは，$V_P = 1.2\times 355.0\times 60/1852 = 13.8$ knot
式 (4.119) よりプロペラスリップ比は，$S_R = (13.8-12.5)/13.8\times 100 = 9.4$ %

4.11 出力は $P = \dfrac{2\pi NT}{60} = \dfrac{2\pi\times 300\times 10^6}{60} = 31.4\times 10^6$ W $= 31.4$ MW

4.12 実船および模型船の添字をそれぞれ r，m とします．
式 (4.127) よりフルード数を，$Fr = \dfrac{V_r}{\sqrt{gL_r}} = \dfrac{V_m}{\sqrt{gL_m}}$ より
$$L_m = L_r\left(\frac{V_m}{V_r}\right)^2 = 300\left(\frac{0.5}{5}\right)^2 = 3 \text{ m}$$
$$Fr = \frac{V_r}{\sqrt{gL_r}} = \frac{5}{\sqrt{9.8\times 300}} = 1.6$$

4.13 式 (4.135) より機械効率 $\eta_m = N_e/N_i = 27000/30000 = 0.9$ （90 %）

4.14 4.3.3 項の本文を参照してください．

4.15 流量と動力の関係から流れの相似則 $\dfrac{Q}{nD^3} = \dfrac{Q'}{n'D'^3}$ および $\dfrac{L}{L'} = \dfrac{n^3 D^5}{n'^3 D'^5}$ より

$n' = n\left(\dfrac{Q}{Q'}\right)^{5/4}\left(\dfrac{L'}{L}\right)^{3/4}$ です．ここで，ダッシュなし，ありは，圧縮機1，および2を表します．

これに，断熱圧縮における動力の式 (4.106) を代入すると

$$n' = n\left(\dfrac{Q}{Q'}\right)^{1/2}\left[\dfrac{\rho RT'_{01}\left\{\left(\dfrac{p'_{02}}{p'_{01}}\right)^{\frac{\kappa-1}{\kappa}}-1\right\}}{\rho RT_{01}\left\{\left(\dfrac{p_{02}}{p_{01}}\right)^{\frac{\kappa-1}{\kappa}}-1\right\}}\right]^{3/4}$$

となります．問題より，吸込み温度が等しい $(T_{01}=T'_{01})$ ので

$$n' = n\left(\dfrac{Q}{Q'}\right)^{1/2}\left\{\dfrac{\left(\dfrac{p'_{02}}{p'_{01}}\right)^{\frac{\kappa-1}{\kappa}}-1}{\left(\dfrac{p_{02}}{p_{01}}\right)^{\frac{\kappa-1}{\kappa}}-1}\right\}^{3/4} = 42000\left(\dfrac{3300}{4200}\right)^{1/2}\left\{\dfrac{\left(\dfrac{p'_{02}}{p'_{01}}\right)^{\frac{1.4-1}{1.4}}-1}{(3)^{\frac{1.4-1}{1.4}}-1}\right\}^{3/4} \simeq 52600 \text{ rpm}$$

です．これを解くと，圧縮機2の圧力比が $p'_{02}/p'_{01}=5$ と求まります．

参 考 文 献

1) 中村育雄，大坂英雄：工科系流体力学，共立出版，1985
2) 中村育雄，大坂英雄：機械流体工学，共立出版，1982
3) 古谷善正，村上光清，山田豊：流体工学，朝倉書店 1967
4) 池森亀鶴：水力学，コロナ社，1987
5) 谷　一郎：流体力学の進歩　境界層，丸善，1984
6) 谷　一郎：流れ学第3版，岩波全書，2003
7) 今井功：流体力学，岩波全書，1970
8) 今井功：流体力学(前編)，裳華房，1973
9) 日野幹雄：流体力学，朝倉書店，1992
10) 神部勉：流体力学，裳華房，1995
11) 吉澤　徴：流体力学，東京大学出版会，2001
12) 巽　友正：流体力学，培風館，1993
13) 巽　友正編：乱流現象の科学，東京大学出版会，1989
14) 中村育雄：乱流現象，朝倉書店，1992
15) 日本流体力学会編：流体力学ハンドブック，丸善，1987
16) 笠木伸英他編：乱流工学ハンドブック，朝倉書店，2009
17) 日本機械学会：技術資料，管路・ダクトの流体抵抗，1979
18) 日本機械学会：機械工学便覧，流体工学，丸善，2006
19) 日本機械学会：機械工学便覧，流体機械，丸善，2007
20) 河村哲也：ナビゲーションベクトル解析，サイエンス社，2008
21) 和達三樹：物理のための数学，岩波書店，1983
22) 池西憲治：概説軸系とプロペラ，海文堂，1985
23) 大島商船高専マリンエンジニア育成会：機関学概説，成山堂，2006
24) 野原威男，庄司邦明：航海造船学（二訂版），海文堂，2005
25) 石原里次：船舶の軸径とプロペラ，成山堂，2002
26) 面田信明：船舶工学概論（改訂版），成山堂，2002

27) 隈元　士：船用プロペラと軸系，成山堂，1983
28) 青木　健：プロペラと軸系装置，海文堂，1979
29) 大坂英雄他：流体工学の基礎，共立出版，2012
30) 井上雅弘，鎌田好久：流体機械の基礎，コロナ社，2007
31) 杉山弘編：明解入門流体力学，森北出版，2012
32) 石間経章，天谷賢児：流体力学，森北出版，2009
33) 須藤浩三編：流体機械，朝倉書店，1990
34) 妹尾泰利：内部流れ学と流体機械，養賢堂，1982
35) 生井武文，井上雅弘：粘性流体の力学，理工学社，1978
36) 中林功一，鬼頭修己：大学院のための流体力学，コロナ社，2002
37) 梶島岳夫：乱流の数値シミュレーション，養賢堂，1999
38) H. Tennekes and J. L. Lumley：A First Course in Turbulence，MIT Press, 1994
39) H. Schlichting and K. Gersten：Boundary Layer Theory，Springer, 2000
40) J. C. Rotta：Tourbulent Boundary Layers in Incompressible Flow, Progress in Aerospace Sciences, 1962
41) A. J. Reynolds：Turbulent Flows in Engineering，John Wiley and Sons，1974
42) R. V. Giles：Fluid Mechanics and Hydraulics 2ed. McGraw-Hill, 1977
43) P. A. Longwell：Mechanics of Fluid Flow, Mc Graw-Hill, 1966
44) Stephen B. Pope：Turbulent Flows, Cambridge Univ. Press, 2000

索　引

〈ア 行〉

アスペクト比（aspect ratio） ……… *150*
rms 値（root mean square） ………… *92*
圧縮機（compressor） ………… *164, 172*
圧縮性（compressiblity） …………… *21*
圧　力（pressure） …………………… *26*
圧力係数（pressure coefficient） …… *169*
圧力抗力（pressure drag） ………… *134*
圧力比（pressure ratio） …………… *165*
粗さレイノルズ数（roughness Reynolds number） ……………………………… *128*
案内羽根（guide vane） …………… *156*
一定応力層（constant stress layer） ‥*106, 124*
一様流（uniform flow） ……………… *45*
渦あり流れ（rotational flow） …… *36, 37*
渦　糸（vortex filament） …………… *59*
渦運動（vortex motion） …………… *55*
渦　管（vortex tube） ………………… *56*
渦　線（vortex line） ………………… *56*
渦　層（vortex sheet, vortex layer） … *60*
渦層の強さ（strength of vortex sheet） … *60*
渦抵抗（eddy resistance） ………… *187*
渦　度（vortex, vorticity） ………… *5, 55*
渦度ベクトル（vorticity vector） …… *36*
渦なし流れ（irrotational flow） …… *36, 37*
渦粘性係数（eddy viscosity） …… *119, 131*
渦巻ポンプ（volute pomp） ………… *144*
渦理論（vortex theory） …………… *182*
渦　列（vortex row, vortex street） … *61*
打ち止め問題（closure problem） …… *95*
運動学的相似（kinematic similarity） … *81*
運動量厚さ（momentum thickness） … *101*
運動量積分方程式（momentum integral equation） ……………………………… *101*
運動量理論（momentaum theory） …… *179*
円管流（pipe flow） ………………… *79*

遠心式ポンプ（centrifugal pump） … *139, 144*
遠心送風機（centrifugal ffan） ……… *167*
円柱周りの流れ（flow around a circular cylinder） ……………………………… *49*
オア・ゾンマーフェルト方程式（Orr-Sommerfeld equation） …………………… *104*
オイラーの運動方程式（Eulerian equation of motion） ……………………… *26, 34*
オイラーの比仕事（Eulerian specific work） … *175*
オイラー微分（Eulerian derivative） … *23*
オーダー評価（order estimation） …… *97*

〈カ 行〉

外　積（outer product, vector product） … *3*
外部流（external flow） ……………… *19*
解析関数（analytic function） ……… *44*
外　層（outer layer） ………………… *108*
回　転（rotation） …………………… *5, 36*
回転テンソル（spin tensor） ………… *30*
回転流、渦あり流れ（rotational flow） … *5, 31, 37*
ガウスの定理（Gauss' theorem） …… *7*
角のある物体（bluff body） ………… *134*
重なり領域（overlap region） ……… *109*
壁法則（The law of the wall） ……… *107*
カルマン渦列（Karman vortex street） … *17, 61*
カルマン・シェーンヘルの式（Karman-Schoenherr equation） …………………… *113*
カルマン定数（Karman constant） … *107*
慣性力（inertial force） ……………… *16*
完全流体（perfect fluid） …………… *33*
管摩擦係数（pipe friction coefficient） … *127*
幾何学的相似（geometric similarity） … *81*
気体機械（gas machinery） ………… *172*
喫　水（draft） ……………………… *186*
キャビテーション（cavitation） …… *152, 185*

共役複素数（conjugate complex number）・11
境界層（boundary layer） 95
境界層厚さ（boundary layer thickness） 96
境界層制御（boundary layer control） 116
境界層方程式（boundary layer equation） 100
境界層理論（boundary layer theory） 97
強制渦（forced vortex） 37, 40
行列（matrix） 9
行列式（determinant） 4
極限（limit） 15
局所加速度（local acceleration） 23
局所壁面摩擦抵抗係数（local skin friction coefficient） 101
虚数（imaginary number） 10
虚部（imaginary part） 10
き裂（crack） 194
空気抵抗（air resistance） 185
クエット流（Couette flow） 73
クッタ・ジュウコフスキーの定理（Kutta-Joukowski's theorem） 182
クヌッセン数（Knudsen number） 19
クロネッカーのデルタ（Kronecker delta） 9
計算流体力学（computational fluid dynamics） 76
形状係数（shape parameter） 102
ケルビン・ヘルムホルツ不安定性（Kelvin-Helmholts instability） 61
弦節比（solidity） 150
格子（メッシュ；grid） 78
コーシー・リーマンの方程式（Cauchy-Riemann's relation） 43, 45
構成方程式（constitutive equation） 67
勾配（gradient） 4
後流（wake） 133
後流関数（wake function） 110
Coles の後流法則（Coles's wake law） 113
混合距離（mixing layer） 90, 107, 119, 131
混合層（mixing layer） 130

〈サ 行〉

サージング（surging） 153
作動円板モデル（actuator disk model） 160
3次元流（three dimensional flow） 17

時間平均速度（time mean velocity） 91
軸スラスト（axial thrust） 149
軸流圧縮機（axial compressor） 177
軸流式ポンプ（axial pump） 139, 149
軸流送風機（axial fan） 170
軸流ブロワ（axial blower） 170
指数法則（power law） 121
実数（real number） 10
実質加速度（substantial acceleration） 23
実質微分（substantial derivative） 23
自己保存（self-preservation） 132
実部（real part） 10
質量保存則（mass conservation law） 24
斜流水車（diagonal flow turbine） 155
主流（main stream） 96
自由渦（free vortex） 37, 39
ジュウコフスキー変換（Joukowski's transformation） 52
自由せん断流（free shear flow） 129
十分発達した流れ（fully developed flow） 116
出力係数（風車；power coefficient） 162
循環（circulation） 31, 36
瞬時速度（instantaneous velocity） 91
衝動水車（impulse turbine） 156
正味出力（net power） 155, 189
助走区間（inlet length） 116
浸食（erosion） 194
心向きスラスト（radial thrust） 149
水撃現象（water hammer） 153
吸い込み（sink, suction） 38, 47
水素気泡法（hydrogen bubble method） 87
吸出し管（draft tube） 156
垂直力（normal force） 67
推力減少（thrust deduction） 187
推力減少係数（thrust deductive fraction） 189
スカラー積（scalar product） 2
図示出力（indicated horse factor） 189
ステイベーン（stay vane） 156
ストレートアラインメント（straight alignment） 193
ストローハル数（Strouhal number） 61
スーパーレイヤ（super layer） 110
ストークスの定理（Stokes' theorem） 7

索　引

すべり（slip） …………………… *184*
すべり係数（slip factor） …………… *168*
すべり速度（slip velocity） ………… *148*
すべりなしの条件（no-slip condition）
　………………………… *87,96,118*
スラストカラー（thrust collar） ……… *191*
スラスト軸（thrust shaft） …………… *191*
スラスト出力（thrust output） ……… *190*
スリップ比（slip ratio） ……………… *184*
スロープアラインメント（slope alignment）
　……………………………………… *193*
静　圧（static pressure） …………… *165*
静　温（static temperature） ……… *171*
正則関数（regular function） ………… *44*
性能曲線（performance curve） ……… *142*
静　翼（stator blade） ……………… *170*
接線力（tangential force） …………… *67*
全　圧（total pressure） …………… *165*
遷　移（transition）……… *18,84,96,102*
遷移臨界レイノルズ数（critical Reynolds number）………………………………… *84*
線形安定性理論（linear stability theory）・ *103*
全効率（total efficiency） …………… *155*
全抗力（total drag） ………………… *134*
前進率（advance coefficient） ……… *185*
全　温（せき止め温度；total temperature）
　…………………………………… *171*
全断熱効率（overall adiabatic efficiency）*167*
船尾管軸受（stern tube bearing） …… *191*
全落差（全揚程；total head） …… *141,154*
相似解（similar solution） ……… *76,100*
相似則（law of similarity） …………… *78*
相似な流れ（similar flow） …………… *100*
造波抵抗（wave-making resistance） … *187*
送風機（ファン、fan） ……………… *164*
層　流（laminar flow） ……………… *83*
層流境界層（laminar boundary layer）… *97*
速度欠損（velocity defect） ………… *108*
速度欠損法則（velocity defect law） … *109*
速度三角形（velocity triangle） ……… *174*
速度ベクトル（velocity vector） ……… *4*
速度ポテンシャル（velocity potential） … *38*
そ　り（camber） …………………… *150*

そり線（camber line） ……………… *150*

〈タ　行〉

対数層（logarithmic layer） ………… *108*
代表尺度（representative scale） …… *79*
対流加速度（convective acceleration） … *23*
対流項（convection term） …………… *23*
体力（体積力；body force） ……… *26,67*
ターボ型ポンプ（turbo pump） ……… *139*
ダランベールのパラドックス（D'Alembert's paradox） ………………………… *50*
ダルシー・ワイスバッハの式（Darcy-Weisbach Equation） ……………………… *127*
単位ベクトル（unit vector） …………… *1*
断熱圧縮（adiabatic compression） … *166*
断熱比仕事（adiabatic specific work） … *176*
断熱ヘッド（adiabatic head） ……… *167*
ディフューザ（diffuser） …………… *115*
ディフューザポンプ（diffuser pump） … *144*
中間軸（intermediate shaft） ……… *191*
中立安定（natural stability） ……… *104*
直線底層（linear sub-layer） …… *107,123*
直角座標系（cartesian coordinate） …… *1*
T-S波（Tollmien-Schlichting wave） … *103*
定義域（domain） …………………… *14*
抵抗係数（resistance coefficient） … *186*
定常流（steady flow） ……… *15,27,97*
電食作用（galvanic action） ………… *194*
テンソル（tensor） …………………… *8*
伝達出力（delivered output） ……… *189*
伝動装置（power transmission system）・ *192*
動　圧（dynamic pressure） ……… *165*
動　温（dynamic temmperature） … *171*
等温圧縮（isothermal compression） … *166*
動粘性係数（kinematic viscosity） …… *84*
動　翼（rotor blade） ……………… *170*
動力係数（shaft power coefficient） … *169*
鈍頭物体（blunt body） …………… *134*

〈ナ　行〉

内　積（inner product, scalar product）… *2*
内　層（inner layer） ……………… *108*
内部尺度（inner scale） …………… *107*

索　　引

内部流（internal flow）……………… *19*
流れの可視化（flow visualization）…… *18, 87*
流れの関数（stream function）………… *41*
流れ場（flow field）……………………*4*
ナビエ・ストークス方程式（Navier-Stokes equation）………………………… *71, 83*
2次元ポアズイユ流（two-dimensional Poiseuille flow）…………………………… *73*
2次元淀み点流れ（two-dimensional stagnation flow）…………………………… *74*
2次元流（two dimensional flow）……… *18*
二重吹出し（doublet）………………… *40, 47*
ニュートンの粘性法則（Newton's law of viscosity）……………………………… *20, 88*
ニュートン流体（Newtonian fluid）…… *20, 88*
粘　性（viscosity）…………………… *20*
粘性係数（viscosity）………………… *88*
粘性せん断応力（viscous shear stress）… *88*
粘性底層（viscous sub-layer）………… *108*
粘性長さ（viscous length）…………… *107*
粘性力（viscous force）……………… *16, 67*

〈ハ　行〉

排除厚さ（displacement thickness）…… *100*
はく離（separation）………………… *96, 114*
はく離点（separation point）………… *114*
ハーゲン・ポアズイユの法則（Hagen-Poiseuille law）……………………………… *121*
発　散（divergence）………………… *5, 25*
バッファー底層（buffer sub-layer）…… *107*
羽根車（ポンプ；impeller，水車；runner）………………………………… *139, 144, 154*
反動水車（reaction turbine）………… *156*
反動度（degree of reaction）………… *169*
伴　流（wake）………………………… *188*
伴流係数（wake fraction）…………… *188*
非圧縮性流れ（incompressible flow）… *22*
ビオ・サバールの法則（Biot-Savart law）… *59*
非回転流，渦なし流れ（irrotational flow）………………………………… *5, 31, 37*
比速度（specific speed）……………… *142, 156*
非定常項（unsteady term）…………… *23*
非定常流（unsteady flow）…………… *15, 27*

被動機（pumping machinary）………… *172*
非ニュートン流体（non-Newtonian fluid）………………………………… *20, 88*
風　車（wind mill，wind turbine）…… *159, 160*
風車の出力係数（power coefficient）…… *162*
腐　食（corrosion）…………………… *194*
吹き出し（source）…………………… *38, 47*
複素数（complex number）…………… *10*
複素関数（complex function）………… *14*
複素速度（complex velocity）………… *45*
複素速度ポテンシャル（complex velocity potential）……………………………… *45*
物質微分（material derivative，実質微分）………………………………… *23, 58*
ブラジウスの第1公式（Blasius' first formula）………………………………… *55*
ブラジウスの第2公式（Blasius' second formula）………………………………… *55*
フランシス水車（Francis turbine）…… *155*
プラントル・カルマンの1/7乗則（1/7th power law）………………………………… *122*
フルード数（Froude number）………… *186*
プロペラ軸（propeller shaft）………… *191*
プロペラ水車（propeller turbine）…… *155*
プロペラスピード（propeller speed）… *184*
ブロワ（blower）……………………… *164*
噴　流（jet）………………………… *130*
平行流（parallel flow）……………… *38, 46*
べき法則（power law）……………… *110*
壁面せん断応力（wall shear stress）… *96*
ベクトル（vector）…………………… *1, 8*
ベクトル積（vector product）………… *3*
ベッツの限界（Betz limit）…………… *163*
ペルトン水車（Pelton turbine）……… *155*
ベルヌーイの定理（Bernoulli's theorem）… *35*
ヘルムホルツの定理（Helmholz' theorem）… *56*
変曲点（inflection point）…………… *115*
変形テンソル（deformation tensor）… *30*
変動速度（fluctuating velocity）……… *91*
ポアズイユ流（Poiseulle flow）……… *74*

〈マ　行〉

摩擦抗力（friction drag）…………… *96, 134*

索　引

摩擦速度（friction velocity）……… 105
摩擦抵抗（friction resistance）……… 186
摩擦パラメータ（friction parameter）…… 109
摩擦力（friction force）……………… 26
マッハ数（Mach number）……………… 21
水抵抗（water resistance）……………… 185
水動力（water power）………………… 141
迎　角（attack angle）………………… 150
無次元数（non-dimensional number）…… 16
無次元変数（non-dimensional variables）… 80
ムーディ線図（Moody diagram）………… 129
面積力（surface force）………………… 67

〈ヤ　行〉

有限差分法（finite difference method）…… 78
有限体積法（finite volume method）……… 78
有効出力（effective output）…………… 190
有効吸込みヘッド（net positive suction head）
　……………………………………… 152
有効落差（effective head）…………… 154
誘導速度（induced velocity）…………… 59
容積型ポンプ（positive displacement pump）
　……………………………………… 139
揚　程（head）………………………… 140
翼弦長（chord length）………………… 150
翼素理論（blade element theory）……… 180
翼　列（cascade of airfoil）…………… 178
淀み圧（stagnation pressure）………… 114
淀み点（stagnation point）…………… 42,114

〈ラ　行〉

ラグランジュ微分（Lagrangian derivative）
　……………………………………… 23
ラプラスの方程式（Laplace equation）…… 38
乱　流（turbulent flow）……………… 83
乱流境界層（turbulent boundary layer）… 102
乱流斑点（turbulent spot）……………… 103
力学的相似（dynamic similarity）……… 81
流　管（stream tube）………………… 160
流跡線（path line）………………… 18,42
流　線（stream line）……………… 18,41
流線形物体（streamline body）………… 134
流体効率（hydraulic efficiency）……… 175
流体粒子（fluid particle）……………… 22
流脈線（streak line）……………… 18,42
流　量（flow rate）…………………… 141
流量係数（flow coefficient）…………… 169
理論出力（theoretical power）………… 155
臨界レイノルズ数（critical Reynolds number）
　………………………………… 102,117
レイノルズ応力テンソル（Reynolds stress tensor）
　……………………………………… 94
レイノルズ数（Reynolds　number）
　………………………… 16,21,80,83,186
レイノルズせん断応力（Reynolds shear stress）
　………………………………… 89,119
レイノルズ分解（Reynolds decomposition）・91
レイノルズ方程式（Reynolds equation）…… 94
連続体（continuous body）……………… 19
連続である（continuous）……………… 15
連続の方程式（equation of continuity）…… 24
連続流（continuous flow）……………… 19

Memorandum

Memorandum

〈著者紹介〉

福島　千晴	（ふくしま　ちはる）	広島工業大学教授，博士（工学）
亀田　孝嗣	（かめだ　たかつぐ）	近畿大学准教授，博士（工学）
上代　良文	（じょうだい　よしふみ）	香川高等専門学校教授，博士（工学）
宇都宮浩司	（うつのみや　こうじ）	広島工業大学准教授，博士（工学）
角田　哲也	（すみだ　てつや）	大島商船高等専門学校教授，博士（工学）
大坂　英雄	（おおさか　ひでお）	山口大学名誉教授，工学博士

流体力学の基礎と流体機械
Fundamentals of Fluid Mechanics and Fluid Machinery

2015 年 10 月 25 日　初版 1 刷発行
2023 年 2 月 10 日　初版 4 刷発行　　　　　　　　　　　　　　検印廃止

著　者　福島　千晴　Ⓒ 2015
　　　　亀田　孝嗣
　　　　上代　良文
　　　　宇都宮浩司
　　　　角田　哲也
　　　　大坂　英雄

発行者　南條　光章
発行所　共立出版株式会社

〒112-0006　東京都文京区小日向 4 丁目 6 番 19 号
電話　03-3947-2511
振替　00110-2-57035
URL　www.kyoritsu-pub.co.jp

（一般社団法人
自然科学書協会
会　員）

印刷：真興社／製本：協栄製本
NDC534／Printed in Japan

ISBN 978-4-320-08212-0

JCOPY ＜出版者著作権管理機構委託出版物＞
本書の無断複製は著作権法上での例外を除き禁じられています．複製される場合は，そのつど事前に，出版者著作権管理機構（TEL：03-5244-5088，FAX：03-5244-5089，e-mail：info@jcopy.or.jp）の許諾を得てください．

■機械工学関連書

www.kyoritsu-pub.co.jp **共立出版**

生産技術と知能化(S知能機械工学1)………山本秀彦著	図解 よくわかる機械計測………………武藤一夫著
現代制御(S知能機械工学3)………………山田宏尚他著	基礎 制御工学 増補版(情報・電子入門S2)……小林伸明他著
持続可能システムデザイン学…………小林英樹著	詳解 制御工学演習…………………明石 一他共著
入門編 生産システム工学 総合生産学への道 第6版……人見勝人著	工科系のためのシステム工学 力学・制御工学 山本郁夫他著
衝撃工学の基礎と応用………………横山 隆編著	基礎から実践まで理解できる ロボット・メカトロニクス……山本郁夫他著
機能性材料科学入門………………石井知彦他編	Raspberry Pi で ロボットをつくろう！動いて、感じて、考えるロボットの製作とPythonプログラミング 齊藤哲哉訳
Mathematicaによるテンソル解析……野村靖一著	ロボティクス モデリングと制御 (S知能機械工学4) 川崎晴久著
工業力学……………………………………上月陽一監修	熱エネルギーシステム 第2版(機械システム入門S10) 加藤征三編著
機械系の基礎力学……………………………山川 宏著	工業熱力学の基礎と要点………………中山 顕他著
機械系の材料力学……………………………山川 宏他著	熱流体力学 基礎から数値シミュレーションまで……中山 顕他著
わかりやすい材料力学の基礎 第2版…中田政之他著	伝熱学 基礎と要点…………………………菊地義弘他著
工学基礎 材料力学 新訂版……………………清家政一郎著	流体工学の基礎……………………………大坂英雄他著
詳解 材料力学演習 上・下………………斉藤 渥他共著	データ同化流体科学 流動現象のデジタルツイン (クロスセクショナルS10) 大林 茂他著
固体力学の基礎(機械工学テキスト選書1)………田中英一著	流体の力学…………………………………太田 有他著
工学基礎 固体力学……………………園田佳巨他著	流体力学の基礎と流体機械……………福島千晴他著
破壊事故 失敗知識の活用……………………小林英男編著	空力音響学 渦音の理論……………………淺井雅人他訳
超音波工学…………………………………荻 博次著	例題でわかる基礎・演習流体力学……前川 博他著
超音波による欠陥寸法測定 小林英男他編集委員会代表	対話とシミュレーションムービーでまなぶ流体力学 前川 博著
構造振動学…………………………………千葉正克他著	流体機械 基礎理論から応用まで……………山本 誠他著
基礎 振動工学 第2版……………………………横山 隆他著	流体システム工学(機械システム入門S12)……菊山功嗣他著
機械系の振動学……………………………山川 宏著	わかりやすい機構学……………………伊藤智博他著
わかりやすい振動工学………………砂子田勝昭他著	気体軸受技術 設計・製作と運転のテクニック……十合晋一他著
弾性力学…………………………………荻 博次著	アイデア・ドローイング コミュニケーションツールとして 第2版 中村純生著
繊維強化プラスチックの耐久性………宮野 靖他著	JIS機械製図の基礎と演習 第5版………武田信之改訂
複合材料の力学……………………………岡部朋永他著	JIS対応 機械設計ハンドブック…………武田信之著
工学系のための最適設計法 機械学習を活用した理論と実践……北山哲士著	技術者必携 機械設計便覧 改訂版……………狩野三郎著
図解 よくわかる機械加工………………武藤一夫著	標準 機械設計図表便覧 改新増補5版……小栗冨士雄他著
材料加工プロセス ものづくりの基礎……山口克彦他編著	配管設計ガイドブック 第2版………小栗冨士雄他共著
ナノ加工学の基礎………………………井原 透著	CADの基礎と演習 AutoCAD2011を用いた2次元基本製図 赤木徹也他共著
機械・材料系のためのマイクロ・ナノ加工の原理 近藤英一著	はじめての3次元CAD SolidWorksの基礎 木村 昇著
機械技術者のための材料加工学入門……吉田総仁他著	SolidWorksで始める 3次元CADによる機械設計と製図 宋 相載他著
基礎 精密測定 第3版……………………津村喜代治著	無人航空機入門 ドローンと安全な空社会…………滝本 隆著
X線CT 産業・理工学でのトモグラフィー実践活用……戸田裕之著	